Uwe Hohenstein, Regina Lauffer,
Klaus-Dieter Schmatz und Petra Weikert

Objektorientierte Datenbanksysteme

Zielorientiertes Software-Development

Herausgegeben von Stephen Fedtke

Die Reihe bietet Programmierern, Projektleitern, DV-Managern und der Geschäftsleitung wegweisendes Fachwissen.

Die Autoren dieser Reihe sind ausschließlich erfahrene Spezialisten. Der Leser erhält daher gezieltes Know-how aus erster Hand. Die Zielsetzung umfaßt:

- Entwicklungs- und Einführungskosten von Software reduzieren
- Zukunftsweisende Strategien für die Gestaltung der Datenverarbeitung bereitstellen
- Zeit- und kostenintensive Schulungen verzichtbar werden lassen
- effiziente Lösungswege für Probleme in allen Phasen des Software-Life-Cycles aufzeigen
- durch gezielte Tips und Hinweise Anwendern einen Erfahrungs- und Wissensvorsprung sichern

Die Bücher sind praktische Wegweiser von Profis für Profis. Für diejenigen, die heute in die Hand nemen, was morgen Vorteile bringen wird.

Bisher erschienen:

Qualitätsoptimierung der Software-Entwicklung
Das Capability Maturity Model (CMM)
von Georg Erwin Thaller

Objektorientierte Softwaretechnik
Integration und Realisierung in der betrieblichen DV-Praxis
von Walter Hetzel-Herzog

Effizienter DB-Einsatz von ADABAS
von Dieter W. Storr

Effizienter Einsatz von PREDICT
Informationssysteme entwerfen und realisieren
von Volker Blödel

Effiziente NATURAL-Programmierung
von Sylvia Scheu

CASE – Leitlinien für Management und Systementwickler
von Hermann Henrich, Axel Hantelmann und Reinhold Nürnberger

Handbuch der Anwendungsentwicklung
Wegweiser erfolgreicher Gestaltung von IV-Projekten
von Carl Steinweg

CICS und effiziente DB-Verarbeitung
Optimale Zugriffe auf DB2, DL/1 und VSAM-Daten
von Jürgen Schnell

Effiziente Softwareentwicklung mit DB2/MVS
Organisatorische und technische Maßnahmen zur Optimierung der Performance
von Jürgen Glag

Objektorientierte Datenbanksysteme
ODMG-Standard, Produkte, Systembewertung, Benchmarks, Tuning
von Uwe Hohenstein, Regina Lauffer, Klaus-Dieter Schmatz und Petra Weikert

Uwe Hohenstein, Regina Lauffer,
Klaus-Dieter Schmatz und Petra Weikert

Objektorientierte Datenbanksysteme

ODMG-Standard, Produkte, Systembewertung, Benchmarks, Tuning

Herausgegeben von Stephen Fedtke

Alle Rechte vorbehalten
© Springer Fachmedien Wiesbaden 1996

Ursprünglich erschienen bei Friedr. Vieweg & Sohn Verlagsgesellschaft mbH, Braunschweig/Wiesbaden, 1996.
Softcover reprint of the hardcover 1st edition 1996
Der Verlag Vieweg ist ein Unternehmen der Bertelsmann Fachinformation.

Gedruckt auf säurefreiem Papier

ISBN 978-3-663-05783-3   ISBN 978-3-663-05782-6 (eBook)
DOI 10.1007/978-3-663-05782-6

Inhaltsverzeichnis

Vorwort

Objektorientierung ist seit einiger Zeit *das* Schlagwort in der modernen Software-Entwicklung und gewinnt auch im Datenbankbereich immer mehr an Bedeutung. In Anwendungsgebieten wie Computer Aided Design, Bürokommunikation, Engineering und Telekommunikation werden immer häufiger objektorientierte Datenbanksysteme (ODBMSe) zur Speicherung und Verwaltung der Daten eingesetzt. Die Vorteile solcher Systeme liegen in der natürlichen Modellierung von komplex strukturierten Informationen, dem effizienten Zugriff auf die in der Datenbank gespeicherten Objektgeflechte und in der nahtlosen Integration von objektorientierter Programmiersprache und Datenbankfunktionalität.

Der Markt der objektorientierten Datenbanksysteme hat in den letzten Jahren eine rasante Entwicklung erfahren. Die ersten kommerziellen Systeme kamen Ende der 80er Jahre auf den Markt. Inzwischen werden mehr als ein Dutzend unterschiedlicher ODBMS-Produkte angeboten. Die verschiedenen Datenbanksysteme unterscheiden sich voneinander in ihrem Funktionsumfang, in den Schnittstellen und Werkzeugen, in der zugrundeliegenden Architektur, den unterstützten Plattformen sowie nicht zuletzt in ihrer Performance. Dementsprechend schwierig gestaltet sich die Auswahl eines geeigneten Systems.

Dieses Buch richtet sich an alle, die sich mit der Technologie der objektorientierten Datenbanksysteme vertraut machen wollen. Es vermittelt grundlegende Kenntnisse über die Konzepte und die Funktionsweise objektorientierter Datenbanksysteme, geht auf kommerzielle Produkte ein und gibt einen Überblick über den aktuellen Stand der Technik. Besondere Berücksichtigung findet dabei der ODMG-Standard, der von den führenden Herstellern kommerzieller Systeme definiert wurde. Der ODMG-Standard gilt als De-facto-Standard für objektorientierte Datenbanksysteme.

Der Leser erhält im folgenden einen „Leitfaden" zur Auswahl des für seinen Einsatzfall am besten geeigneten ODBMSs. Der Schwerpunkt des Buches liegt deshalb auf der Untersuchung und Bewertung von Systemen. Die Evaluierung eines objektorientierten Datenbanksystems, wie sie hier vorgestellt wird, umfaßt sowohl funktionale Untersuchungen als auch Benchmarks zur Messung der Leistungsfähigkeit eines Systems. Tips und Hinweise zur Vorgehensweise helfen dem Leser, den Auswahlprozeß effizient und zielorientiert durchzuführen.

Die Funktionalität eines objektorientierten Datenbanksystems läßt sich unter ganz unterschiedlichen Gesichtspunkten beleuchten. Aspekte, auf die in diesem Buch eingegangen wird, sind beispielsweise Modellierungskonzepte, Systemarchitektur, Transaktionsmanagement, assoziative Anfragemöglichkeiten und Workgroup Computing. Außerdem enthält das Buch eine umfassende Übersicht über Standard-Benchmarks für ODBMSe und ausführliche Erläuterungen zur Durchführung eigener Benchmarks. Für den praktischen Einsatz eines objektorientierten Datenbanksystems werden eine Reihe von Tuning-Maßnahmen erläutert, mit denen sich die Performance entscheidend beeinflussen läßt.

In Form von Systembeschreibungen werden die Charakteristika von einigen weit verbreiteten, kommerziellen ODBMSen beleuchtet. Zwei Fallstudien aus den Bereichen Engineering und Telekommunikation, die auf konkreten Projekten im industriellen Umfeld basieren, veranschaulichen Kriterien und Vorgehensweise bei der Auswahl eines ODBMSs. Eine Checkliste mit Evaluierungskriterien im Anhang des Buchs dient als praktische Hilfe bei der Durchführung eigener Untersuchungen.

Dieses Buch basiert auf Erfahrungen, die die Autoren in einer Vielzahl von Projekten mit ODBMSen gesammelt haben. Die Autoren sind bei der Siemens AG im Bereich Forschung und Entwicklung tätig. In Zusammenarbeit mit verschiedenen Geschäftsbereichen haben sie eine Reihe von kommerziellen objektorientierten Datenbanksystemen evaluiert und zum Einsatz gebracht.

Danksagung

Unser besonderer Dank gilt Christian Körner, ohne dessen Mitwirken und fachliches Wissen dieses Buch nicht entstanden wäre. Wir danken außerdem Dr. Volkmar Pleßer, Uschi Handel und Harald Pfeiffer, die mit viel Geduld und Sachkenntnis das Manuskript gelesen und wertvolle Verbesserungsvorschläge eingebracht haben. Danken möchten wir darüber hinaus allen ODBMS-Herstellern, die uns bei der Arbeit zu diesem Buch mit Unterlagen und Informationen zu ihren Produkten unterstützten.

1

Einleitung

Komplexe Softwaresysteme verwalten in steigendem Maße große Datenmengen, die auf einem beständigen Speichermedium das Ende einzelner Sitzungen oder Programmläufe dauerhaft überstehen. Wurden in den Anfängen der Datenverarbeitung zu diesem Zweck Dateien eingesetzt, so übernahmen seit den 70er Jahren Datenbankmanagementsysteme (DBMSe), im folgenden auch einfach Datenbanksysteme genannt, zunehmend diese Rolle, weil erst sie in der Lage waren, die Geräteabhängigkeit und Datenredundanz zu beseitigen: Verwaltete zuvor jede Applikation ihre „eigenen" Dateien mit „ihren" Daten unter Verwendung der primitiven Ein-/Ausgabe-Operationen, so erlauben DBMSe eine zentrale Kontrolle aller Daten in einer Datenbank. Daten werden nur einmal erfaßt und gespeichert, so daß die Gefahr der unkontrollierten Redundanz und daraus resultierender Inkonsistenzen behoben wird. DBMSe ermöglichen nicht nur eine effiziente Verwaltung großer Datenmengen. Sie bieten den Applikationen zudem komfortable Zugriffsmöglichkeiten, um die Anwendungen von der eigenen, gerätenahen Realisierung zu befreien. Ein Transaktionsmanagement synchronisiert gleichzeitige Zugriffe auf die Daten und vermittelt jedem Anwender das Gefühl, alleiniger Nutzer der DBMS-Dienste zu sein. Zugriffsschutz vor unberechtigten Benutzern und Datensicherheit sind weitere Punkte, die ein DBMS gewährleistet.

Die Entwicklung der DBMS-Technologien im Laufe der Zeit ist im wesentlichen durch die Art geprägt, Daten zu modellieren und dem Anwender zu präsentieren. Zur ersten Generation der Datenbanksysteme gehören die hierarchischen DBMSe und die Netzwerksysteme, die in den 70er Jahren aufkamen.

Hierarchische DBMSe

Die hierarchischen DBMSe basieren auf einer Datenverwaltung in Form von Baumstrukturen. Die Daten vieler klassischer, kommerzieller Anwendungen lassen sich hierarchisch strukturieren. Andersartige Beziehungen können aber nicht direkt dargestellt und müssen über zusätzliche Hilfsmittel realisiert werden. Der Zugriff auf die Daten erfolgt immer von der Wurzel entlang der Hierarchie bis hin zur entsprechenden Ebene und dann gegebenenfalls von einem Knoten zu den Brüdern.

Netzwerk-DBMSe

Demgegenüber sehen Netzwerk-Datenbankmanagementsysteme die Daten als beliebig vernetzte Daten im Sinne von Zeigerstrukturen der damaligen Programmiersprachen wie PL/I. Der Zugriff auf die Daten erfolgt entsprechend durch Navigation im Datennetz von einem Datensatz über Beziehungen zu anderen Datensätzen.

Beiden Typen von DBMSen ist gemein, daß es nur fest vereinbarte Zugriffspfade auf Daten gibt. Ändert sich das Zugriffsprofil oder kommt eine neue Datenbankanwendung hinzu, so müssen größere Reorganisationen der Datenbanken durchgeführt werden. Die interne Darstellung der Daten beeinflußt die Art der Anwendungsprogrammierung und die Anwendungen sind folglich von der internen Datenrepräsentation abhängig.

Relationale DBMSe

Ein großer Fortschritt waren die relationalen Datenbankmanagementsysteme (RDBMSe). Sie erzielten zum ersten Mal eine Datenunabhängigkeit, d.h. eine wechselseitige Immunität der DBMS-internen Datenorganisation und der Anwendungsprogramme bei strukturellen Änderungen. Daten werden den Anwendungen als Tabellen präsentiert. Der Zugriff auf Tabelleninhalte erfolgt im Gegensatz zur satzorientierten und navigierenden Arbeitsweise früherer Technologien in einer deskriptiven und mengenorientierten Form, ohne daß sich der Anwender um die interne Speicherung der Tabellen zu kümmern braucht. Beim Zugriff steht das „Was" im Vordergrund – was soll das Ergebnis eines Zugriffs sein – und weniger „wie" man zu diesem Ergebnis kommt. Als Zugriffs- und Manipulationssprache für relationale Datenbanksysteme hat sich SQL (Structured Query Language) durchgesetzt. SQL ist genormt von der amerikanischen Normungsorganisation ANSI (American National Standards Institute) und dem internationalen Gremium ISO (International Standardization Organization).

Relationale Datenbanksysteme überzeugen durch ihre Einfachheit; Tabellen sind ein leicht verständliches Darstellungsmittel von Informationen. Sie bieten eine gute Lösung für kommerzielle Anwendungsgebiete, die einfach strukturierte Daten verwalten, wie sie in klassischen Personalverwaltungs- und Buchhaltungsanwendungen vorkommen. Auf der anderen Seite besitzen Tabellen nur eine geringe Ausdrucksfähigkeit, da Beziehungen zwischen Daten über Tabelleneinträge hergestellt werden müssen und somit nicht unmittelbar sichtbar sind.

In neuerer Zeit sind in zunehmenden Maße komplexere Applikationen wie CAD/CAM, CASE, CIM, Expertensysteme, Büroautomatisierung, Multimedia, Geoinformationssysteme etc. entstanden, die komplex vernetzte Strukturen wie Landkarten mit einer Vielzahl an applikationsspezifischen Datentypen aufweisen. Gegenstand des Zugriffs sind komplexe Objekte, die einen navigierenden Zugriff von Objekt zu Objekt erfordern. Derartige Anwendungen werden durch relationale DBMSe nur unzureichend unterstützt. Zwar lassen sich die zu verwaltenden Daten auch in einem RDBMS speichern, aber folgende Problempunkte werden dann akut:

- RDBMSe erlauben keine adäquate Modellierung der hochkomplexen Strukturen. Ein abstraktes, komplex strukturiertes Objekt der Anwendung muß auf mehrere Tabellen abgebildet werden, so daß die Objektstruktur nicht direkt sichtbar ist („Semantic Gap").

- Daraus resultiert eine Ineffizienz, da diese Objekte aus mehreren Tabellen zusammengesucht werden müssen. Erhebliche Performanceverluste können die Folge sein. Im OO1-Benchmark [CaS92] wird deutlich, daß relationale Systeme nicht für einen navigierenden Zugriff auf Objektgeflechte ausgelegt sind.

- Bei der Anwendungsprogrammierung tritt ein Paradigmenwechsel bei der Kopplung des Anwendungsprogramms mit dem RDBMS zu Tage: SQL als Datenbanksprache ist deskriptiv und mengenorientiert, während Programmiersprachen prozedural und satzorientiert arbeiten. Zudem besitzen SQL und Programmiersprachen jeweils unterschiedliche Typsysteme, die Konvertierungen erforderlich machen. Das führt zum sogenannten „Impedance Mismatch": Die Verwendung von zwei Sprachen bedarf gewisser Stilelemente (Cursor, Embedded SQL), um die Differenz zu überbrücken. Erfahrungen in konkreten Anwendungen haben gezeigt, daß ca. 30 bis 70% des Codes für die Programmierung der Einbettung erforderlich sind.

ODBMSe

Diese Punkte führten letztendlich zur Entwicklung einer neuen Datenbanktechnologie, den objektorientierten Datenbanksystemen (ODBMSen). Wurde das Schlagwort „Objektorientierung" anfänglich vorwiegend im Kontext von Programmiersprachen verwendet, so zeigte sich doch schnell, daß sich die Konzepte der Objektorientierung auch zur Strukturierung, Verwaltung und Benutzung von Daten nutzbringend einsetzen lassen. Welche Anforderungen ein ODBMS zu erfüllen hat, legt das von renommierten Forschern aufgestellte Manifest über objektorientierte DBMSe [ABD+89] fest: „An object-oriented database system must satisfy two criteria: it should be a DBMS, and it should be an object-oriented system." Das Manifest gibt hierzu 13 „goldene Regeln" an, die zum einen besagen, daß ein ODBMS die Konzepte der Objektorientierung wie Objektidentität, komplexe Objekte und Einkapselung beinhalten soll. Zum anderen soll es ein DBMS sein, das für Sekundärspeicherverwaltung, Steuerung des parallelen Zugriffs und adäquate Zugriffsmöglichkeiten Sorge trägt.

Das Manifest definiert aber – wie oft fälschlich angenommen – keinen Standard für ODBMSe! Es sollte lediglich einer mißbräuchlichen Verwendung des Modeworts „Objektorientierung" in DBMS-Produkten vorbeugen und die Auffassungen über ODBMSe konsolidieren.

Die Symbiose von Objektorientierung und Datenbankmanagementsystem erfolgt in heutigen Systemen in der Regel dadurch, daß sich die Benutzungsschnittstellen an objektorientierte Programmiersprachen, häufig C++ und Smalltalk, anlehnen. Gegner der Technologie sprechen deshalb auch abfällig von „persistenten Programmiersprachen". Die Kopplung von Programmiersprache und ODBMS ist sehr homogen: Im optimalen Fall gibt es eine integrierte „Datenbank-Programmiersprache" anstelle der bei RDBMSen auftretenden strikten Trennung zwischen Programmiersprache und SQL und dem daraus resultierendem Impedance Mismatch. Objekte der Anwendung werden gesucht, manipuliert und gespeichert im Sinne eines „Objekt, speichere dich". Objekte der realen Welt lassen sich wesentlich direkter auf Datenbankobjekte abbilden, so daß die semantische Lücke nicht mehr aufscheint. Damit ist unmittelbar eine Steigerung der Programmierproduktivität, eine einfachere Anwendungsprogrammierung und eine bessere Verständlichkeit verbunden. Zudem gestaltet eine effiziente Objektspeicherung den Zugriff auf Objekte insbesondere bei Traversierungen von Objekt zu Objekt äußerst performant.

Zunehmende Unterstützung erfahren die obigen Ingenieursanwendungen dadurch, daß sie eigene, ihrem jeweiligen Problemkreis angepaßte Datentypen wie Polygone im geowissenschaftlichen Bereich oder Rasterbilder in Multimediasystemen definieren können. ODBMSe bieten im Gegensatz zu relationalen System weitergehende Funktionalität in Richtung „Workgroup Computing" usw. Da diese Punkte im engen Zusammenhang zu Datenbankkonzepten stehen, zählen sie zum erweiterten Aufgabenbereich eines DBMSs.

Aufgrund dieser Eigenschaften finden ODBMSe zunehmend Einsatz in Nicht-Standardanwendungen, so daß ihr Marktanteil stetig anwächst.

Der ODBMS-Markt zeichnet sich derzeit durch eine hohe Dynamik aus. In kurzen Zeitabständen erscheinen neue Systeme und neue Versionen bestehender Produkte. Die ersten kommerziellen ODBMSe kamen Ende der 80er Jahre auf den Markt. Heute sind mehr als ein Dutzend Systeme verschiedener Anbieter erhältlich. Einige der meistverkauften ODBMSe sind GemStone (GemStone Systems, Inc.), Itasca (IBEX Corporation), O_2 (O_2 Technology), Objectivity/DB (Objectivity, Inc.), ObjectStore (Object Design, Inc.), ONTOS DB (ONTOS, Inc.), POET (POET Software GmbH) und Versant (Versant Object Technology Corp.). Neben diesen „reinrassigen" ODBMSen gibt es auch mehrere „objekt-relationale" Datenbanksysteme, mit denen versucht wird, eine Brücke zwischen relationaler und objektorientierter Datenbanktechnologie zu schlagen. Die bekanntesten Vertreter dieses Ansatzes sind Illustra (Illustra Information Technologies, Inc.), MATISSE (ADB S.A.) und UniSQL (UniSQL, Inc.).

Die angebotenen Produkte unterscheiden sich voneinander in ihrem Funktionsumfang, in den Schnittstellen und Werkzeugen, in der zugrundeliegenden Architektur, den unterstützten Plattformen sowie nicht zuletzt in ihrer Performance. Für den Anwender bedeutet diese Vielfalt zwar, daß er sich aus dem breiten Spektrum der verschiedenen ODBMSe genau dasjenige aussuchen kann, das seine spezifischen Anforderungen am besten abdeckt. Ein späterer Umstieg auf ein Konkurrenzprodukt ist allerdings wegen der Verschiedenartigkeit der Systeme mit erheblichem Portierungsaufwand verbunden. In der Vergangenheit scheuten aus diesem Grund noch viele potentielle Kunden vor dem Einsatz eines ODBMSs zurück, obwohl ihnen die ODBMS-Technologie zahlreiche Vorteile gegenüber anderen Datenbank-Technologien oder gar Dateisystemen gebracht hätte.

Vor diesem Hintergrund gründeten im Jahr 1991 die führenden ODBMS-Hersteller die *Object Database Management Group (ODMG)*, ein gemeinsames Forum, in dem eine stärkere Vereinheitlichung der ODBMSe erreicht werden soll. 1993 erschien mit dem ODMG-93-Standard das erste Ergebnis dieser Zusammenarbeit. Der ODMG-Standard gilt heute als der wichtigste Standard im Bereich objektorientierter Datenbanksysteme. Er legt die Kernfunktionalität eines ODBMSs fest und definiert Sprachen zur Beschreibung von Datenbankschemata und zur Formulierung von assoziativen Anfragen sowie die Sprachanbindungen zu den Programmiersprachen C++ und Smalltalk. Für die nähere Zukunft ist eine erweiterte Fassung des Standards geplant, die weitergehende Funktionalitätsbereiche abdecken soll.

Trotz des ODMG-Standards bestehen aber weiterhin erhebliche Unterschiede zwischen den Produkten. Dies liegt daran, daß noch nicht alle ODBMSe den Standard vollständig unterstützen. Doch selbst wenn dies in absehbarer Zeit der Fall sein wird, werden alle ODBMSe weiterhin ihre charakteristischen Besonderheiten bewahren, die über die im ODMG-Standard definierte Basisfunktionalität hinausgehen. Wie auch bei den relationalen Datenbanksystemen, wo trotz des SQL-Standards alle Anbieter diverse Erweiterungen bieten und der Standardisierung mit ihren Produkten weit vorauseilen, versuchen sich die ODBMS-Hersteller durch nützliche, nicht standardisierte Features von ihren Wettbewerbern abzuheben. Darüber hinaus macht der ODMG-Standard keine Aussagen zu Punkten wie Architektur und Performance. Gerade Performance ist aber oft ein besonders wichtiger Aspekt bei der Auswahl eines Systems.

Unterschiedliche Einsatzgebiete

Objektorientierte Datenbanksysteme haben sich mittlerweile in zahlreichen Einsatzgebieten etabliert. Jedes dieser Einsatzgebiete stellt seine eigenen, spezifischen Anforderungen an das Datenbanksystem. Die Auswahl des richtigen ODBMSs ist daher ein wesentlicher Faktor für die effiziente Entwicklung und den erfolgreichen Einsatz einer Anwendung. Eine falsche Entscheidung kann zu unerwartet hohen Entwicklungskosten führen, etwa weil fehlende DBMS-Funktionalität nachimplementiert werden muß, oder weil unzureichendes Performanceverhalten aufwendige Tuning-Maßnahmen erforderlich macht. Im schlimmsten Fall droht während der Implementierung oder gar zu einem Zeitpunkt, wenn die Anwendung schon im Einsatz ist, ein Umstieg auf ein anderes Datenbanksystem. Um dieses Risiko auszuschließen, empfiehlt es sich, vorab eine fundierte Evaluierung durchzuführen und das passende ODBMS zu ermitteln.

Auswahl eines ODBMSs

Kein Datenbanksystem kann alle denkbaren Anwendungen und deren vielfältige Bedürfnisse in optimaler Weise unterstützen. Ebensowenig existiert ein System, das in allen Anwendungssituationen immer maximale Performance gewährleistet. Jedes Datenbanksystem verfügt über individuelle Stärken und Schwächen, die in Abhängigkeit von den spezifischen Gegebenheiten der Anwendung mehr oder weniger stark zum Tragen kommen. Die Frage, welches der angebotenen Produkte *das beste* ist, muß daher in dieser Allgemeinheit leider unbeantwortet bleiben. Die Frage, die in der Praxis wesentlich interessanter ist, lautet: Welches ODBMS ist für eine konkrete Anwendung *am besten geeignet?* Das vorliegende Buch hilft dem Leser, diese Frage zu beantworten. Es wird ein Leitfaden vorgestellt, mit dem man rasch und zielorientiert zu einer verläßlichen Entscheidung für ein ODBMS kommen kann. Darüber hinaus erhält der Leser Hinweise für den effektiven Einsatz eines ODBMSs in seiner Anwendung. Die Beschreibung konzentriert sich dabei auf reinrassige objektorientierte Datenbanksysteme; auf objektorientierte Aufsätze auf relationale Datenbanksysteme und hybride, objektrelationale Systeme wird nicht im besonderen eingegangen.

<table><tr><td>Überblick</td><td>

Der Inhalt des Buches ist folgendermaßen untergliedert: Kapitel 2 geht zunächst auf die Grundlagen der Objektorientierung ein und erklärt die wichtigsten Begriffe, die dabei eine Rolle spielen. Kapitel 3 gibt einen Überblick über die grundlegenden Konzepte objektorientierter Datenbanksysteme. Die Beschreibung der Konzepte und die Syntax der verwendeten Beispiele basieren auf dem ODMG-Standard. Kapitel 4 erläutert einen Leitfaden zur anwendungsorientierten Auswahl eines ODBMSs, der aus drei Phasen besteht. Die drei nachfolgenden Kapitel gehen auf jeweils eine dieser Phasen im Detail ein. In der *Vorauswahl* (Kapitel 5) werden aus der Menge aller angebotenen ODBMSe zwei oder drei Produkte herausgefiltert, die für die Anwendung am interessantesten erscheinen. Die *funktionale Evaluierung* (Kapitel 6) beschäftigt sich eingehend mit der Analyse und Bewertung der Leistungsmerkmale von ODBMSen. Die Untersuchung ihrer Performance ist das Ziel von *Benchmarks.* Kapitel 7 erläutert die bekanntesten veröffentlichten ODBMS-Benchmarks und zeigt, wie man eigene, anwendungsorientierte Benchmarks entwickelt. Zum Abschluß dieses Kapitels werden Tuning-Maßnahmen diskutiert, mit denen sich die Performance entscheidend verbessern läßt. In Kapitel 8 werden anschließend einige der am weitesten verbreiteten ODBMSe im Überblick vorgestellt. Kapitel 9 enthält zwei Fallstudien zur Auswahl und Bewertung von ODBMSen, die aus industriellen Projekten entnommen wurden.

</td></tr></table>

Im Anhang sind einige nützliche Informationen aus der ODBMS-Welt in übersichtlicher Form zusammengefaßt. In Anhang A befindet sich ein Glossar wichtiger Begriffe, die in diesem Buch verwendet werden. Anhang B zeigt das Datenbankschema, das die Grundlage für die verwendeten Beispiele bildet. Gegenstand von Anhang C ist eine Checkliste zur Auswahl von ODBMSen, die als praktische Hilfe bei der Durchführung eigener Evaluierungen dienen kann. Sie setzt sich im wesentlichen aus Evaluierungskriterien zusammen, die in Kapitel 6 ausführlich diskutiert werden. Anhang D enthält Übersichten über die Hersteller und Vertriebspartner der bekanntesten ODBMS-Produkte (D.1), über veröffentlichte Vergleiche und Evaluierungen (D.2) sowie über die wichtigsten ODBMS-Benchmarks (D.3).

Grundlagen der Objektorientierung

Objektorientierung ist seit einigen Jahren das Schlagwort in der modernen Software-Entwicklung. Mit dem rasanten Aufschwung der Computerindustrie und der steigenden Komplexität von Software-Lösungen haben sich die Kosten für die Erstellung und Wartung von Softwaresystemen stark erhöht. Objektorientierte Techniken stellen die geeigneten Mittel zur Verfügung, um komplexe und flexible Systeme schneller erstellen und besser warten zu können.

Die Spannbreite objektorientierter Techniken reicht von objektorientierten Analyse- und Design-Methoden über objektorientierte Programmiersprachen wie C++ und Smalltalk bis hin zu objektorientierten Architekturen. Objektorientierte graphische Benutzungsoberflächen und die entsprechenden Werkzeuge, um sie zu erstellen, sind aus keinem Software-Projekt mehr wegzudenken. Die Verbreitung der Objektorientierung setzt sich auch im Bereich der Systemsoftware fort. Objektorientierte Datenbanksysteme, Betriebssysteme und Kommunikationsprotokolle ermöglichen den durchgängigen Einsatz von objektorientierten Techniken.

Die wesentlichen Vorteile der Objektorientierung für die Erstellung komplexer und flexibler Software-Lösungen lassen sich folgendermaßen zusammenfassen:

- Objektorientierte Methoden erlauben eine natürliche und leicht verständliche Abbildung der realen Welt auf die Beschreibungsmittel des Softwaresystems.

- Objektorientierte Techniken unterstützen die Erstellung von wiederverwendbaren Software-Bausteinen, die sich wie Normteile kostengünstig zu komplexen Systemen zusammensetzen lassen. Die modulare Bauweise erleichtert die Wartung und Erweiterbarkeit der Systeme.

Die Begriffe und Konzepte der Objektorientierung, die vor allem aus objektorientierten Analyse- und Design-Methoden und aus den objektorientierten Programmiersprachen kommen, finden sich in den Objektmodellen von objektorientierten Datenbanksystemen wieder. Im folgenden werden deshalb die wesentlichen Grundbegriffe der Objektorientierung, wie sie auch für objektorientierte Datenbanksysteme relevant sind, vorgestellt.

Die Erläuterungen werden mit Beispielen aus einer fiktiven kleinen Software-Firma namens *Macrosoft* veranschaulicht. Die objektorientierte Modellierung der Beispiel-Firma, auf die in den nachfolgenden Kapiteln noch des öfteren Bezug genommen wird, ist in Anhang B vollständig dargestellt. Die zur graphischen Darstellung verwendete Notation wird ebenfalls in Anhang B erklärt.

Objekte

Kerngedanke der Objektorientierung ist es, den für die Modellierung relevanten Ausschnitt der realen Welt als Menge von interagierenden Objekten zu beschreiben. Ein *Objekt* ist die Abbildung einer konkreten oder abstrakten Einheit des Anwendungsbereichs auf das objektorientierte Anwendungsmodell. Objekte können so konkrete Einheiten wie z.B. Mitarbeiter einer Firma oder die von der Firma vertriebenen Produkte sein. Aber auch abstrakte Dinge wie Regeln zur Zusammensetzung eines Projektteams können in Form von Objekten modelliert werden.

Eigenschaften von Objekten

Objekte haben Eigenschaften, die ihren *Zustand* und ihr *Verhalten* beschreiben. Der Zustand, in dem sich ein Objekt befindet, wird durch die internen Daten des Objekts definiert. Das Verhalten eines Objekts ist festgelegt durch die Operationen, die auf dem Objekt anwendbar sind. Objekte kommunizieren miteinander, indem sie Nachrichten austauschen. Das Senden einer Nachricht an ein Objekt entspricht der Aufforderung, eine bestimmte Operation auszuführen. Zusammen mit der Nachricht können auch Parameter an das Objekt übermittelt werden. Das Objekt nimmt die Nachricht entgegen, interpretiert die Parameter und führt die entsprechende Operation aus.

Attribute

Attribute beschreiben wertebasierte Eigenschaften der Objekte und legen die interne Struktur eines Objekts fest. Ein Angestellter der Firma Macrosoft ist beispielsweise charakterisiert durch Attribute wie Nachname, Vorname, Adresse, Gehalt und einiges andere mehr. Die Werte aller Attribute bestimmen den aktuellen Zustand eines Objekts.

Operationen

Das Verhalten eines Objekts wird durch die für das Objekt definierten *Operationen* bestimmt. Die Ausführung von Operationen kann den aktuellen Zustand des Objekts ändern und zum Versenden weiterer Nachrichten an andere Objekte führen. Operationen, die in Anlehnung an die Begriffe objektorientierter Programmiersprachen oft auch Methoden genannt werden, haben

Signaturen, die die Eingabeparameter und eventuelle Ergebnisparameter beschreiben.

Die Software-Firma Macrosoft verfügt z.B. über zwei Operationen, die den Vorgang beim Einstellen oder Entlassen von Angestellten beschreiben. Die Ausführung der beiden Operationen
hat direkte Auswirkungen auf die internen Firmendaten, da sich
dadurch ihre Größe, d.h. die Anzahl der in der Firma angestellten Mitarbeiter, verändert.

<table>
<tr><td>Einkapselung</td><td>

Eines der Grundprinzipien der Objektorientierung ist die *Einkap-
selung*. Ein Objekt besteht aus einer Schnittstelle und aus inter-
nen Daten. Die Schnittstelle setzt sich aus den für das Objekt
definierten Operationen zusammen und ist der von außen einzig
sichtbare Teil des Objekts. Die Implementierung der Operatio-
nen und die interne Struktur des Objekts bleiben verborgen. Die
Daten des Objekts sind nur über die externe Schnittstelle zu-
gänglich, so daß ein kontrollierter Zugriff auf den Zustand eines
Objekts möglich ist. Das Prinzip der Einkapselung hat seinen Ur-
sprung in den abstrakten Datentypen, die als Software-
Entwurfstechnik für modulare Programmierung eingeführt wur-
den. Die klare Trennung zwischen der Spezifikation eines Ob-
jekts (in Form der Schnittstelle) und der Implementierung des
Objekts erhöht die Sicherheit und Wartungsfreundlichkeit von
Softwaresystemen wesentlich. Mit Hilfe der Einkapselung kön-
nen die Implementierungen der Operationen und der internen
Objektstruktur geändert werden, ohne daß sich das auf die Ver-
wendung des Objekts durch andere auswirkt.

</td></tr>
</table>

Objektidentität

Zu den wesentlichen Konzepten der Objektorientierung gehört
die *Objektidentität*. Objekte haben eine Identität unabhängig von
ihrem aktuellen Zustand. Das abstrakte Konzept der Objektidentität findet seine Entsprechung in der realen Welt. Personen
können ihren Namen, ihre Frisur, inzwischen sogar schon ihre
Hautfarbe ändern, ihre Identität bleibt aber erhalten.

Objekttypen

Objekte mit gleichartigen Eigenschaften können zu einem
Objekttyp zusammengefaßt werden. Ein Objekttyp ist damit die
Beschreibung von Objekten derselben Art. Ein Objekt eines be-
stimmten Typs wird auch als *Instanz* des Typs bezeichnet.

Alle Leute, die in der Firma Macrosoft arbeiten, lassen sich beispielsweise durch einen Objekttyp `Mitarbeiter` beschreiben (vgl.
Bild 2.1). Die gemeinsamen Eigenschaften der Mitarbeiter sind
`Nachname`, `Vorname`, `Adresse` und `Geb_Datum`. Außerdem ist allen

Mitarbeitern die Operation `mitarbeiterdaten_ausdrucken` gemeinsam, mit der ihre Personaldaten ausgegeben werden können.

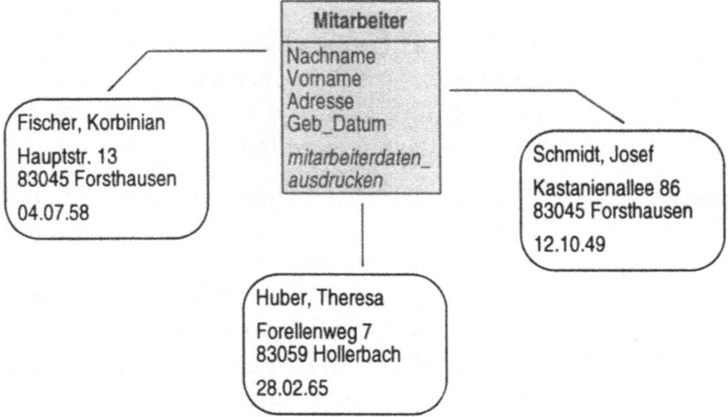

Bild 2.1:
Objekttyp Mitarbeiter

Klasse

Mit dem Begriff *Klasse*, der aus den objektorientierten Programmiersprachen stammt, ist die Implementierung eines Objekttyps gemeint (häufig wird die Bezeichnung Klasse aber auch synonym zu Objekttyp verwendet). Zu einem Objekttyp kann es durchaus unterschiedliche Realisierungen des Typs geben, z.B. eine speicheroptimierte oder eine laufzeitoptimierte Implementierung.

Beziehungen

Ein weiteres wichtiges Modellierungselement sind *Beziehungen* zwischen Objekten. Eine Beziehung zwischen zwei Objekttypen bedeutet, daß ein Objekt des einen Typs zu einem oder mehreren Objekten des anderen Typs in Verbindung steht. Beide Seiten einer Beziehung können durch sogenannte *Rollennamen* spezifiziert werden. Ein Rollenname gibt an, wie eine Beziehung von einem Objekttyp aus in Richtung des anderen Objekttyps bezeichnet wird. Des weiteren wird die Art einer Beziehung durch ihre *Kardinalität* festgelegt. Die Kardinalität definiert, wieviele Objekte der einen Seite mit wievielen Objekten der anderen Seite in Beziehung stehen. Ein Objekt eines Typs kann z.B. mit genau einem, mit einem oder keinem, oder mit vielen Objekten eines anderen Typs in Beziehung stehen. Beziehungen werden in ODBMSen häufig als spezielle Art von Attributen behandelt.

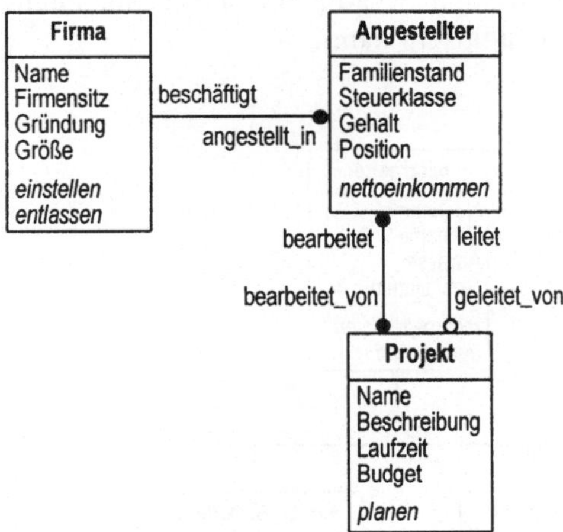

Bild 2.2:
Angestellte und
ihre Beziehungen

Im Beispiel sind für ein Objekt des Typs Angestellter neben seiner Beziehung zu der Firma, in der er arbeitet, auch verschiedene Beziehungen zu Objekten des Typs Projekt ausschlaggebend (siehe Bild 2.2). Die Beziehungen geben an, in welchen Projekten der Angestellte arbeitet und ob er der Leiter eines Projekts ist. Ein Projektteam setzt sich aus einem oder mehreren Angestellten zusammen. Gleichzeitig kann ein Angestellter auch Projektmitglied von mehreren Projekten sein. Leiter eines Projekts ist ein bestimmter Angestellter, natürlich ist aber nicht jeder Angestellte in der Funktion eines Projektleiters tätig.

Vererbung

Der große Vorteil der Objektorientierung liegt neben der natürlichen Modellierungsweise in der Erweiterbarkeit und Wiederverwendbarkeit von Software-Modulen. Das objektorientierte Konzept, mit der dies unterstützt wird, ist die *Vererbung*. Mit Hilfe der Vererbung können neue Objekttypen aus bestehenden Typen abgeleitet werden. Die abgeleiteten Typen, auch *Subtypen* genannt, erben alle Eigenschaften des bereits existierenden *Obertyps*, wobei neue Eigenschaften hinzugefügt oder ererbte Eigenschaften modifiziert werden können. Auf diese Weise ist es möglich, bestehende Implementierungen wiederzuverwenden und an neue Anforderungen anzupassen.

Die Beziehung eines Obertyps zu einem Subtyp ist hierarchisch. Ein Subtyp erbt alle Eigenschaften der direkten und indirekten Obertypen. Eine Instanz eines Subtyps ist gleichzeitig auch Objekt der direkten und indirekten Obertypen. Alle Typen, die in einer Vererbungsbeziehung (oft auch „is-a"-Beziehung genannt) stehen, bilden zusammen eine Typhierarchie, die beliebig tief geschachtelt sein kann.

Bild 2.3:
Subtypen von
Mitarbeiter

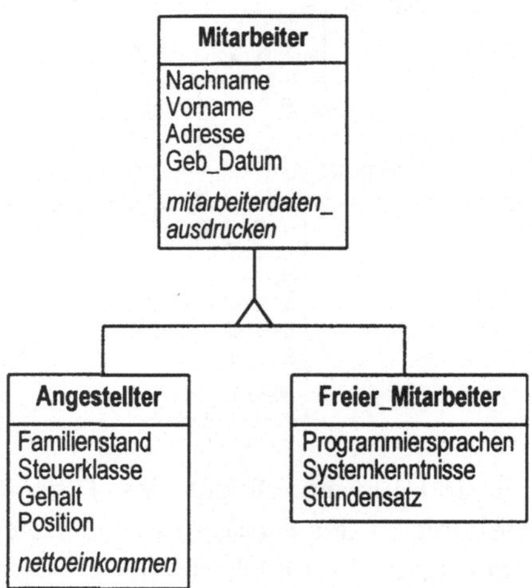

Im Beispiel der Firma Macrosoft werden die Objekttypen Angestellter und Freier_Mitarbeiter von dem Obertyp Mitarbeiter abgeleitet (vgl. Bild 2.3). Die beiden Subtypen erben alle Mitarbeiterattribute wie Nachname, Vorname, Adresse usw. und die Operation zum Ausdrucken von Mitarbeiterdaten.

Spezialisierung und
Generalisierung

Beim Entwurf eines Objektmodells können Vererbungsbeziehungen aus zwei verschiedenen Richtungen kommend gebildet werden. Bei der *Spezialisierung* werden, ausgehend von einem Obertyp, ein oder mehrere speziellere Subtypen definiert, die sich durch zusätzliche Eigenschaften vom allgemeineren Obertyp unterscheiden. Im Beispiel haben die beiden Subtypen Angestellter und Freier_Mitarbeiter weitere Attribute wie z.B. Familienstand und Gehalt des Angestellten bzw. Stundensatz und Systemkenntnisse beim freien Mitarbeiter, die sie voneinander unterscheiden. Bei der *Generalisierung* ist die Vorgehensweise umgekehrt: Gemeinsame Eigenschaften von mehreren, bereits existierenden Typen werden identifiziert und in einem Obertyp, von dem die bestehenden Typen dann die gemeinsamen Eigenschaften erben, zusammengefaßt.

Mehrfachvererbung

Ein Objekttyp kann mehrere Obertypen besitzen. In diesem Fall spricht man von *Mehrfachvererbung*, da der Subtyp – im Gegensatz zur einfachen Vererbung – die Eigenschaften mehrerer Obertypen ererbt. Mehrfachvererbung ist das geeignete Mittel, um mehrere, voneinander unabhängige Klassifizierungsstrategien auszudrücken. Ein Beispiel für den Einsatz von Mehrfachvererbung ist die Klassifizierung von Amphibienfahrzeugen. Amphibienfahrzeuge haben sowohl die Eigenschaften von Wasserfahrzeugen als auch die von Landfahrzeugen. Mehrfachvererbung gehört allerdings nicht immer zum Standardumfang objektorientierter Modellierungskonzepte und Programmiersprachen. Probleme ergeben sich bei der Mehrfachvererbung vor allem dadurch, daß die Eigenschaften eines Subtyps nicht mehr unbedingt eindeutig benannt sind, da ein Subtyp verschiedene Eigenschaften gleichen Namens von seinen Obertypen erben kann.

Polymorphismus

Polymorphismus bedeutet, daß der Sender einer Nachricht nicht wissen muß, zu welchem Typ das Objekt, an das die Nachricht gerichtet ist, gehört. Das aufgerufene Objekt kann von einem beliebigen Typ, d.h. von unterschiedlicher Gestalt, sein. Die Interpretation der Nachricht hängt vom Typ des aufgerufenen Objekts ab. Um als Empfänger einer Nachricht nicht jedes beliebige Objekt zuzulassen, wird Polymorphismus oftmals eingeschränkt auf Vererbungsbeziehungen. Eine Operation, die auf dem Obertyp definiert ist, kann auch von jedem Objekt eines zugehörigen Subtyps ausgeführt werden. Der Name der Operation ist dabei für den Obertyp und die verschiedenen Subtypen der gleiche.

Einer der wesentlichen Unterschiede von objektorientierten Programmiersprachen zu prozeduralen Programmiersprachen besteht darin, daß sie Polymorphismus unterstützen. Subklassen erben alle Eigenschaften der Oberklasse einschließlich der Methodenimplementierungen. Eine Methode der Oberklasse kann ohne weiteren Implementierungsaufwand für ein Objekt der Subklasse aufgerufen werden.

Overriding

In vielen Fällen besteht die Notwendigkeit, die Implementierung einer ererbten Methode an spezielle Eigenschaften einer Subklasse anzupassen, d.h. die Methode zu redefinieren. Die Redefinition einer Methode der Oberklasse in einer Subklasse wird als *Overriding* bezeichnet. Name und Signatur der Methode, die die Aufrufschnittstelle bilden, bleiben dabei unverändert.

In der Beispiel-Firma läßt sich die Operation `mitarbeiterdaten_ausdrucken`, die für den Objekttyp `Mitarbeiter` definiert ist, für alle Instanzen von `Angestellter` und `Freier_Mitarbeiter` aufrufen. In den beiden Subtypen sind spezielle Implementierungen der Operation vorgesehen, um die zusätzlichen Eigenschaften von Angestellten und freien Mitarbeitern beim Ausdruck berücksichtigen zu können.

Overloading

Vom Overriding zu unterscheiden ist die Möglichkeit, Standardoperatoren oder beliebige Klassenmethoden zu überladen. Beim *Overloading* kann zu einer bestehenden Methode eine weitere Methode definiert werden, die denselben Namen trägt, sich aber in der Anzahl oder in der Art der Parameter von der bereits spezifizierten Methode unterscheidet. Im Gegensatz zum Overriding ändert sich beim Overloading also nicht nur die Implementierung, sondern auch die Methodensignatur. Ein typisches Beispiel für Overloading ist der arithmetische +-Operator, der für unterschiedliche Datentypen wie `Integer`, `Float`, `String` etc. überladen wird.

Dynamisches Binden

Der Polymorphismus von Objekten hat zur Folge, daß das System den Namen einer Methode nicht unbedingt zur Übersetzungszeit an die entsprechende Methodenimplementierung binden, sondern die Zuordnung erst zur Laufzeit vornehmen kann. Diese verzögerte Übersetzung wird *dynamisches Binden* (oder Late Binding) genannt.

3 Konzepte objektorientierter Datenbanksysteme

Das Ziel dieses Kapitels ist es, ein Grundverständnis für objektorientierte Datenbanksysteme (ODBMSe) zu wecken, das notwendig ist, um ein objektorientiertes Datenbanksystem untersuchen, beurteilen und letztendlich auswählen zu können. Dazu werden die Basiskonzepte objektorientierter Datenbanksysteme erläutert.

Die hier beschriebenen Konzepte lassen sich im wesentlichen in allen auf dem Markt befindlichen objektorientierten Datenbanksystemen wiederfinden. Es bestehen aber durchaus Unterschiede in der syntaktischen Form oder in den Bezeichnungen verschiedener Systemeigenschaften. Auch bieten nicht alle ODBMSe sämtliche Basiskonzepte in voll ausgereifter Form an. Bei objektorientierten DBMSen herrschen zwischen den Systemen wesentlich stärkere Unterschiede als bei relationalen DBMSen, die in ihrem Datenmodell und den Zugriffsmöglichkeiten über SQL relativ ähnlich sind.

Um dennoch eine neutrale, systemunabhängige Definition der Begriffe geben zu können, orientieren sich die folgenden Erläuterungen am ODMG-Standard. Dies erscheint insbesondere deshalb sinnvoll, da viele Hersteller den Standard in absehbarer Zeit unterstützen werden und somit die dort geforderten Konzepte demnächst in ihren Produkten implementiert sein werden.

Was der ODMG-Standard enthält und wie er aufgebaut ist, ist Inhalt von Abschnitt 3.1. Auf die verschiedenen Bestandteile des ODMG-Standards wird in den nachfolgenden Abschnitten des vorliegenden Kapitels eingegangen. So beschäftigt sich Abschnitt 3.2 mit dem Objektmodell des ODMG-Standards und beschreibt die wichtigsten Basiskonstrukte zur Erstellung eines objektorientierten Datenbankschemas. In Abschnitt 3.3 werden typische Datenbankkonzepte zur Speicherung, zur Verwaltung und zum Zugriff auf die Daten bzw. Objekte behandelt. Abschnitt 3.4 beschreibt das generelle Vorgehen bei der Applikationsentwicklung. Eine Beispielapplikation in ODMG-Notation ist Inhalt von Abschnitt 3.5.

3.1   Der ODMG-Standard

Mitte 1991 taten sich führende Hersteller von ODBMSen zusammen, um einen Standard für objektorientierte Datenbanksysteme zu schaffen. Die Hersteller erkannten die Notwendigkeit, die Portabilität von ODBMS-Applikationen durch eine Standardisierung ihrer Systeme zu verbessern und damit die Akzeptanz objektorientierter Datenbanktechnologie zu erhöhen. Sie gründeten dazu die Object Database Management Group (ODMG) und gaben 1993 die erste Version ihres Standardisierungsvorschlags heraus.

Gründungsmitglieder der ODMG waren die ODBMS-Firmen Object Design, Inc., Objectivity, Inc., ONTOS, Inc., O$_2$ Technology und Versant Object Technology. Rick Cattell von SunSoft wurde zum Vorsitzenden des Gremiums ernannt. Mit Herausgabe des Standards verpflichteten sich die oben genannten Hersteller, den ODMG-Standard in ihren Systemen zu implementieren. Im Laufe der Zeit schlossen sich weitere ODBMS-Hersteller der ODMG an. Zusätzlich übernahmen Vertreter von Unternehmen wie Sybase, Digital Equipment, Hewlett-Packard und Texas Instruments die Rolle von beratenden Mitgliedern.

Nach mehreren Überarbeitungen liegt der Standard derzeit in der Version ODMG-93, Release 1.2 [Cat95], wegen des Erscheinungsjahres oft auch ODMG-95 genannt, vor. Neben dem Buch sind aktuelle Informationen zum Standard über die World Wide Web-Adresse http://www.odmg.org/ erhältlich. Die breite Unterstützung des ODMG-Standards, der als Konsens aus verschiedenen kommerziellen ODBMSen entstand, spricht dafür, daß er sich zu einem „de-facto"-Standard für objektorientierte Datenbanksysteme entwickeln wird.

Der ODMG-Standard besteht aus folgenden Teilen:

- *Objektmodell:* Der ODMG-Standard definiert ein gemeinsames Objektmodell für ODBMSe, bestehend aus objektorientierten Modellierungsmitteln und Datenbankelementen.

- *Object Definition Language (ODL):* Die ODL als Objektdefinitionssprache liefert die Syntax für das Objektmodell. Die ODL kann zur Definition eines Datenbankschemas verwendet werden.

- *Object Query Language (OQL):* Die OQL dient zur Bildung von assoziativen Anfragen auf Datenbankobjekten. Die OQL, die sich an den Anfragemöglichkeiten von SQL orientiert, kann sowohl als eigene ODBMS-Schnittstelle als auch innerhalb der Sprachanbindungen verwendet werden.

- *Sprachanbindungen für C++ und Smalltalk:* Die Sprachanbindungen sind die Umsetzung des Objektmodells auf eine Programmiersprache und dienen als Datenbankschnittstelle für ODBMS-Applikationen. Die Sprachschnittstellen liefern die Syntax und Semantik zur Definition und Manipulation der (Datenbank-)Objekte. Der Standard umfaßt derzeit eine C++-Schnittstelle und eine Smalltalk-Schnittstelle; geplant sind weitere Sprachanbindungen, u.a. für C und Lisp.

Die ersten drei Teile, Objektmodell, ODL und OQL, sind unabhängig von einer Programmiersprache definiert. Zusammen bilden sie einen gemeinsamen Rahmen für die Sprachanbindungen, in denen die Konzepte aus Objektmodell, ODL und OQL auf eine Programmiersprachschnittstelle umgesetzt sind. Die beiden Sprachanbindungen stellen eine enge Integration der Programmiersprache mit den Datenbankkonzepten dar und unterstützen ein einheitliches Typsystem für Datenbank- und Programmiersprache – im Gegensatz zu SQL-Sprachschnittstellen, bei denen SQL-Anweisungen in eine Programmiersprache „eingebettet" werden und zwei unterschiedliche Typsysteme für SQL und die Programmiersprache existieren, zwischen denen hin- und hertransferiert werden muß.

C++ ist die derzeit wichtigste Programmiersprache im Bereich der ODBMSe. Die C++-Sprachanbindung des Standards, auf die in den folgenden Abschnitten und Beispielen öfter Bezug genommen wird, besteht (wie auch die übrigen ODMG-Sprachanbindungen) aus drei Komponenten: C++-ODL (Object Definition Language), C++-OML (Object Manipulation Language) und C++-OQL (Object Query Language). Die C++-Sprachschnittstelle ist in Form einer Klassenbibliothek definiert. Die C++-ODL ist die sprachabhängige Version der ODL, wobei für die Definition von Beziehungen zwischen Objekten die Standard-C++-Grammatik erweitert wurde. Die C++-OML liefert die Operationen für den Zugriff und die Manipulation der Objekte in einer Datenbank. Die Syntax und Semantik der C++-OML entspricht Standard-C++. Die C++-OQL beschreibt die assoziativen Anfragemöglichkeiten innerhalb von C++-Applikationen.

3.2   Objektmodell

Datenmodell

Einen wesentlichen konzeptionellen Bestandteil eines DBMSs bildet das *Datenmodell*. Aus einer anwendungsorientierten Sichtweise stellt das Datenmodell Modellierungskonzepte bereit, mit denen sich der für eine Anwendung relevante Ausschnitt der realen Welt datenmäßig beschreiben läßt. Das Datenmodell definiert somit die Strukturen, in denen die Daten im System verwaltet werden, und wie sie dem Anwender zur Manipulation zur Verfügung gestellt werden. Relationale DBMSe basieren auf dem relationalen Datenmodell. Hier werden Daten als Relationen (Tabellen) modelliert. Entsprechend verwalten hierarchische und Netzwerk-Datenbankmanagementsysteme ihre Daten in Form von Hierarchien bzw. Netzwerken.

Objektmodell

Ein *Objektmodell* ist nichts anderes als ein Datenmodell, das die Konzepte der Objektorientierung zu Modellierungszwecken beinhaltet, also ein objektorientiertes Datenmodell. Die Einbeziehung der Objektorientierung ermöglicht eine direktere und intuitivere Modellierung der realen Welt als sie mit den herkömmlichen, klassischen Datenmodellen möglich ist.

Datenbankschema

Eine konkrete Modellierung im Datenmodell wird als *Datenbankschema* bezeichnet. Ein Datenbankschema beschreibt die im DBMS zu speichernden Daten mit den durch das Datenmodell gegebenen Konzepten. Um Mißverständnisse zu vermeiden, wird in diesem Zusammenhang auf eine in der Praxis häufig vorkommende Begriffsverwirrung hingewiesen: Vielfach wird der Begriff Datenmodell in der Bedeutung eines Datenbankschemas verwendet, was sich in Begriffen wie „Unternehmensdatenmodell" (d.i. die Modellierung, also das Schema eines Unternehmens) widerspiegelt.

ODL

Zur Definition von Datenbankschemata ist eine korrespondierende Sprache erforderlich, die die Objektmodellkonzepte in einer syntaktischen Form reflektiert. Bei den relationalen DBMSen gibt es hierzu die DDL (Data Definition Language), mit der sich Tabellen definieren lassen. Bei den ODBMSen ist es analog eine *ODL*, eine *Object Definition Language*.

Die folgenden Abschnitte gehen auf das Objektmodell und die ODL des ODMG-Standards ein. Beide bieten eine gute Möglichkeit, sich mit den Begriffen von ODBMSen vertraut zu machen und die Konzepte der Objektorientierung aus einem DBMS-spezifischen Blickwinkel zu vertiefen. So werden die wesentlichen Begriffe wie Objekt, Typ und Klasse definiert, um einen einheitlichen Begriffsrahmen für die nachfolgenden Kapitel zu schaffen.

3.2.1   Objekte, Typen und Klassen

Objekt

Das zentrale Element der Objektorientierung (vgl. Kapitel 2) ist das *Objekt*. In ODBMSen ist ein Objekt das datenbankmäßige Abbild einer Einheit der realen Welt, die für eine Applikation von Interesse ist. Objekte besitzen einen internen Zustand, der nach außen hin nicht sichtbar sein sollte, und ausführbare „Dienste", mit denen sich ihr Zustand verändern läßt. Darüber hinaus hat jedes Objekt eine *Identität*, die es von anderen Objekten unterscheidbar macht. Die Objektidentität ist dabei unabhängig von diesen Eigenschaften.

Objekttyp

Im ODMG-Objektmodell werden Objekte mit gleichartigen Eigenschaften zu einem *Objekttyp* kategorisiert. Die Spezifikation von Objekteigenschaften erfolgt somit typweise. Zu den Eigenschaften zählen:

- *Attribute* zur Festlegung der internen Objektstruktur,

- *Relationships*, d.h. Beziehungen zwischen einzelnen Objekten,

- und *Operationen* zur kontrollierten Objektmanipulation.

Alle Objekte eines Typs genügen demselben Aufbau mit denselben Manipulationsmöglichkeiten. In der Objektorientierung sind die Operationen an und für sich die einzige Möglichkeit, den internen Zustand von Objekten zu sehen und zu modifizieren.

Die „reine Lehre" der Objektorientierung wird allerdings dadurch aufgeweicht, daß die interne Objektstruktur nicht notwendigerweise im Sinne der Einkapselung verborgen ist. In vielen ODBMSen lassen sich Eigenschaften als „public" vereinbaren, was sie unmittelbar sichtbar und direkt manipulierbar macht. Das erspart die Definition entsprechender Operationen, die ansonsten den Zugriff bereitstellen müßten. Welche Eigenschaften direkt manipulierbar sein sollen, ist letztendlich eine Entwurfsentscheidung. Die hier aufgeführten Beispiele gehen der Einfachheit davon aus, daß alle Eigenschaften direkt zugreifbar sind.

Das folgende Beispiel zeigt, wie sich die Objekteigenschaften in einer ODL, hier speziell die des ODMG-Standards, wiederfinden. Als Beispiel dient hier und im folgenden die in Kapitel 2 eingeführte Firma „Macrosoft", zu der sich ein Datenbankschema in Anhang B befindet.

Beispiel 3.1

```
interface Firma
        ( // Typeigenschaften:
            extent Firmen
            key    (Name,Firmensitz)
        )
        { // Instanzeigenschaften:
            // Attribute
            attribute String   Name;
            attribute Adresse  Firmensitz;
            attribute Date     Gruendung;
            attribute Short    Groesse;
            // Beziehungen
            relationship Set<Produkt> vertreibt;
            relationship Set<Angestellter> beschaeftigt
                                    inverse angestellt_in;
          // Instanzoperationen
            Boolean einstellen (in Angestellter,in Projekt);
            Boolean entlassen  (in Angestellter);
        }
```

Interface

Beispiel 3.1 definiert den Objekttyp Firma. Eine interface-Deklaration legt die Struktur der Firma-Objekte fest. Jedes Objekt besitzt einen Namen des Typs String, einen Firmensitz vom Typ Adresse, usw. Ein mögliches Objekt könnte also die Eigenschaften (Name=„Macrosoft", Gruendung=1981, Groesse=3000, ...) haben. Des weiteren besitzen Firmen Beziehungen (relationship) zu Produkt und Angestellter: Eine Firma vertreibt eine Menge (Set) von Produkten und beschäftigt mehrere Angestellte. Zwei Instanzoperationen definieren die Dienste, die auf Firmen ausführbar sind. So lassen sich zu einer Firma Angestellte einstellen und entlassen.

Die interface-Deklaration beschreibt die Schnittstelle eines Objekttyps, insbesondere, welche Operationen aufrufbar sind. Die Implementierung der Operationen erfolgt nicht in der interface-Deklaration, sondern in der jeweiligen Sprachanbindung. Von außen betrachtet ist es nur wichtig, wie Operationen aufgerufen werden können, d.h. welche Parameter- und Ergebnistypen sie haben. Die Operationen werden aber erst durch ihre Implementierung(en), *Methoden* genannt, mit Leben gefüllt.

Klasse

Der ODMG folgend wird eine *Klasse* als konkrete Implementierung eines Objekttyps definiert. Einem Objekttyp können durchaus mehrere Klassen (sprich Implementierungen) zugeordnet werden. Auf diese Weise erfolgt eine Trennung zwischen Schnittstelle und Implementierung, die bereits durch die abstrakten Datentypen postuliert wurde. Prinzipiell kann die Implementierung zum Zeitpunkt der Objekterzeugung gewählt werden. Das bietet den Vorteil, daß unterschiedliche Varianten wie eine

B-Baum- oder eine Hashtabellen-Implementierung wählbar werden.

Instanzeigenschaften

Attribute, Relationships und Operationen repräsentieren *Instanzeigenschaften*, da sie Objekte des Typs betreffen. Darüber hinaus gibt es auch *Typeigenschaften*, die also Eigenschaften der Typen beschreiben. Hierzu gehören Keys und Extents.

Typeigenschaften

Die key-Klausel fordert die Eindeutigkeit von Eigenschaften für alle Objekte eines Typs im Sinne der Schlüssel relationaler DBMSe. Im Beispiel soll der Name zusammen mit dem Firmensitz identifizierend sein: Es gibt keine zwei Firmen mit demselben Namen und derselben Adresse. Der extent bezeichnet die Extension (*Extent* im Englischen), die Menge der zu einem Zeitpunkt in der Datenbank existierenden Objekte eines Typs. Die Extension enthält die aktuellen Objekte, also Firmen beispielsweise die momentan zu Firma gespeicherten Firmen.

3.2.2   Objektidentität

Die Objektidentität ist ein fundamentales Konzept der objektorientierten Programmierung im allgemeinen und der ODBMSe im besonderen, die den Zugriff auf Objekte maßgeblich prägt. Sie ist bestimmt durch folgende grundlegende Eigenschaften:

OID

- Die Objektidentität sorgt für Eindeutigkeit: Ein *Objektidentifikator* (*OID*) unterscheidet ein Objekt zu jedem Zeitpunkt von anderen Objekten.

- Die Objektidentifikatoren sind unabhängig von Eigenschaften; es kann also Objekte mit absolut identischen Eigenschaften geben, die dennoch unterscheidbar sind. Die Eigenschaften eines Objekts können sich ändern, das Objekt bleibt aber dasselbe.

- Die Identifikatoren sind systemverwaltet. Der Benutzer braucht sich weder um die Vergabe, noch um die Eindeutigkeit zu kümmern. Dem DBMS wird dadurch die Möglichkeit gegeben, den Zugriff äußerst performant zu gestalten.

ODBMSe nutzen Objektidentifikatoren zur Referenzierbarkeit von Objekten. Das gilt insbesondere für Beziehungen, wo Objektidentifikatoren eine einfache interne Repräsentation von Beziehungen erlauben. Um eine Beziehung zwischen zwei Objekten darzustellen, reicht es aus, den OID des in Beziehung stehenden Objekts beim Objekt zu speichern.

Im Gegensatz dazu basieren RDBMSe auf einer wertebasierten Realisierung der Beziehungen über Schlüssel: Bestimmte Attribute werden als Schlüssel einer Tabelle ausgezeichnet, z.B. eindeutig vergebene Personalnummern oder real vorkommende Identifikatoren wie Name und Geburtsdatum. Beziehungen zwischen Tabellen werden dadurch aufgebaut, daß Tabelleneinträge Schlüssel beinhalten, die auf Einträge in anderen Tabellen verweisen.

Die Objektidentität bietet gegenüber derartigen wertebasierten Beziehungen folgende Vorteile:

- Es kann zwischen gleichen und identischen Objekten unterschieden werden. Hinsichtlich der Referenzierung von Objekten bedeutet das, daß äußerlich gleiche Objekte dennoch unterschieden werden können.

- Der organisatorische Aufwand, um Schlüssel auszuzeichnen und zu vergeben, entfällt. Darüber hinaus wird eine in der Länge der Schlüssel begründete implementierungstechnische Ineffizienz vermieden.

- Die Repräsentationsform aller Beziehungen ist dank der einheitlichen Identifikatoren homogen im Gegensatz zu relationalen DBMSen, wo eine Tabelle durch `Integer`, eine andere durch ein `String`- und zwei `Float`-Attribute identifiziert sein kann.

- Probleme bei Änderungen der Schlüssel werden von vornherein vermieden. Alle Eigenschaften bleiben änderbar.

Schlüssel sind nichtsdestoweniger ein wichtiges Konzept zur Integritätssicherung. Eine konzeptionelle Trennung dieser beiden Aspekte, Identifikation und Schlüssel, ist sinnvoll: Schlüssel stellen eine zusätzliche Eindeutigkeitsforderung an Nutzinformation. Im ODMG-Objektmodell wird diesem Punkt durch die key-Klausel (vgl. auch Abschnitt 3.2.7) Rechnung getragen.

3.2.3   Attribute

In Beispiel 3.1 ist unmittelbar erkennbar, daß Attribute ein fester Bestandteil der `interface`-Deklaration sind. Sie beschreiben wertebasierte Eigenschaften von Objekten wie zum Beispiel Name und Größe von Firmen. Der Wert eines Attributs ist ein Literal, ein Wert aus einem unveränderbaren Wertebereich. Das Attribut `Name` nimmt Zeichenketten aus dem Wertebereich `String` an, die Größe einer Firma ist vom Typ Short. Diese Werte sind im Gegensatz zu Objekten identitätslos.

Standarddomänen

Als Attributdomänen stehen im ODMG-Objektmodell atomare, vordefinierte Datentypen in der üblichen Bedeutung zur Verfügung:

- (Unsigned) Short und (Unsigned) Long (für ganze Zahlen),

- Float und Double für reelle Zahlen,

- Boolean und

- Character.

Strukturierte Domänen

Neben diesen Basistypen gibt es Aufzählungstypen (enum) und weitere strukturierte Domänen wie

- String (für Zeichenketten),

- Interval,

- Date,

- Time und

- Timestamp,

die in vielen Anwendungen vorkommen. Jeder dieser vordefinierten Datentypen bringt seinen eigenen Satz an Methoden mit sich, der eine adäquate Handhabung ermöglicht.

Die Klasse String verwaltet Zeichenketten beliebiger Länge und besitzt Wertzuweisungs- und Vergleichsoperatoren. Interval stellt Funktionalität zur Verwaltung der Dauer von Zeitintervallen bereit. Die Länge von Zeitintervallen wird in Tagen, Stunden, Minuten und Sekunden erfaßt. Interval hat spezielle Arithmetikoperationen wie Addition und Subtraktion sowie Vergleichsoperatoren. Date bietet analog entsprechende Methoden für Datumsangaben bestehend aus Tag, Monat und Jahr an. Neben Arithmetik- und Vergleichsoperatoren kommen noch spezielle Operationen zur Ermittlung des aktuellen Datums, des jeweiligen Wochentags oder zur Schaltjahrabfrage hinzu. Ähnliches gilt für Time, wo zu Uhrzeiten (Stunde, Minute, Sekunde) Zeitzonen eingestellt werden können, und Timestamp, das Datum und Zeitangabe zu Zeitmarken kombiniert.

Eingebettete Strukturen

Attribute können als Domänen auch Objekttypen besitzen. Der Attributwert ist dann aber kein Objekt, sondern eine eingebettete Struktur: Der Attributwert hat den Aufbau eines Objekts, besitzt aber keine Objektidentität, kann also insbesondere nicht von außerhalb referenziert werden. Somit wird durch eingebettete Objekttypen keine Beziehung ausgedrückt. Zum Beispiel kann die Adresse eines Mitarbeiters vom Objekttyp `Adresse` sein: Die Adresse ist damit in Postleitzahl, Ort, Straße und Hausnummer strukturiert. In ähnlicher Weise kann die Domäne auch direkt als

```
Struct Adresse (Long Plz; String Ort; String Straße; Long Hausnr)
```

im Sinne einer Recordbildung spezifiziert werden. Variante Records können mit `union` vereinbart werden.

Kollektionen

Die im folgenden Abschnitt diskutierten Kollektionsarten `Set`, `Bag`, `List` und `Array` erlauben darüber hinaus, neue, kollektionswertige Datentypen wie `Set<Long>` oder `List<Bag<String> >` zu bilden.

3.2.4   Kollektionen

Kollektionen sind im Prinzip „Behälter", die mehrere gleichartige Objekte aufnehmen können. Im ODMG-Standard sind vier Kollektionsformen vorgesehen:

Kollektionsformen

- Menge (Set),
- Multimenge (Bag),
- Liste (List) und
- Feld (Array).

Mengen enthalten keine Duplikate; jedes Element kommt genau einmal in einer Menge vor. In Multimengen hingegen kann ein Element mehrfach vorkommen, Duplikate bleiben folglich erhalten. Listen besitzen darüber hinaus eine Ordnung, so daß auf ein beliebiges i-tes Element über seine Positionsnummer i zugegriffen werden kann. Listen enthalten keine „Lücken", d.h. wird ein Objekt gelöscht, so werden die nachfolgenden Objekte aufgeschoben. Arrays sind den Listen ähnlich und verfügen ebenfalls über einen indizierten Zugriff. Im Unterschied zu Listen können sie aber Lücken aufweisen.

Der ODMG-Standard bietet entsprechende Konstrukte `Set`, `Bag`, `List` und `Array` als sogenannte *Templates* an, die sich mit vordefinierten Datentypen und Objekttypen parametrisieren lassen. So wird es auf einfache Art und Weise möglich, eine konkrete Kollektion zu definieren. Beispielsweise bezeichnet `Set<Long>` eine Menge von Long-Werten, `Bag<Firma>` eine Multimenge von Firmen und `Array<Struct(Long a, String b, Set<Float> c)>` ein Array über eine benutzerdefinierte Struktur. Die Anwendung dieser Konstruktoren kann somit auch geschachtelt erfolgen.

Der Verwendungszweck von Kollektionen ist sehr vielfältig. Zunächst einmal lassen sich neue Domänen bilden, die als Wertebereich sogenannter *kollektionswertiger Attribute* benutzt werden können. Hat beispielsweise eine Firma mehrere Firmensitze, so kann dem Attribut `Firmensitz` die Domäne `Set<Adresse>` gegeben werden.

Kollektionen werden auch bei der Definition von Beziehungen verwendet. In Beispiel 3.1 wurde die Beziehung `beschaeftigt` von `Firma` als `Set<Angestellter>` vereinbart: Die Angestellten einer Firma bilden eine Menge. Extents repräsentieren ebenfalls Kollektionen. Ein Extent ist nichts anderes als eine vordefinierte Menge von Objekten. Auch Anfragen liefern eine Kollektion als Ergebnis(-menge).

In ähnlicher Weise lassen sich Kollektionen auch als Objekte im Programm verwenden: Die Deklaration `Set<Firma> fset` definiert ein Objekt `fset` als Menge von Firmen. Diese Menge kann transiente und persistente Objekte enthalten. Kollektionen werden somit sowohl vom DBMS als auch in der Programmiersprache verwendet, so daß die Trennung zwischen beiden aufgehoben wird: Das ist ein fundamentaler Unterschied zu RDBMSen, wo die Tabelle (als Menge von Tupeln) zwar eine Form einer Kollektion im DBMS ist, es aber keine tabellenwertigen Variablen im Anwendungsprogramm gibt.

Operationen

Mit Kollektionen sind vordefinierte, generische Operationen assoziiert. Typischerweise lassen sich Elemente in Kollektionen einfügen und löschen. Jede der Kollektionsarten bietet weitere, ihrer Natur entsprechende Operationen an. Für Mengen und Multimengen kommen die üblichen Mengenoperationen wie Vereinigung, Durchschnitt und Differenz hinzu, wobei diese Operationen bei Multimengen Duplikate erhalten. Listen besitzen eine Vielzahl an Operationen, die sich die Listenreihenfolge zunutze machen. Das Einfügen, das Aufsuchen und das Löschen von Elementen kann über Positionsnummern erfolgen. Anstelle der Mengenoperationen gibt es für Listen eine Konkatenation. Arrays schließlich ermöglichen eine Abfrage auf ihre Größe und lassen sich in ihrer Größe ändern. Wie bei Listen können Array-Einträge direkt angesprochen und manipuliert werden.

3.2.5   Beziehungen

Beziehungen zwischen Objekttypen sind an und für sich kein ursprüngliches Konzept der objektorientierten Programmiersprachen: Beziehungen sind dort als Pointer verkapselt, die nicht sichtbar werden. Entsprechende Methoden müssen definiert werden, um die typischen Traversierungen im Sinne von „Gib mir die Angestellten der Firma Macrosoft" zu ermöglichen.

Im ODMG-Objektmodell werden Beziehungen als eigenständiges Konzept in Form von `relationships` explizit gemacht. Der Begriff „Relationship" wird im folgenden als ODMG-Konzept für Beziehungen (der realen Welt) verstanden. Relationships sind ein integraler Bestandteil der Objekte und werden zusammen mit Objekten in der Datenbank gespeichert.

Ein explizites Relationship-Konstrukt ermöglicht eine vielschichtige DBMS-seitige Unterstützung. Ein für Datenbanken wichtiger Aspekt ist dabei die Konsistenzsicherung. Sind in Programmiersprachen sogenannte „Dangling Pointers" möglich, d.h. Pointer, die auf ein nicht mehr vorhandenes Objekt zeigen, so kann das ODBMS im Falle der Relationships diesen äußerst fehleranfälligen Punkt mindern, indem dem Programmierer die Möglichkeit gegeben wird, die Gültigkeit einer Beziehung abzufragen. Damit besteht nicht mehr die Gefahr, bei Verfolgung der Beziehung im „Nirwana" zu landen.

Auch zu den relationalen DBMSen ergeben sich unmittelbar Unterschiede: Beziehungen der realen Welt lassen sich in ODBMSen explizit darstellen, anstelle der in RDBMSen erforderlichen wertebasierten Verweise über Primärschlüssel. Daraus resultiert eine höhere Ausdrucksfähigkeit, die dem Benutzer in Form von Traversierungsoperationen oder der Verwendung in Anfragesprachen nutzbar gemacht wird.

Kardinalitäten

Die Art einer Beziehung läßt sich über eine sogenannte *Kardinalität* präzisieren. Eine Beziehung besitzt eine 1-zu-1-Kardinalität, wenn jedes Objekt mit höchstens einem anderen Objekt in Beziehung stehen kann, und umgekehrt: Ein Angestellter `leitet` höchstens ein Projekt, und ein Projekt kann auch nur von einem Angestellten `geleitet` werden.

Bild 3.1:
1-zu-1-Beziehung

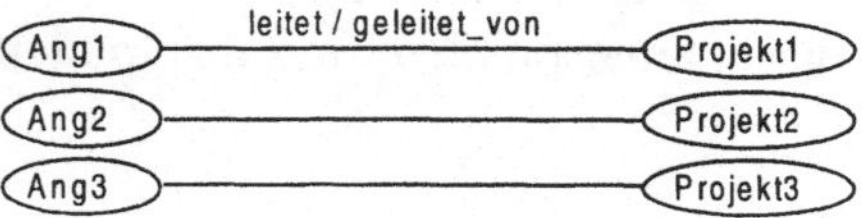

Eine *1-zu-m*-Kardinalität ermöglicht einem Objekt, mit mehreren anderen in Beziehung zu stehen: Eine Firma kann mehrere Angestellte haben, wenn auch jeder Angestellter genau einer Firma zugeordnet sein muß.

Bild 3.2:
1-zu-m-Beziehung

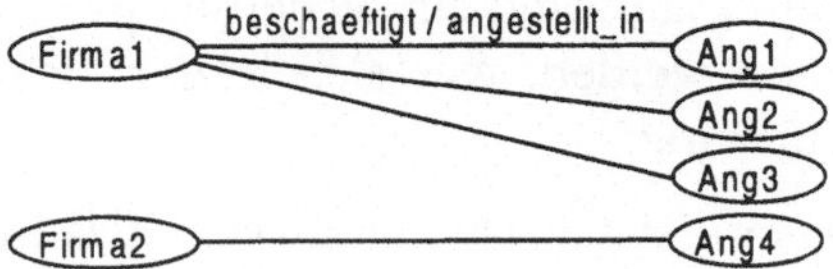

Eine *n-zu-m*-Kardinalität stellt keinerlei Einschränkung an die Beziehungen dar: Ein Angestellter `bearbeitet` mehrere Projekte, und jedes Projekt wird `bearbeitet_von` mehreren Angestellten.

Bild 3.3:
n-zu-m-Beziehung

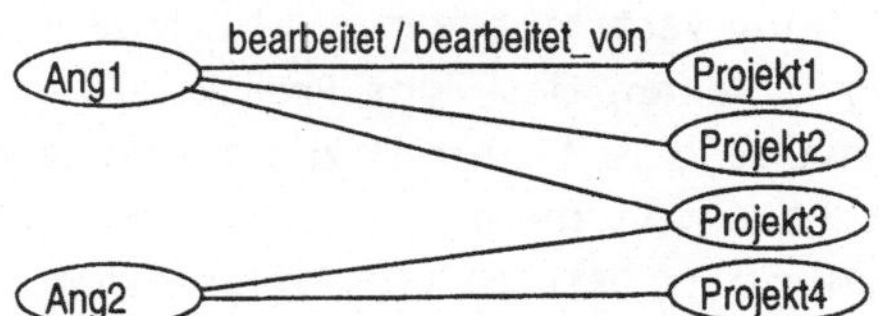

Beziehungen, die einer 1-zu-m-Kardinalität genügen, werden im folgenden als 1-zu-m-Beziehung bezeichnet, und analog für die anderen Kardinalitäten. Des weiteren heißen 1-zu-1- und n-zu-1-Beziehungen *einwertig*, da sie auf ein Objekt verweisen. Entsprechend werden 1-zu-m- und n-zu-m-Beziehungen *mehrwertig* genannt.

Unidirektionale Beziehung

Die Relationships des ODMG-Modells können *uni-* oder *bidirektional* sein. Unidirektionale Relationships sind von einem Objekttyp zum anderen gerichtet. Das hat Auswirkungen auf den Zugriff, da Beziehungen nur in dieser Richtung traversiert werden können. Zum Beispiel ist ein Produkt das Ergebnis eines Projekts (`hat_ergebnis`). Zu jedem Projekt läßt sich das Produkt durch Traversierung ermitteln, jedoch nicht zu einem Produkt das Projekt, aus dem es hervorgegangen ist.

Bidirektionale Beziehung

Bidirektionale Relationships verlaufen hingegen in beiden Richtungen, von einem Objekt zum anderen und zurück. Im Gegensatz zu zwei entgegengesetzten Einzelrelationships erfolgt dabei eine Synchronisation der Richtungen: Bei jeder Modifikation einer Beziehung wird die gegenläufige Richtung automatisch konsistent gehalten. Wird also ein Angestellter einem Projekt zugeordnet (über `bearbeitet`), so ist der Angestellte in der entgegengesetzten Richtung über `bearbeitet_von` vom Projekt aus zugreifbar. Diese Kontrolle wird als Wahrung der *referentiellen Integrität* bezeichnet.

Ob eine Beziehung nur unidirektional sein soll, ist nicht nur eine Modellierungsfrage. Mittels gerichteter Beziehungen kann auch der Verwaltungsaufwand zur Sicherung der referentiellen Integrität vermieden werden, was sich letztendlich auch auf die Performance auswirkt.

Syntaktisch erfolgt die Definition von Relationships in der ODL in Form einer `relationship`-Klausel, in Beispiel 3.1 als

```
relationship Set<Angestellter> beschaeftigt inverse angestellt_in;
relationship Set<Produkt>      vertreibt;
```

Die Beziehung `vertreibt` verweist für jede Firma auf eine Menge (`Set`) von Objekten des Typs `Produkt`. Hierdurch ist nicht notwendigerweise eine 1-zu-m-Beziehung ausgedrückt, da ein Produkt durchaus von mehreren Firmen vertrieben werden kann. Die Relationship `beschaeftigt` referenziert eine Menge `Angestellter`. Das Schlüsselwort `inverse` spezifiziert unter Angabe der gegenläufigen Richtung eine bidirektionale Beziehung. Für bidirektionale Relationships läßt sich die Kardinalität präzise steuern, da für jede der beiden Richtungen eine Angabe erfolgt:

```
relationship Projekt leitet inverse geleitet_von
                          /* in interface Angestellter */
relationship Angestellter geleitet_von inverse leitet
                          /* in interface Projekt */
```

Beide Deklarationen stellen zusammen eine 1-zu-1-Beziehung dar.

```
relationship Set<Angestellter> beschaeftigt inverse angestellt_in
                          /* in interface Firma */
relationship Firma angestellt_in inverse beschaeftigt
                          /* in interface Angestellter */
```

Hierdurch wird eine 1-zu-m-Beziehung modelliert. Eine n-zu-m-Beziehung ist beispielsweise:

```
relationship Set<Projekt> bearbeitet inverse bearbeitet_von
                          /* in interface Angestellter */
relationship Set<Angestellter> bearbeitet_von inverse bearbeitet
                          /* in interface Projekt */
```

Die Kardinalität einer Beziehung läßt sich einer interface-Deklaration allein nicht entnehmen; erst das Zusammenspiel beider Richtungen gibt Aufschluß über die genaue Kardinalität.

Die Definition von Beziehungen kann neben Set auch mit List
in der von den Kollektionen her bekannten Bedeutung erfolgen:
Die in Beziehung stehenden Objekte sind geordnet.

Im Objektmodell der ODMG gibt es, wie in kommerziellen Systemen üblich, nur binäre und unattributierte Relationships. Binär heißt, daß Beziehungen nur zwei Objekttypen involvieren können. Allgemeine, n-äre Relationships kommen in der Praxis auch nur selten vor. Relationships können keine Attribute besitzen (im Gegensatz zu üblichen Entity-Relationship-Varianten):
Sie tragen im Gegensatz zu Objekten keine Eigenschaften. Arbeitet ein Angestellter zu einem bestimmten Prozentsatz seiner Arbeitszeit in einem Projekt, so kann dieser Sachverhalt nicht als
Relationship ausgedrückt werden. Ein entsprechender Objekttyp
bearbeitet mit einem Attribut Prozentsatz und Beziehungen zu
Angestellter und Projekt kann hier aber Abhilfe schaffen.

Operationen
Zu Relationships gibt es entsprechende vordefinierte Operationen zum Einrichten und Löschen. Charakteristisch ist das Traversieren, d.h. das Hangeln von einem Objekt zu den in Beziehung stehenden Objekten. Im Fall einer einwertigen Beziehung
ist das Ergebnis einer Traversierung ein Objekt, ansonsten eine
Menge bzw. eine Liste von Objekten.

3.2.6   Vererbung

Die Subtypbildung mit Vererbung ist ein zentrales Konzept der
Objektorientierung, das sich als natürlicher Mechanismus für die
Organisation von Informationen in Form von Taxonomien einsetzen läßt. Sie erlaubt auf einfache Weise eine Spezialisierung
und Generalisierung von Objekttypen.

Im ODMG-Objektmodell werden Subtypen ebenfalls als interface definiert, wobei ein oder mehrere Obertypen explizit angegeben werden:

Beispiel 3.2

```
interface Angestellter : Mitarbeiter
        ( extent Angestellte )
        {
         String   Familienstand;
         Short    Steuerklasse;
         Long     Gehalt;
         String   Position;
         Short    nettoeinkommen();
        }
```

Angestellter ist von Mitarbeiter abgeleitet. Die Eigenschaften
von Mitarbeiter werden auf Angestellter vererbt, ohne sie

nochmals explizit aufführen zu müssen. Im Gegenteil, eine erneute Auflistung führt zu einer neuen Eigenschaft desselben Namens. Das gilt nicht für Operationen, die auf diese Weise (im Sinne des „Overriding") redefiniert werden, d.h. neue subtypspezifische Implementierungen erhalten können. Damit verbunden ist ein „Late Binding": Je nach dem spezifischen Typ eines Objekts wird die entsprechende Implementierung des jeweiligen Subtyps automatisch ausgewählt und ausgeführt.

Ein Objekttyp kann mehrere Obertypen besitzen. In diesem Fall spricht man von *Mehrfachvererbung*, da der Subtyp die Eigenschaften mehrerer Obertypen ererbt. Besitzen mehrere Obertypen gleichnamige Eigenschaften, so werden diese alle vererbt. Eine Qualifikation muß durch explizite Angabe des jeweiligen Obertyps erfolgen.

3.2.7   Keys

Keys und Extents bezeichnen Eigenschaften, die über Objektidentifikatoren hinaus die Objekte eines Typs eindeutig identifizieren. Im Prinzip handelt es sich hierbei um das Schlüsselkonzept relationaler DBMSe, übertragen auf ODBMSe. Im ODMG-Objektmodell steht dabei weniger die Identifizierung von Objekten im Vordergrund als vielmehr der Integritätsaspekt: Gewisse Attributkombinationen müssen eindeutig sein. Das ODBMS trägt Sorge für die Eindeutigkeit.

Key

Eine entsprechende key-Klausel definiert den Schlüssel eines Objekttyps: Ein oder mehrere Attribute und auch Relationships können zum Schlüssel beitragen. Zum Beispiel definiert (Name, Firmensitz) einen zusammengesetzten Schlüssel für Firma. Objekte des Typs müssen unterschiedliche Kombinationen bzgl. dieser Attributwerte aufweisen, es kann also keine zwei gleichnamigen Firmen mit derselben Adresse geben. Sind Relationships Bestandteil einer key-Definition, so hängt die Eindeutigkeit auch von den in Beziehung stehenden Objekten ab. Projekte lassen sich somit durch (Name, geleitet_von) identifizieren: Projekte dürfen gleiche Namen haben, sofern sie von unterschiedlichen Angestellten geleitet werden. In einer key-Klausel können mehrere, alternative Schlüssel, jeweils in runde Klammern gesetzt, definiert werden.

Extent

Keys sind eine Typeigenschaft, da sie Objekttypen betreffen. Eine weitere Typeigenschaft ist der Extent, die Menge der Instanzen eines Objekttyps, einschließlich aller seiner Subtypen. In RDBMSen gibt es keinen expliziten Extent-Begriff. Hier erfolgt eine automatische Verwaltung der Menge aller vorhandenen Tupel in der Tabelle. Der Tabellenname bezeichnet einen impliziten Extent. Programmiersprachen haben wiederum überhaupt keine Extents, der Zugriff auf Objekte bzw. Werte eines Typs ist nur über Variablen möglich. Um auf alle Objekte des Typs zuzugreifen, ist eine eigene entsprechende Verwaltung erforderlich.

Der ODMG-Standard vermischt gewissermaßen beide Prinzipien: Extents werden nicht automatisch angelegt und verwaltet, aber das ODBMS kann durch eine extent-Vereinbarung dazu aufgefordert werden, den Extent bereitzustellen. Jeder definierte Extent bildet einen Einstieg in die Datenbank: Ein assoziativer Zugriff auf (persistente) Objekte einer Typ-Extension wird erst durch das Vorhandensein eines Extents möglich.

In Beispiel 3.1 ist eine Extent-Variable Firmen zum Objekttyp Firma vereinbart. Firmen bezeichnet alle Objekte des Typs Firma.

Sowohl die extent- wie auch die key-Angabe sind in der ODL optional. Beide Konzepte werden nicht in der Sprachanbindung für C++ unterstützt. Hier ist eine manuelle Extent-Verwaltung wie auch eine manuelle Kontrolle der Schlüsseleigenschaft vom Programmierer erforderlich. Der Grund hierfür liegt in der C++-Konformität: C++ bietet keine entsprechenden syntaktischen Konstrukte an.

3.2.8   Operationen

Das objektorientierte Paradigma trennt strikt zwischen einer verborgenen internen Struktur und sichtbaren Operationen: Die Modifikation von Objekten ist nur über definierte, freigegebene Operationen möglich. Diese Operationen werden zu Objekttypen in Form einer Signatur definiert, die ihre Verwendung, nicht aber ihre Wirkung festlegt. Der Effekt wird erst durch die Implementierung als Methode bestimmt, die somit das Verhalten von Objekten prägt.

Operationssignatur

In der ODL lassen sich nur Operationssignaturen spezifizieren; die Implementierung der Methoden ist nicht Bestandteil der ODL und muß in der jeweiligen Programmiersprache erfolgen. Eine Operationssignatur hat im wesentlichen vier Bestandteile:

- Ein Name bezeichnet die Operation.

- Argumente, jeweils mit Name und Typ, legen die Parameter der Operation fest.

- Besitzen Operationen ein Ergebnis, so ist auch der Typ des Ergebnisses anzugeben.

- Schließlich lassen sich zu einer Operation auch Ausnahmesituationen („Exceptions") definieren, die bei der Operationsausführung auftreten können.

Eine mögliche Operationssignatur für unser Beispiel ist

```
Boolean Firma::einstellen (in Angestellter a, in Projekt p)
                raises (Ablehnung, Vorhanden)
```

Ein Angestellter (Parameter a) wird für eine Firma eingestellt und gleichzeitig einem Projekt (Parameter p) zugeordnet. Das Ergebnis vom Typ `Boolean` gibt Auskunft über den Erfolg. Die Argumente einer Operation können reine Eingabeparameter, reine Ausgabeparameter oder sowohl Ein- als auch Ausgabeparameter sein. Schlüsselworte `in`, `out` bzw. `inout` legen die Funktion der Argumente entsprechend fest. Die `raises`-Option definiert zwei Exceptions, außergewöhnliche Ereignisse, die bei Ausführung der Methoden auftreten können: Das Vorhandensein des Angestellten und eine Ablehnung der Einstellung. Innerhalb der Implementierung der Operation können sie explizit angestoßen werden.

Exceptions sind selbst wieder Objekte, die in Subtyphierarchien organisiert sind; die Wurzel dieser Hierarchie ist `Exception`. Ein Exception Handler kann für einen Exception-Typ definiert werden. Er fängt die Ausnahmesituationen ab und kann entsprechende Reaktionen hervorrufen.

3.3   Datenbankkonzepte

Eine wesentliche Errungenschaft objektorientierter Datenbanksysteme ist die Homogenität von Programmiersprache und Datenbankfunktionalität. Die Anwendungsprogrammierung erfolgt in einer Programmiersprache, in der Datenbankkonzepte integriert sind, so daß eine Trennung im Prinzip nicht mehr erkennbar ist. Dieser Punkt ist insbesondere ein Fortschritt gegenüber RDBMSen, bei denen zwar sehr mächtige Datenbankzugriffe mittels SQL ausgeführt werden können, die *Berechnungsvollständigkeit* aber trotzdem nicht erreicht wird: Es gibt viele Zugriffe, die sich in SQL allein nicht ausdrücken lassen, so daß auf die Algorithmik einer Programmiersprache zurückgegriffen werden muß. Erst die Einbettung von SQL in eine Programmiersprache ermöglicht eine volle Funktionalität. Beide Sprachen unterliegen dabei verschiedenen Paradigmen – die Programmiersprache ist in der Regel prozedural, SQL hingegen deskriptiv – und besitzen unterschiedliche Typsysteme (strukturierte Typen in der Programmiersprache gegenüber Tabellen über atomaren Datentypen in SQL), Punkte die zu den Problemen des „Impedance Mismatch" und „Semantic Gap" führen.

Dieser Abschnitt illustriert die Homogenität von Programmiersprache und Datenbankfunktionalität, indem er die Objektmanipulationsmöglichkeiten objektorientierter DBMSe aufzeigt. Bei der Erläuterung der Manipulationskonzepte wird die OML des ODMG-Standards zugrunde gelegt. Die aufgeführten Programmierbeispiele beziehen sich auf die C++-OML, also die ODMG-Sprachanbindung für C++.

3.3.1 Persistenz

Programmiersprachen verwalten in erster Linie *transiente* Daten, also Daten, die flüchtig sind und nur während der Dauer der Programmausführung existieren. Diese Daten sind typischerweise in Programmvariablen gespeichert und gehen nach Programmende verloren. Daten, die das Ende eines Programmlaufs überleben, heißen *persistent*. Persistenz ist eine grundsätzliche Eigenschaft eines DBMSs: Daten werden in einer Datenbank dauerhaft gespeichert, so daß eine spätere Verwendung, auch aus mehreren Applikationen heraus, ermöglicht wird.

Relationale DBMSe vollziehen eine strikte Trennung zwischen Transienz und Persistenz: Transiente Daten werden in Programmvariablen gespeichert, persistente Daten als Tupel in der Datenbank. Dabei können transiente Daten nicht einfach der Datenbank übergeben werden. Hierzu sind Konvertierungen erforderlich, bedingt durch unterschiedliche Typsysteme, z.B. C++-Klassen vs. Tabellen.

ODBMSe heben diese Trennung auf. DBMS und Programmiersprache verwenden in der Regel ein kompatibles, häufig sogar identisches Typsystem. Beliebige, komplex strukturierte Objekte lassen sich somit einschließlich bestehender Beziehungen im Sinne von „Objekt, speichere dich" persistent machen.

Persistenz kann konzeptionell auf verschiedene Art und Weise bereitgestellt werden. Ein wichtiger Aspekt ist hierbei die Orthogonalität zum Typkonzept, die sich in mehreren Facetten widerspiegelt. Zum einen sollte Persistenz unabhängig vom Typ, also prinzipiell für jeden Typ möglich sein. Zum anderen sollte ein Objekttyp sowohl persistente wie auch transiente Objekte besitzen können. Und letztendlich sollte es eine Gleichbehandlung von transienten und persistenten Objekten in Hinsicht auf ihre Benutzung geben.

Häufig ist die Orthogonalität zum Typkonzept nicht vollständig gegeben. Im ODMG-Standard ist beispielsweise Persistenz typabhängig: Ein Typ kann nur dann persistente Objekte besitzen, wenn er ein direkter oder indirekter Subtyp der datenbankspezifischen Klasse `Persistent_Object` ist. Auf diese Weise werden die persistenzfähigen Typen im Datenbankschema vereinbart. Jeder Objekttyp kann aber dennoch sowohl persistente als auch transiente Objekte besitzen.

3.3.2   Objektmanipulation

ODBMSe stellen primitive Grundoperationen generischer Natur bereit, die eine Manipulation der Datenbank ermöglichen. Diese Operationen stellen die Grundlage zur Implementierung benutzerdefinierter Methoden. Die vordefinierten Operationen sind eng an die Objektmodellkonzepte gekoppelt. So gibt es im ODMG-Objektmodell Operationen zur Manipulation von Objekten, Kollektionen und Relationships, die den für ODBMSe so charakteristischen navigierenden Zugriff ermöglichen.

Manipulation
von Objekten

Grundlage der Manipulation bilden parametrisierbare Referenz-Klassen `Ref<T>`, die durch einen Objekttyp `T` instantiiert werden. Sie bilden einen „Henkel", mit denen sich die Objekte des Typs `T` ähnlich den Pointern „anfassen" (referenzieren) lassen. Den `Ref`-Klassen hängt die übliche Pointer-Funktionalität an. In vielen Fällen sind auch normale C++-Pointer mit den `Ref`-Objekten kompatibel. Ein grundlegender Unterschied besteht allerdings darin, daß `Ref`-Objekte „intelligente Zeiger" darstellen, da sie mittels `is_null` auf Gültigkeit im Sinne von „Existiert das referenzierte Objekt noch?" abgefragt werden können.

Objekte bzw. ihre `Ref`-Repräsentationen lassen sich mittels des aus C++ bekannten `new`-Operators zu einem Typ erzeugen:

Beispiel 3.3

```
Ref<Angestellter> ang1 = new(db) Angestellter("Neu","Dr.");
                                              // Objekt erzeugen
Ref<Angestellter> ang2 = new(ang1) Angestellter("Gates","Willi");
Ref<Angestellter> ang3 = new Angestellter("Transient","Peter");
cout << ang1->Nachname << ang3->Nachname << endl;
                                              // Objektzugriff
ang1->Nachname = "Tell";                      // Objekt aendern
```

Beim Erzeugen von Objekten mit new muß ein entsprechender Konstruktor vorhanden sein, der hier den Vor- und Nachnamen des Angestellten (ererbt vom Obertyp Mitarbeiter) erwartet. Der Operator new besitzt einen Parameter, der den Speicherungsort festlegt. In Beispiel 3.3 ist das eine Datenbank db (der vordefinierten ODMG-Klasse Database, vgl. 3.3.4). Es kann aber auch ein Objekt ang1 angegeben werden, in dessen physikalischer Nähe das neu erzeugte Objekt ang2 abzulegen ist. Wird kein derartiger Parameter angegeben, so wird ein transientes Objekt („Peter Transient") erzeugt. Ein Angestellter kann mit einer Operation delete_object wieder gelöscht werden. Sowohl der Aufruf von Operationen wie auch der Zugriff auf („public") Attribute erfolgt für transiente und persistente Objekte in derselben Form über den Operator ->.

Manipulation von Kollektionen

Mit Kollektionen lassen sich beliebige Mengen, Multimengen, Listen und Arrays von Elementen verwalten. Zu den standardmäßigen Manipulationen zählen das Einfügen von Elementen in eine Kollektion, das Löschen aus einer Kollektion und spezielle Funktionen wie Elementabfragen.

Das folgende Beispiel veranschaulicht die Handhabung von Kollektionen:

Beispiel 3.4

```
Set<Ref<Angestellter> >  Angset1
Set<Ref<Angestellter> >  Angset2;
Angset1.insert_element(ang1);          // in Kollektion einfuegen
Angset2.insert_element(ang2);
Angset1.insert_element(ang3);
Angset1.remove_element(ang1);          // aus Kollektion loeschen
Angset1 = union_of(Angset1, Angset2);  // Vereinigung
if (!Angset2.is_empty())               // leere Menge?
        Angset2.remove_all();          // Kollektion loeschen
```

Angset1 und Angset2 sind Kollektionen, die Referenzen aufnehmen. Folglich können Ref-Objekte ang1, ang2 und ang3 eingefügt und gelöscht werden. Mit einer Methode is_empty läßt sich prüfen, ob eine Kollektion leer ist. Analog existieren Prädikate wie contains_element zur Elementabfrage. Eine Zählfunktion cardinality ermittelt die Kardinalität einer Kollektion. Es lassen sich auch inhaltsbezogene Anfragen an Kollektionen stellen, um über Selektionsbedingungen bestimmte Werte aus einer Kollektion zu filtern. Entsprechende Operationen, die den Anschluß an eine Anfragesprache bereitstellen, werden in Abschnitt 3.3.5 noch diskutiert.

Jede der Kollektionsarten Set, Bag, List und Array bietet weitere, ihrer Natur entsprechende Operationen an. Für Mengen kommen die üblichen Mengenoperationen wie Vereinigung, Durchschnitt und Differenz hinzu. Bags haben im Prinzip dieselben Operationen wie Mengen, wobei hier Duplikate bei Mengenoperationen erhalten bleiben. Listen besitzen eine Vielzahl an Operationen, die sich die Listenreihenfolge zunutze machen. Das Einfügen, das Aufsuchen und das Löschen von Elementen kann über Positionsnummern i erfolgen, was in at-Operationen wie

- `remove_element_at(i)`,

- `retrieve_element_at(i)` und

- `replace_element_at(elem,i)`

resultiert: Einfügungen lassen sich an erster, letzter und indizierter Stelle vornehmen. Anstelle der Mengenoperationen gibt es für Listen eine Konkatenation. Arrays schließlich ermöglichen eine Abfrage auf ihre Größe (`upperbound`) und lassen sich in ihrer Größe ändern (`resize`). Wie bei Listen können Array-Einträge direkt angesprochen und manipuliert werden. Zur elementweisen Bearbeitung einer Kollektion werden sogenannte *Iteratoren* bereitgestellt.

Iterator

Der Iterator fungiert als Positionierzeiger auf die Kollektion. Er zeigt zunächst auf das erste Element und läßt sich mit dem Operator ++ auf das jeweils nächste Element fortschalten. Zur aktuellen Iteratorposition läßt sich über `get_element` auf das jeweilige Element zugreifen. Das Iteratorende kann mit `not_done` abgefragt werden. Iteratoren werden im ODMG-Standard als eigenständige Klasse realisiert. Das bietet den Vorteil, zu einer Kollektion mehrere Iteratoren definieren zu können, die unabhängige Kollektionsdurchläufe repräsentieren. Das Zusammenspiel zwischen Kollektionen und Iteratoren wird im folgenden Beispiel verdeutlicht:

Beispiel 3.5

```
Iterator<Ref<Angestellter> > itr = Angset1.create_iterator();
while(itr.not_done())                // fuer jedes Element in Angset1
   {
     Ref<Angestellter> ang = itr.get_element();
     cout << ang->Nachname << endl;
     itr++;                          // Fortschalten des Iterators
   }
```

Manipulation von Relationships

Analog lassen sich mehrwertige Relationships handhaben; in der Tat gibt es zu gegebenem Objekt eine Kollektion von in Beziehung stehenden Objekten: Ein Angestellter kann beispielsweise in mehreren Projekten arbeiten, so daß `ang->bearbeitet` demzufolge eine Menge von Projekten bezeichnet.

Das Traversieren von mehrwertigen Beziehungen erfolgt wiederum über Iteratoren, mit denen sich die Kollektion der in Beziehung stehenden Objekte abarbeiten läßt, z.B. als

Beispiel 3.6

```
Iterator<Ref<Projekt> > Pitr = ang->bearbeitet.create_iterator();
while(Pitr.not_done())              // fuer jede Beziehung
    {
      Ref<Projekt> proj = Pitr.get_element();
      if (proj->Name == "Softeis")
         ang->bearbeitet.remove_element(proj); // Beziehung löschen
      Pitr++;
    }
Ref<Projekt> neu = new(db) Projekt("Softball");
ang->bearbeitet.insert_element(neu);       // Beziehung einrichten
```

Das Einrichten einer neuen Beziehung, beispielsweise das Zuordnen eines weiteren Projekts zu einem Angestellten, besteht aus dem Einfügen (`insert_element`) dieses Projekts in die mit `bearbeitet` assoziierte Kollektion. Analog können auch die anderen Kollektionsoperationen angewendet werden, wobei sich ihre Semantik direkt auf Beziehungen überträgt. Zum Beispiel ermöglicht `remove_element` das Löschen einer konkreten Beziehung zwischen `proj` und `ang`, während mit

```
ang->bearbeitet.contains_element(proj)
```

die Existenz einer Beziehung zwischen `proj` und `ang` abgefragt werden kann.

Einwertige Beziehungen wie `leitet` zwischen `Angestellter` und `Projekt` zeichnen sich dadurch aus, daß sie auf (höchstens) ein Objekt verweisen: Ein Angestellter kann nur ein Projekt leiten. Das Einfügen einer Beziehung zwischen einem Angestellten und einem Projekt kann direkt über Wertzuweisungen erfolgen:

Beispiel 3.7

```
Ref<Projekt> proj = ...;
proj->geleitet_von = ang;                // Setzen einer Beziehung
Ref<Angestellter> leiter = proj->geleitet_von.get();
                                         // ermittle Leiter von proj
proj->geleitet_von.clear();              // Loeschen einer Beziehung
```

3.3.3   Transaktionen und Zugriffskontrolle

Auf die in einer Datenbank abgelegten Daten wird typischerweise von vielen Benutzern gleichzeitig lesend oder ändernd zugegriffen. Um Zugriffskonflikte zu vermeiden, ist es nowendig, die Zugriffe zu synchronisieren. Die dafür zuständige Datenbankkomponente ist die sogenannte *Zugriffssynchronisation*. Das Basiskonzept der Zugriffssynchronisation bildet die *Transaktion*.

In einer Transaktion lassen sich Operationen zusammenfassen, deren gemeinsame Ausführung einen „Ganz- oder gar nicht-Effekt" auf den in der Datenbank gespeicherten Daten haben soll. So besteht z.B. in einem Buchungssystem die Transaktion „Überweisung eines Geldbetrags von Konto A auf Konto B" aus den Operationen „Abbuchen von Konto A" und „Gutschreiben auf Konto B". Es müssen entweder beide Operationen zusammen oder keine der beiden Operationen ausgeführt werden.

Jede Applikation stellt semantische Bedingungen an den Inhalt der Datenbank. Im obigen Beispiel muß nach der Überweisung des Geldbetrags von einem Konto zum anderen die Gesamtsumme auf beiden Konten die gleiche sein wie vor Ausführung der Operation. D.h., die Datenbank muß sich ausgehend von einem konsistenten Datenbankinhalt auch nach den durchgeführten Änderungen wieder in einem konsistenten Zustand befinden.

Terminiert eine Transaktion erfolgreich (*commit*), so sind alle innerhalb der Transaktion durchgeführten Änderungen persistent in der Datenbank. Abgebrochene Transaktionen bewirken keine Aktualisierungen in der Datenbank, alle schon in der Transaktion vorgenommenen Änderungen werden rückgängig gemacht (*abort*).

Das Objektmodell des ODMG-Standards sieht eine Klasse `Transaction` vor, die neben einer Methode `begin` zum Erzeugen und Starten der Transaktion auch die Methoden `commit` und `abort` zur Verfügung stellt. Laut ODMG-Standard müssen Transaktionen explizit erzeugt und gestartet werden, dies erfolgt nicht automatisch mit dem Öffnen einer Datenbank oder auf das Terminieren der Vorgängertransaktion. Jeder Zugriff auf persistente Objekte, wie das Erzeugen, Modifizieren oder Löschen, muß innerhalb einer Transaktion erfolgen.

ACID-Eigenschaften

Transaktionen fassen nicht nur mehrere Operationen zu einer Einheit zusammen. Sie müssen darüber hinaus die sogenannten ACID-Eigenschaften Atomarität (*Atomicity*), Konsistenz (*Consistency*), Isoliertheit (*Isolation*) und Dauerhaftigkeit (*Durability*) erfüllen.

Atomarität bedeutet, daß Transaktionen entweder ganz oder gar nicht ausgeführt werden. Im obigen Beispiel darf die Abbuchungsoperation nicht ohne die Gutschrift ausgeführt werden.

Die Eigenschaft der Konsistenz garantiert, daß eine Transaktion einen konsistenten Datenbankzustand in einen anderen konsistenten Datenbankzustand überführt.

Die Isoliertheit stellt sicher, daß parallel ablaufende Transaktionen inkonsistente Zwischenstände anderer Transaktionen nicht sehen können. Jede Transaktion verhält sich logisch so, als wäre sie die einzige laufende Transaktion.

Wird eine Transaktion erfolgreich beendet, so müssen die innerhalb der Transaktion durchgeführten Änderungen permanent in der Datenbank gespeichert werden. Die Transaktion verändert somit die Daten dauerhaft. Terminiert eine Transaktion erfolgreich, so wird garantiert, daß die vorgenommenen Änderungen Fehlersituationen, wie Softwarefehler im Betriebs- oder Datenbanksystem, Stromausfall etc., überdauern.

Serialisierbarkeit

Auf den in der Datenbank abgelegten Daten operieren in der Regel viele verschiedene Transaktionen gleichzeitig. Dabei besteht die Gefahr, daß sich die Transaktionen gegenseitig stören und unerwünschte Nebeneffekte hervorrufen. So gehen z.B. beim „Lost Update"-Problem Änderungen einer Transaktion durch den gleichzeitigen Ablauf einer zweiten Transaktion verloren. Das folgende Beispiel verdeutlicht die Problematik:

```
TA1                        TA2

temp := x.read
                           temp := x.read
temp := temp + 1
                           temp := temp + 1
x.write(temp)
                           x.write(temp)
```

Zunächst liest Transaktion TA1 das Datenbankobjekt x, dann Transaktion TA2. TA1 verändert x durch Zurückschreiben auf x+1, ebenso TA2. Als Endergebnis ergibt sich, daß x nur um 1 erhöht wurde statt um 2, wie nach zweimaliger Addition zu erwarten gewesen wäre. TA2 überschreibt das Ergebnis von TA1.

Die verzahnte Ausführung verschiedener Transaktionen ist im Prinzip immer dann korrekt, wenn es eine serielle Ausführung dieser Transaktionen gibt, die dasselbe Ergebnis liefert. In diesem Fall heißen die Transaktionen *serialisierbar*.

Eine wichtige Aufgabe der Zugriffssynchronisation ist es somit, zu überprüfen, ob die parallel ablaufenden Transaktionen serialisierbar sind, und gegebenenfalls eine Ausführungsreihenfolge festzulegen. Die Zugriffssynchronisation gewährleistet damit, daß sich die überschneidenden Zugriffs- und Aktualisierungsoperationen gleichzeitiger Transaktionen nicht gegenseitig beeinflussen.

Synchronisations-verfahren

Durch verschiedene Synchronisationsverfahren läßt sich die Serialisierbarkeit garantieren. Der ODMG-Standard sieht hierbei das *pessimistische Sperrverfahren* vor, überläßt es aber den ODBMS-Herstellern, ob sie weitere Verfahren wie das *optimistische Verfahren* anbieten möchten.

- Das pessimistische Verfahren verwendet Sperren, um Konflikte zwischen verschiedenen Transaktionen beim versuchten Zugriff auf Daten zu vermeiden. Jede Transaktion, die auf ein Objekt zugreifen möchte, muß dieses Objekt sperren (Lese- oder Schreibsperre).

  Eine *Lesesperre* (Read Lock) wird benutzt, wenn eine Transaktion ein Objekt liest und sicherstellen will, daß keine andere Transaktion in der Zwischenzeit das Objekt ändern kann. Leseoperationen auf einem Objekt sind für beliebig viele Transaktionen gleichzeitig erlaubt. *Schreibsperren* (Write Locks) werden eingesetzt, wenn eine Transaktion den Wert eines Objektes ändern muß. Eine Schreibsperre ist eine exklusive Sperre, nur eine Transaktion hat Zugriff auf ein schreibgesperrtes Objekt. Es sind keine Leseoperationen anderer Transaktionen erlaubt.

  Um Serialisierbarkeit gewährleisten zu können, müssen im allgemeinen alle Sperren bis zum Ende der Transaktion gehalten werden. Dieses Verhalten wird mit dem *Zwei-Phasen-Sperrprotokoll* (Two-Phase-Locking) beschrieben. Die Transaktion wird dabei in eine Wachstums- und eine Schrumpfungsphase gegliedert. Während der Wachstumsphase werden die Sperren (inkrementell) angefordert, in der Schrumpfungsphase werden die Sperren wieder freigegeben. In der Schrumpfungsphase dürfen keine Sperren mehr angefordert werden.

  Ein Problem des pessimistischen Verfahrens liegt in der Tatsache, daß die Transaktionen im Konfliktfall aufeinander warten müssen und dies die Gefahr von Verklemmungen (Deadlocks) in sich birgt. Eine solche Verklemmung entsteht, wenn zwei Transaktionen darauf warten, daß die jeweils andere Transaktion eine Sperre freigibt. TA1 sperrt Objekt A, TA2 sperrt Objekt B. Versucht jetzt TA1 B zu sperren und TA2 A zu sperren, so „verklemmen" sich die beiden Transaktionen. Die Erkennung von Verklemmungen geschieht mittels Wartegraphen, in denen die Beziehungen von Transaktionen, die aufeinander warten, aufgezeichnet wird. Gibt es in dem Graphen Zyklen, so existiert eine Verklemmung. Eine der beteiligten Transaktionen muß abgebrochen werden.

Ein weiteres Problem ergibt sich daraus, daß dieses Verfahrens mitunter nur eine mangelnde Parallelität ermöglicht, da die zu ändernden Daten exklusiv für eine Transaktion gesperrt werden müssen und diese Sperren erst zum Ende der Transaktion wieder freigegeben werden können.

- Beim optimistischen Verfahren wird angenommen, daß es selten Konflikte gibt. Alle Transaktionen dürfen bis zum Terminierungszeitpunkt ungestört arbeiten. Dann wird eine Validierungsprozedur gestartet, die überprüft, ob Serialisierbarkeit gegeben ist. Wird ein Konflikt entdeckt, wird die entsprechende Transaktion zurückgesetzt.

3.3.4   Datenbanken und Schema

In objektorientierten Datenbanksystemen wird das Datenbankschema normalerweise in Form von Objekten dargestellt und verwaltet. Das ODBMS verwendet dazu spezielle Schema- oder Metaklassen, deren Instanzen die Typen des Datenbankschemas zusammen mit ihren Attributen und Methoden beschreiben. Auf diese Weise kann auf die Schemainformation mit denselben Mitteln zugegriffen werden wie auf die eigentlichen Datenbankobjekte (ähnlich wie in RDBMSen, in denen Schemadefinitionen in Form von Systemtabellen festgehalten werden, die wie die benutzerdefinierten Tabellen mit SQL-Anfragen zugreifbar sind).

Die Schemadeklarationen werden entweder in einer sprachunabhängigen Objektdefinitionssprache oder mit Hilfe einer um Datenbankkonzepte erweiterten objektorientierten Programmiersprache geschrieben. Im ODMG-Standard sind mit der sprachunabhängigen ODL und den C++- und Smalltalk-Sprachschnittstellen beide Möglichkeiten vorgesehen. Der Standard sieht vor, daß die Schemadeklarationen von einem Präprozessor verarbeitet und daraus die Schemaobjekte erzeugt werden. Ist dies geschehen, so kann eine neue Datenbank eingerichtet werden.

Im ODMG-Standard hat jede Datenbank ein einziges Schema; ein Schema kann aber von mehreren Datenbanken genutzt werden. Eine logische Datenbank kann in mehreren physischen Datenbanken gespeichert werden. Jede Datenbank ist eine Instanz der

Klasse Database. Die für die Klasse Database definierten Methoden open und close ermöglichen das Öffnen und Schließen einer Datenbank. Weitere Methoden zur Datenbankadministration wie z.B. move, copy, reorganize, verify, backup oder restore können unterstützt werden. Dies wird den Herstellern aber freigestellt und ist nicht im Standard festgelegt.

3.3.5   Anfragesprachen

Relationale Systeme wären sicherlich ohne die Anfragemöglichkeiten von SQL nicht das geworden, was sie heute sind. Durch diese Pionierarbeit sind Anfragesprachen zu einem wesentlichen Bestandteil eines DBMSs geworden, auch wenn sie von ODBMSen lange Zeit vernachlässigt wurden. Inzwischen finden sich viele Anwendungsbereiche von ODBMSen, die einen selektiven, inhaltsbezogenen Zugriff insbesondere als komfortablen Einstieg in die Navigation nutzbringend einsetzen können. Die Folge davon ist, daß ODBMSe in zunehmendem Maße auch assoziative Anfragesprachen anbieten.

Entsprechend der grundsätzlichen Vorgehensweise, den ODMG-Standard als Referenzmodell für objektorientierte DBMSe vorzustellen, diskutiert dieser Abschnitt die Anfragesprache OQL (Object Query Language) des ODMG-Standards, um die grundlegenden Eigenschaften eines assoziativen Zugriffs zu motivieren.

Assoziative Anfragen

Der Sinn und Zweck einer Anfragesprache in der OQL liegt in einem inhaltsbezogenen („assoziativen") Zugriff auf Daten. Eine Selektionsbedingung qualifiziert das Ergebnis. Die Formulierung dieser Bedingung erfolgt deskriptiv: Es wird spezifiziert, „was" Bestandteil des Ergebnisses sein soll, nicht aber „wie" das Ergebnis berechnet wird. Daraus kann unmittelbar eine einfache Handhabung bei einer hohen Anfragefunktionalität resultieren, wie die OQL als Paradebeispiel zeigt.

Die ODMG OQL ist eine objektorientierte Erweiterung des relationalen SQLs. Das Grundprinzip von SQL, das SELECT-FROM-WHERE (SFW), bleibt weitgehend erhalten. Allerdings bietet das wesentlich ausdrucksstärkere Objektmodell Spielraum für komfortablere und intuitivere Anfragemöglichkeiten, indem die Konzepte der Objektorientierung durch korrespondierende Anfragekonstrukte reflektiert werden. Das folgende Beispiel veranschaulicht das Grundprinzip der OQL:

Beispiel 3.8

Die Namen der Angestellten der Firma „Macrosoft", die im Projekt „Fenster 95" oder „Tueren NT" arbeiten

```
SELECT  a.Vorname, a.Nachname
FROM    a IN Angestellte
WHERE   a.angestellt_in.Name="Macrosoft"
AND     EXISTS p IN a.bearbeitet :
            (p.Name="Fenster 95" OR p.Name="Tueren NT")
```

Diese Anfrage läßt sich nun intuitiv wie folgt interpretieren: Bestimme den Namen (SELECT) eines jeden Angestellten a (FROM), vorausgesetzt (WHERE) daß a bei einer Firma mit Namen „Macrosoft" angestellt ist und ein Projekt p existiert (EXISTS), das a bearbeitet und den Namen „Fenster 95" oder „Tueren NT" hat.

SELECT legt fest, welche Bestandteile Gegenstand des Ergebnisses werden sollen. Das Ergebnis kann Objekte (z.B. a) als auch Werte (z.B. a.Vorname) oder wiederum SFWs enthalten.

FROM definiert Variablen, die an Wertebereiche gebunden werden. Die Wertebereiche definieren den prinzipiellen Suchraum, hier aus allen Angestellten bestehend. Extents wie Angestellte (vgl. Beispiel 3.2) stellen als Menge von Objekten eine mögliche Form eines Wertebereichs dar.

WHERE qualifiziert bestimmte Objekte im Suchraum mit Hilfe von Vergleichen p.Name = "Fenster 95", die mittels logischer Operatoren AND, OR und NOT verknüpft werden können. EXISTS ist ein logischer Quantor, der eine Existenzbedingung fordert: In der Menge der Projekte, an denen der Angestellte a arbeitet (a.bearbeitet), muß es eines mit Namen „Fenster 95" oder „Tueren NT" geben. Analog gibt es ein FORALL, das von allen Elementen die Einhaltung der Bedingung verlangt.

Objektorientierung in der OQL

Das Beispiel zeigt auf, wie die Konzepte der Objektorientierung in eine deskriptive Form der Anfrageformulierung einfließen. So dürfen auch von Obertypen ererbte Attribute direkt verwendet werden: a.Vorname ist möglich, da Vorname ein von Mitarbeiter an Angestellter vererbtes Attribut ist. Muß ein Benutzer in SQL Tabellen miteinander über Wertevergleiche „joinen", um die in seiner Realität vorhandenen Beziehungen in Anfragen zu nutzen, ermöglicht ein explizites Beziehungskonzept eine intuitive Spezifikation der Verknüpfung von Objekten: a.angestellt_in bezeichnet die Firma, in der ein Angestellter (repräsentiert durch eine Variable a) arbeitet. Der Name dieser Firma läßt sich dann über a.angestellt_in.Name bestimmen. Auf diese Weise werden die für objektorientierte Anfragesprachen so charakteristischen

Pfadausdrücke gebildet, die Relationships und Attribute zu einem Pfad konkatenieren. Mehrwertige Relationships wie bearbeitet führen zu einer Kollektion von Objekten: a.bearbeitet ist ein kollektionswertiger Ausdruck vom Typ Set<Projekt>, der eine Menge von Projekten bezeichnet. Derartige Ausdrücke finden als Wertebereich einer Variablen (p IN a.bearbeitet) oder als Argument einer aggregierenden Funktion (COUNT(a.bearbeitet) Verwendung.

Die OQL besitzt eine hohe Anfragefunktionalität, die ausprogrammiert zahlreiche Schleifen und Bedingungen in einer Vielzahl von Anweisungen erfordern würde. So könnte eine „handgemachte" Lösung im Pseudocode vereinfacht wie folgt aussehen:

Ausprogrammierte Anfrage

```
/* Die Namen der Angestellten der Firma "Macrosoft", die im
   Projekt "Fenster 95" oder "Tueren NT" arbeiten */
result = { };
pset = Projekte mit Namen "Fenster 95" und "Tueren NT" in Projekt;
FOR EACH Projekt p in pset:
    {
      aset = durch Navigation von Projekt p ueber
      bearbeitet_von erhaltene Angestellte;
      FOR EACH Angestellter a in aset:
          IF  Angestellter a ist bei "Macrosoft" beschaeftigt
          THEN result = result UNION { a };
    }
```

Dieses Beispiel zeigt den prozeduralen Charakter der Anfrageprogrammierung und die Komplexität einer manuellen Lösung. Die Suche nach den Projekten „Fenster 95" und „Tueren NT" – es kann im Prinzip mehrere mit diesen Namen geben – erfordert ohne Anfragehilfen ein vollständiges Durchsuchen des Objekttyps Projekt. Für jedes gefundene Projekt läßt sich durch Traversierung über bearbeitet_von die Menge der an dem Projekt arbeitenden Angestellten ermitteln. Zu jedem Angestellten dieser Menge ist dann wiederum unter Verwendung des Relationships angestellt_in zu prüfen, ob die ihm zugeordnete Firma den Namen „Macrosoft" hat. Die Auswahl einer geeigneten Bearbeitungsstrategie muß vom Programmierer vorgenommen werden. Die Effizienz einer Lösung ist dabei durch viele Faktoren geprägt, unter anderem durch die Kardinalitäten der Objekttyp-Extensionen: Je kleiner ein Extent ist, um so schneller geht die Suche nach einem bestimmten Objekt, um so eher wird folglich auch der Einstieg in die weitere Bearbeitung gefunden.

Aus der einfachen Anfrage – verbal als Zweizeiler formuliert – wird sehr schnell länglicher und komplizierter Code. Die OQL hingegen erhöht die Programmierproduktivität, weniger Zeilen Code müssen in einer weniger prozeduralen Form geschrieben werden. Daraus resultiert auch eine geringere Fehleranfälligkeit, da komplexer Code in einer kompakten Anweisung gleichwertig ausgedrückt werden kann. Die deskriptive Form der Anfrageformulierung hat auch Vorteile bzgl. der Optimierbarkeit: Da dem DBMS nicht gesagt wird, wie es eine Anfrage auszuwerten hat, ist ihm genügend Potential gegeben, eine optimale „prozedurale" Ausführung zu bestimmen: Der Anwender braucht sich nicht um eine geeignete Ausführungsstrategie zu kümmern. Die Güte der gewählten Strategie ist natürlich vom systeminternen Anfrageoptimierer abhängig.

Einbettung in die Programmiersprache

Eine Programmierspracheneinbettung sorgt für die Kopplung der Anfrage- mit der Programmiersprache: Wie lassen sich Anfragen aus Programmen heraus absetzen, wie läßt sich das Anfrageergebnis in der Programmiersprache repräsentieren und vom Programm weiterverarbeiten?

Ein häufig verwendetes Prinzip besteht darin, Anfragen als Zeichenkette zusammenzustellen und einer Funktion zu übergeben. Man spricht dann von einer *dynamischen* Anfrageformulierung, da Anfragen erst zur Laufzeit bekannt sein müssen. Demgegenüber stehen statische Anfragen, die bereits zur Übersetzungszeit feststehen müssen und beispielsweise direkt in den Programmcode (als Erweiterung der Programmiersprache) geschrieben werden. Statische Anfragen können vom DBMS vorübersetzt werden, so daß ihre Ausführung effizienter wird.

Der ODMG-Standard verfügt nur über eine dynamische Anfrageformulierung und sieht zwei grundsätzliche Möglichkeiten vor.

Die erste Variante ermöglicht, *Objekte* einer *Kollektion* auszuwählen. Sie basiert auf einer Operation

```
int query (Collection<T>& result, char* predicate),
```

die jeder Kollektionsklasse zugeordnet ist. Der Parameter `predicate` ist eine Zeichenkette und definiert das Selektionskriterium, mit dem bestimmte Elemente einer Kollektion ausgewählt werden können. Die Zeichenkette entspricht der `WHERE`-Formel der OQL-Syntax. Als Ergebnis werden alle die Elemente der Kollektion geliefert, die das Prädikat erfüllen. Das Ergebnis ist somit eine Teilmenge der ursprünglichen Kollektion, und wird in der Kollektionsvariable `result` bereitgestellt. Zudem gibt ein Rückgabewert Auskunft über die Korrektheit der Anfrage. Da jeder Extent eine Kollektion darstellt, können mit der query-Operation Anfragen an Typextensionen gestellt werden. Das folgende Beispiel selektiert alle Angestellten (aus dem Extent `Angestellte` zum Objekttyp `Angestellter`), die mehr als 3000 verdienen, in die Ergebniskollektion Angset.

```
Angestellte->query(Angset, "Gehalt > 3000")
```

Die zweite Variante läßt *beliebige* Anfrageergebnisse zu. Sie erschließt dem Anwendungsprogramm die volle Funktionalität der OQL. Eine Funktion

```
int oql (result, query)
```

kann beliebige Anfragen der OQL ausführen. Der Parameter query beinhaltet die Anfrage in OQL-Syntax als Zeichenkette. Der Typ der Ergebnisvariablen result kann sein:

- ein Objekttyp `T` (d.h. vom Typ `Ref<T>`),

- eine (strukturierte) Kollektion (`Collection<T>`) oder

- ein atomarer Datentyp `int`, `char`, `double`, `char*` usw.

Zu beachten ist, daß durch geschachtelte Anwendung der Konstruktoren `Struct`, `Ref`, `Set` usw. beliebige Ergebnisstrukturen definiert werden können. Die Variable `result` kann also durchaus einen komplexen, benutzerdefinierten Typ haben. In jedem Fall muß diese Struktur zur OQL-Anfrage korrespondieren, d.h. das Anfrageergebnis muß diese Struktur besitzen.

Beispiel 3.9

Alle Firmen zusammen mit der Menge ihrer Angestellten

```
Result* r;
oql(r, "select f, f.beschaeftigt from f in Firmen");
```

In diesem Beispiel muß `Result` eine C++-Klasse sein, die das strukturierte Ergebnis vom Typ

```
Struct(Ref<Firma>, Set<Angestellter>)
```

aufnehmen kann (das Ergebnis besteht aus einer Firma und einer Menge von Angestellten).

3.4   Entwicklungsvorgehen

Bild 3.5 zeigt das typische Entwicklungsvorgehen zur Erstellung von ODBMS-Applikationen, wie es auch im ODMG-Standard vorgesehen ist. Die Abbildung bezieht sich dabei auf die C++-Programmierschnittstelle.

Der Anwendungsprogrammierer schreibt Deklarationen für das Datenbankschema und erstellt ein Applikationsprogramm in der C++-OML. Die Schemadeklarationen können entweder in der C++-ODL (wie oben dargestellt) oder in der sprachunabhängigen ODL des Standards geschrieben werden. Die Schemadefinitionen werden von einem Präprozessor in C++-Deklarationen umgesetzt und gleichzeitig als Metadaten für das ODBMS aufbereitet und gespeichert. Nach dem Übersetzungsschritt werden die Objektdateien zusammen mit dem Laufzeitsystem des ODBMSs, das in Form von Klassenbibliotheken vorliegt, gebunden und die lauffähige Applikation erzeugt. Innerhalb der Applikation kann dann auf eine neu erzeugte oder bereits existierende Datenbank, deren Typen den Schemadeklarationen entsprechen müssen, zugegriffen werden.

Bild 3.4:
Entwicklung von ODBMS-Applikationen

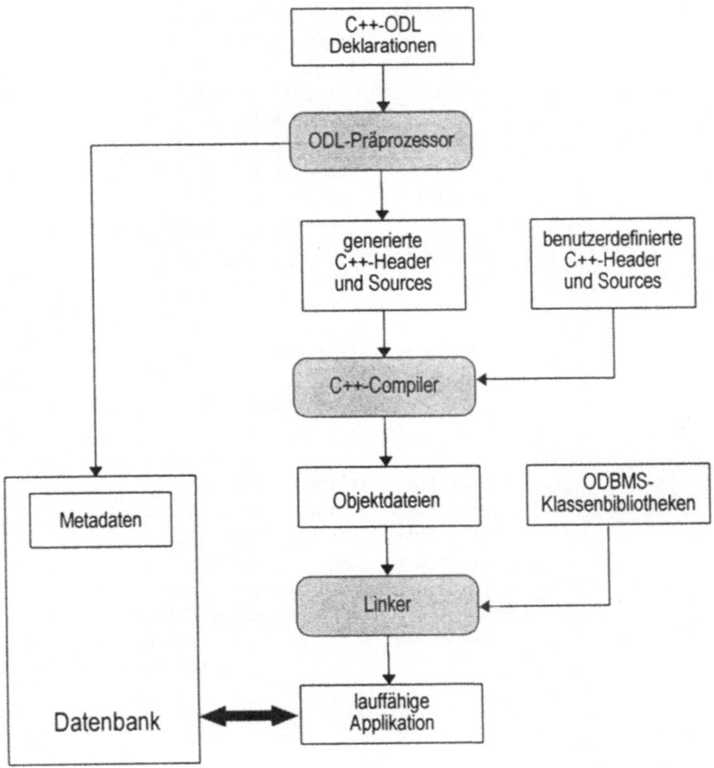

3.5   Ein Beispiel in ODMG-Notation

Schema-Definitionen

```
interface Mitarbeiter
( extent Mitarbeiter )
{
  attribute  String   Nachname;
  attribute  String   Vorname;
  attribute  Adresse  Adresse;
  attribute  Date     Geb_Datum;
  ...
}


interface Angestellter : Mitarbeiter
( extent Angestellte )
{
  attribute  String  Familienstand;
  attribute  Short   Steuerklasse;
  attribute  Long    Gehalt;
  attribute  String  Position;
  relationship Projekt leitet
            inverse Projekt::geleitet_von;
  relationship Set<Projekt> bearbeitet
            inverse Projekt::bearbeitet_von;
  relationship Firma angestellt_in
            inverse Firma::beschaeftigt;
  ...
}


interface Projekt
( extent Projekte
  key     (Name,geleitet_von)
)
{
  attribute  String   Name;
  attribute  String   Beschreibung;
  attribute  Interval Laufzeit;
  attribute  Long     Budget;
  relationship Angestellter geleitet_von
            inverse Angestellter::leitet;
  relationship Set<Angestellter> bearbeitet_von
            inverse Angestellter::bearbeitet;
  ...
}


interface Firma
( extent Firmen
  key     Name
)
```

```
{
 attribute  String   Name;
 attribute  Adresse  Firmensitz;
 attribute  Long     Groesse;
 attribute  Date     Gruendung;
 relationship Set<Angestellter> beschaeftigt
              inverse Firma::angestellt_in;
 ...
 Boolean einstellen (in Angestellter, in Projekt);
 Boolean entlassen (in Angestellter);
}
```

Datenbankapplikation

```
/* Datenbank myDB öffnen */
Database* db = new Database;
db->open("myDB");

/* Transaktion starten */
Transaction t;
t.begin();

/* Objekte erzeugen */
Ref<Projekt> fenster = new(db) Projekt("Fenster 95");
Ref<Projekt> tueren  = new(db) Projekt("Tueren NT");
Ref<Angestellter> willi = new(db) Angestellter("Gates", "Willi");
Ref<Angestellter> harry = new(db) Angestellter("Hirsch","Harry");

/* Assoziative Anfrage */
Ref<Firma> f;                          // Suche nach Firma "Macrosoft"
oql(f, "SELECT DISTINCT f FROM f IN Firmen
        WHERE Name = \"Macrosoft\"");

/* Methoden aufrufen */
f->einstellen(willi,fenster);
f->einstellen(harry,tueren);

/* Assoziative Anfrage: Projekte "Softeis" suchen */
char* query = "Name = \"Softeis\"";
Set<Ref<Projekt> > Projset;
Projekte->query(Projset, query);

/* Mengenoperation */
Projset.insert_element(tueren);

/* Der Leiter der Projekte "Softeis" und "Tueren" wird durch
   Willi Gates ersetzt */

/* Iteration */
Iterator<Ref<Projekt> > Pitr = Projset.create_iterator();
while(Pitr++)              // fuer jedes Element in Projset
   {
     /* einwertige Beziehungen traversieren */
     Ref<Projekt> p = Pitr->get_element();
     Ref<Angestellter> chef = p->geleitet_von.get();
```

```
                    /* Beziehungen löschen */
                    p->geleitet_von.clear();
                    p->bearbeitet_von.remove_element(chef);

                    /* Beziehungen einrichten */
                    willi->leitet = p;
                    p->bearbeitet_von.insert_element(willi);
                    }

            /* Traversierung über mehrwertige Beziehung */
            cout << "Alle Angestellten der Firma " << f->Name << endl;

            Iterator<Ref<Angestellter> > itr =
                                       f->beschaeftigt.create_iterator();
            while(itr.not_done())
                {
                Ref<Angestellter> ang = itr.get_element();
                cout << ang->Nachname;
                if (!ang->leitet.is_null())
                      cout << " leitet Projekt " << ang->leitet->Name << endl;
                else cout << endl;
                itr++;
                }

            t.commit();
            db->close();
```

Leitfaden zur Auswahl eines ODBMSs

Die Auswahl eines objektorientierten Datenbanksystems hat eine langfristige Investition zur Folge, die sorgfältig vorbereitet werden sollte. Denn mit den Fähigkeiten und der Performance des Datenbanksystems stehen und fallen das Design und die Leistungsfähigkeit der gesamten Anwendung. Eine an den Anforderungen der Anwendung ausgerichtete Evaluierung liefert die beste Grundlage, um sich für das richtige System zu entscheiden. In diesem Kapitel wird deshalb ein Leitfaden zur Evaluierung und Auswahl von objektorientierten Datenbanksystemen vorgestellt.

In Abschnitt 4.1 wird kurz darauf eingegangen, welche Gründe für eine Evaluierung von objektorientierten Datenbanksystemen sprechen. In Abschnitt 4.2 wird anschließend erläutert, wie sich der Auswahlprozeß in Phasen gliedern und durchführen läßt. In den nachfolgenden Abschnitten werden einige Begriffe verwendet, die sich auf funktionale Aspekte von objektorientierten Datenbanksystemen beziehen und auf die in Kapitel 6 noch ausführlich eingegangen wird. Eine Kurzdefinition der Begriffe findet sich außerdem im Glossar.

4.1 Warum evaluieren?

Der Markt der objektorientierten Datenbanksysteme hat in den letzten Jahren eine rasante Entwicklung erfahren. Inzwischen gibt es eine Vielzahl kommerzieller ODBMSe, von denen laufend neue Versionen auf dem Markt erscheinen. Alle ODBMS-Produkte verfügen über spezielle Eigenschaften und unterscheiden sich teilweise erheblich in ihrem Leistungsvermögen – und nicht zuletzt auch in ihrem Preis. Hinzu kommt, daß im Bereich der objektorientierten Datenbanksysteme eine verwirrende Vielfalt von neuen Begriffen und Konzepten existiert, wobei jeder Systemhersteller seine eigene Begriffswelt pflegt.

Angesichts der unterschiedlichen Fähigkeiten, Stärken und Schwächen der einzelnen Systeme ist die Auswahl des richtigen Systems stark davon abhängig, welche Anforderungen die Anwendung an das Datenbanksystem stellt. Eine Möglichkeit, sich

Informationen über die Leistungsfähigkeit verschiedener ODBMS-Produkte zu beschaffen, sind existierende Vergleiche und Benchmarks. Allerdings gibt es bisher nur eine kleine Zahl von ODBMS-Studien, deren Ergebnisse öffentlich zugänglich sind (Anhang D.2 enthält eine Übersicht über veröffentlichte Vergleiche und Evaluierungen). Zudem decken diese Untersuchungen meist nur einen Teil des eigenen Anforderungsspektrums ab und sind aufgrund der kurzen Produktzyklen auf dem ODBMS-Markt oft schon veraltet.

Der beste Weg, das richtige ODBMS zu finden, ist deshalb unserer Erfahrung nach eine eigene, an den Anforderungen der Anwendung ausgerichtete Evaluierung von Systemen. Die Vorteile einer solchen Evaluierung liegen auf der Hand:

Erfahrungen
sammeln

- Je mehr Erfahrungen im Umgang mit dem System vorab gesammelt werden können, desto schneller und effektiver verläuft später die Applikationsentwicklung. Die Entwickler kennen die Stärken und Schwächen des Systems, können seine Features gezielt nutzen und Stolpersteine vermeiden.

Kosten
abschätzen

- Auf der Basis der Evaluierungsergebnisse lassen sich die Kosten für den ODBMS-Einsatz abschätzen. Ein offensichtlicher Kostenfaktor sind die Kosten für das ODBMS selbst: Wieviel Funktionalität und Performance liefert das System für den Preis, und wie steht es im Vergleich mit anderen ODBMS-Produkten da? Noch wichtiger für eine Gesamtkostenrechnung sind jedoch die Entwicklungs- und Wartungskosten, die für ein System und die darauf basierenden Applikationen zu veranschlagen sind: Wieviel Einarbeitungsaufwand ist für das System notwendig? Wie hoch ist die Produktivität des Systems, d.h wie schnell läßt sich die Applikation mit Hilfe der Datenbankfeatures entwickeln? Und wieviel Aufwand entsteht für die Portierung von bereits existierendem Code?

Risiko
minimieren

- Bereits im Vorfeld eines Projektes kann abgesichert werden, daß das System tatsächlich schnell und stabil genug für die Applikation ist und nicht zu einem späteren Zeitpunkt der Umstieg auf ein anderes System droht.

Natürlich ist eine Kosten-/Nutzenabwägung bzgl. des Evaluierungsaufwandes immer auch von der Größe und Relevanz des Gesamtprojektes abhängig. Zumindest bei Projekten mit einer Größenordnung von mehreren Entwicklerjahren macht sich eine eingehende Evaluierung aber auf jeden Fall bezahlt. Die beiden in Kapitel 9 beschriebenen Fallstudien geben ein Beispiel dafür.

Eine systematische Vorgehensweise bei der Evaluierung hilft, schnell zu aussagekräftigen Ergebnissen zu kommen und gleichzeitig den Aufwand dafür in Grenzen zu halten. Wie man dabei vorgehen kann, wird im nächsten Abschnitt erläutert.

4.2   Wie evaluieren?

Anforderungskatalog erstellen

Dreh- und Angelpunkt für eine anwendungsorientierte Evaluierung sind die Anforderungen des Anwendungsbereichs. Ein Teil des Evaluierungsaufwandes wird sich deshalb zunächst darauf erstrecken, die Anforderungen zu analysieren und auf die Konzepte und Eigenschaften von objektorientierten Datenbanksystemen abzubilden.

Viele Anwendungen aus dem Bereich der Telekommunikation stellen beispielsweise hohe Anforderungen an die Verfügbarkeit eines Datenbanksystems. Ein Netzmanagementsystem muß in der Lage sein, im Dauerbetrieb (24 Stunden am Tag / 7 Tage die Woche) zu arbeiten und sich bei Hardware- oder Software-Fehlern innerhalb kürzester Zeit wieder in den normalen Betriebsmodus versetzen zu lassen. Ausschlaggebend für den Einsatz eines ODBMSs ist in diesem Fall deshalb die Frage, wie ausfallsicher das System ist.

Je mehr über die Eigenschaften und die Funktionsweise objektorientierter Datenbanksysteme bekannt ist, desto besser lassen sich die Anforderungen detaillieren und vervollständigen. Da manche Anforderungen erst mit der Evaluierung der Systeme offenkundig werden, andere dagegen sich wieder relativieren, wird der Anforderungskatalog sicher im Laufe des Evaluierungsprozesses mehrmals überarbeitet und fortgeschrieben werden. Die im Anforderungskatalog festgehaltenen Evaluierungskriterien lassen sich zusätzlich noch entsprechend ihrer Bedeutung gewichten, d.h. in unbedingt notwendige, wichtige und weniger relevante Kriterien unterteilen. Zumindest sollten alle Anforderungen, die k.o.-Kriterien darstellen, identifiziert werden. Ein typisches k.o.-Kriterium sind bestimmte Hardware- und Betriebssystemplattformen, die das ODBMS unterstützen muß.

Einige Fragestellungen, die sich im Beispiel des Netzmanagementsystems aus der Anforderung der hohen Verfügbarkeit ergeben, lauten: Gibt es Möglichkeiten, die Ausfallsicherheit des Systems zu erhöhen (z.B. durch gespiegelte Datenbanken)? Welche Recovery-Mechanismen bietet das ODBMS? Wie lange dauert der Wiederanlauf? Können im laufenden Betrieb Backups durchgeführt werden? usw.

Die Frage, ob das ODBMS die Möglichkeit bietet, on-line Backups von einer Datenbank anzufertigen, ist im Anforderungskatalog des Netzmanagementsystems als unbedingt notwendig einzustufen, da das System zur Datensicherung nicht außer Betrieb genommen werden kann. Andere mögliche Evaluierungskriterien, wie z.B. eine interaktive Anfrageschnittstelle, sind für Netzmanagementsysteme dagegen kaum relevant und können bei der ODBMS-Evaluierung ausgeklammert werden.

Gliederung des Evaluierungsprozesses

Um möglichst schnell zu aussagekräftigen Evaluierungsergebnissen zu kommen, ist eine systematische Vorgehensweise notwendig. Sinn und Zweck der Evaluierung ist dabei keinesfalls eine vergleichende Studie aller auf dem Markt befindlichen Systeme, sondern die Auswahl des richtigen Systems für ein Projekt. Der Evaluierungsprozeß selbst kann in drei Schritte unterteilt werden: Vorauswahl, funktionale Evaluierung und Benchmarks. Abbildung 4.1 zeigt den Auswahlprozeß mit den einzelnen Evaluierungsphasen.

Bild 4.1:
Auswahlprozeß

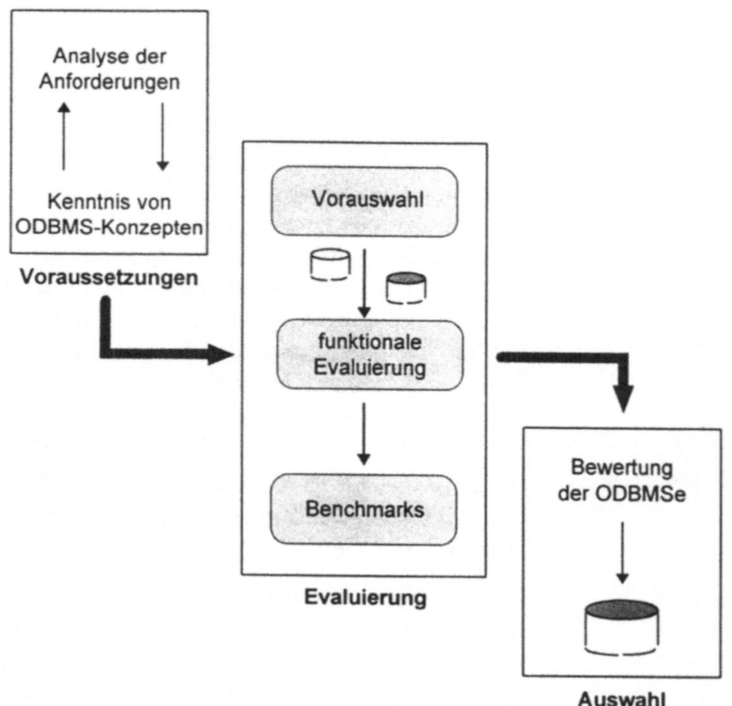

1. Schritt:
Vorauswahl

Ziel der *Vorauswahl* ist es, die Vielzahl objektorientierter Datenbanksysteme auf einige wenige Systeme, die für das Projekt geeignet erscheinen, einzuschränken. Soweit noch nicht geschehen, kann die Vorauswahl gleichzeitig genutzt werden, sich mit den Begriffen und der Funktionsweise von objektorientierten Datenbanksystemen vertraut zu machen. Die Kriterien, die in der Vorauswahl herangezogen werden, beziehen sich sowohl auf die Funktionalität eines Systems als auch auf ganz allgemeine Aspekte, wie z.B. den Preis oder die Support-Leistungen des Herstellers. Als Ergebnis liefert die Vorauswahl einen groben Überblick, welches System über welche Merkmale verfügt und wie sich ein System innerhalb des ODBMS-Marktes positioniert. Besonders wichtig sind bei der Vorauswahl natürlich die k.o.-Kriterien, um den Kreis der in Frage kommenden Systeme möglichst schnell eingrenzen zu können. Am Ende der Vorauswahl sollte man zwei bis maximal drei Systeme herausfiltern, die für das Projekt geeignet erscheinen und die im zweiten Schritt auf Herz und Nieren geprüft werden. Mehr als drei Systeme sollten es auf keinen Fall sein, damit die Kosten für die weitere Evaluierung im Rahmen bleiben. Inhalt und Durchführung der Vorauswahl sind in Kapitel 5 beschrieben.

2. Schritt:
Funktionale
Evaluierung

Der zweite Schritt des Auswahlprozesses besteht in einer eingehenden *funktionalen Evaluierung* der vorausgewählten ODBMSe. Auch bei der funktionalen Evaluierung ist der Anforderungskatalog die Ausgangsbasis für die Untersuchungen. Im Gegensatz zur Vorauswahl werden im zweiten Schritt die Systemeigenschaften mit Hilfe der Handbücher ausführlich evaluiert, um festzustellen, welche Funktionalität das System im einzelnen bietet und wie sich die Features für die Applikationsentwicklung einsetzen lassen. Darüber hinaus geben Beispielimplementierungen in den Systemhandbüchern einen ersten Eindruck vom Umgang mit dem System. Spätestens in dieser Phase zeigt sich die Qualität des Supports. Denn leider sind die Benutzerhandbücher selten so übersichtlich und vollständig, daß sich alle Fragen durch Nachschlagen beantworten lassen. Auf funktionale Evaluierungskriterien für objektorientierte Datenbanksysteme wird in Kapitel 6 ausführlich eingegangen.

3. Schritt:
Benchmarks

Im dritten und letzten Schritt werden die Systeme verschiedenen *Benchmarks* unterzogen, um ihre Leistungsfähigkeit zu messen. Es gibt für objektorientierte Datenbanksysteme inzwischen schon eine Reihe von veröffentlichten Benchmarks, für die auch die Ergebnisse zu den getesteten Systemen vorliegen. Diese Benchmarks haben den Vorteil, daß von herstellerunabhängiger Seite verschiedene Systeme unter gleichartigen Voraussetzungen getestet wurden und damit Zahlen vorliegen, die als erster Anhaltspunkt für einen Leistungsvergleich dienen können. Nachteil der existierenden Benchmarks ist, daß die Tests sich nur auf einige, wenige Datenbankaspekte konzentrieren und damit für die eigene Anwendung meist nicht repräsentativ genug sind. Ein weiteres Problem besteht darin, daß die Performance-messungen der Benchmarks sich häufig auf ältere Systemversionen beziehen. Angesichts der Tatsache, daß sich das Leistungs-verhalten eines Systems von einer zur nächsten Version manch-mal gravierend ändert, sind die Zahlen für die eigene Evaluie-rung nur bedingt aussagekräftig. Auch wenn praktische System-untersuchungen sehr zeit- und kostenintensiv sind, stellt die Spezifikation und Durchführung von eigenen Tests deshalb oft die beste Lösung dar.

Wichtig bei der Entwicklung eigener Benchmarks ist, daß sie aus möglichst anwendungsnahen Testszenarien und Zugriffsprofilen bestehen. Die Benchmarks sollten quasi als Prototyp der eigent-lichen Applikation spezifiziert werden, mit dem kritische Daten-bankzugriffe simuliert werden. Der Aufwand für die Definition und Implementierung der Testfälle läßt sich in Grenzen halten, wenn man sich dabei auf einen oder mehrere typische Aus-schnitte aus dem späteren Anwendungsprogramm beschränkt. Die Testergebnisse und Erfahrungen, die man auf diese Weise gewinnt, nützen nicht nur der Evaluierung, sondern der gesam-ten Projektdurchführung. Zum einen liefern die Testfälle realisti-sche Performancezahlen, so daß zeitkritische Zugriffe in der Applikationsentwicklung rechtzeitig abgeschätzt und evtl. um-gangen werden können. Zum anderen kann mit Hilfe des Test-prototyps die Tragfähigkeit des geplanten Datenbankkonzepts untersucht werden. Schwächen im Datenbankdesign werden frühzeitig erkannt und können zu einem Zeitpunkt behoben werden, zu dem solche Designänderungen noch nicht allzuviel kosten. Ein weiterer Aspekt bei Benchmarks ist, daß man mit ihnen systematisch die Einflußfaktoren für die Performance untersuchen und die Leistungsgrenzen des ODBMSs ausloten kann. Wie verhält sich beispielsweise die Zugriffszeit im Ver-hältnis zu der Anzahl von Objekten in der Datenbank, oder ab welcher Anzahl paralleler Bearbeitungsvorgänge geht die durch-schnittliche Transaktionsrate spürbar zurück? Was man bei praktischen Systemuntersuchungen beachten muß und worauf es bei der Entwicklung eigener Benchmarks ankommt, darauf wird in Kapitel 7 ausführlich eingegangen.

Planung
und Aufwand

Ganz wichtig ist es, die ODBMS-Evaluierung wie jedes andere Projekt sorgfältig zu planen und seine Durchführung zu überwachen. Für die Vorauswahl sind pro System ca. zwei bis drei Tage zu veranschlagen. Mit weniger Zeit wird es schwierig, die Aussagen in den Produktblättern etwas genauer zu studieren und wichtige Punkte evtl. mit den Herstellern zu diskutieren. Sehr viel mehr Zeit sollte man allerdings auch nicht investieren. Sonst besteht die Gefahr, daß die nachfolgenden Evaluierungsschritte zu kurz kommen.

Funktionale Evaluierung und Benchmarks zusammen benötigen pro System ca. drei bis vier Personenmonate Aufwand. Gerade die praktischen Systemuntersuchungen haben unserer Erfahrung nach die Tendenz, mehr Zeit und Ressourcen zu beanspruchen als ursprünglich veranschlagt. Vorbeugen kann man dem unter anderem dadurch, daß man in der Aufwandsabschätzung genügend Puffer für Schwierigkeiten im Umgang mit den Systemen vorsieht. Anstatt alle denkbaren Testfälle zu spezifizieren, sollte man außerdem lieber etwas Zeit für unterschiedliche Testimplementierungen und für das Tuning von Systemen reservieren.

Der relativ hohe Aufwand, der für eine solche ausführliche Evaluierung notwendig ist, wird dadurch wieder aufgewogen, daß mit der Entscheidung für ein bestimmtes ODBMS bereits eine ganze Reihe von Erfahrungen mit dem System vorliegen. Die Ergebnisse der funktionalen Evaluierung und der Code aus den praktischen Untersuchungen können direkt in die nachfolgende Applikationsentwicklung einfließen und ersparen so manche Korrektur im Design oder in der Implementierung, die umso teurer wird, je später sie erfolgt. Trotzdem sollte man natürlich jede Möglichkeit nutzen, den Aufwand zu reduzieren, z.B. indem man veröffentlichte Evaluierungen und andere Informationsquellen heranzieht. Ein hilfreicher Partner bei der Evaluierung sind außerdem die ODBMS-Hersteller, deren Erfahrungen man sich zunutze machen kann.

5 Vorauswahl

Ziel der Vorauswahl ist es, die Menge der in Frage kommenden ODBMSe auf zwei oder drei Systeme einzuschränken und damit den Aufwand für den gesamten Evaluierungsprozeß in Grenzen zu halten. Gleichzeitig dient die Vorauswahl dazu, einen Überblick über den ODBMS-Markt zu gewinnen und erste Kontakte zu den Herstellern aufzubauen.

Im folgenden werden einige Hinweise für die Durchführung der Vorauswahl gegeben und Auswahlkriterien erläutert, die in dieser Phase des Evaluierungsprozesses eine Rolle spielen.

Kontakte zu den Herstellern

So früh wie möglich sollte man in der Vorauswahlphase Kontakte zu den Herstellern und ihren Vertriebspartnern knüpfen, um sich bei der Evaluierung der Systeme Hilfestellung geben zu lassen und eventuelle Unklarheiten schnell beseitigen zu können. In den Werbeunterlagen einiger ODBMS-Anbieter finden sich Evaluierungsanleitungen für objektorientierte Datenbanksysteme. Diese Unterlagen sind eine gute Basis, um selbst einen Evaluierungskatalog aufzustellen. Manche Hersteller verfassen „interne Positionspapiere", in denen sie ihr System mit anderen vergleichen und dabei die Vorzüge des eigenen Systems deutlich machen. Nicht selten erhält man auch im Gespräch mit den Herstellern brandaktuelle Informationen über die zukünftige Produktentwicklung, die allgemeine Marktsituation – und über die Probleme und Schwächen der Konkurrenzsysteme. Des weiteren können die Kontakte zu den Herstellern genutzt werden, um sich nach Preisen und Lizenzbedingungen zu erkundigen. Die meisten ODBMS-Hersteller stellen Evaluierungslizenzen für einen begrenzten Zeitraum zu sehr günstigen Konditionen zur Verfügung.

Veröffentlichte Studien

Eine weitere Informationsquelle sind Artikel und veröffentlichte Berichte, in denen objektorientierte Datenbanksysteme miteinander verglichen werden. Viele dieser Artikel stammen aus dem universitären Umfeld, einige Studien wie [EWB+92] oder [AASW94a] sind aber auch vor einem industriellen Hintergrund entstanden und werden kommerziell vertrieben. Auch wenn solche Studien schnell veralten, weil inzwischen schon die nächste oder übernächste Version eines Systems auf dem Markt ist, geben sie doch einige Hinweise auf wichtige Systemeigenschaften und Evaluierungskriterien. Anhang D enthält u.a. eine Liste von Veröffentlichungen zum Thema Evaluierung von objektorientierten Datenbanksystemen.

Checkliste

In Anhang C ist eine Checkliste mit verschiedenen Kriterien zur Beurteilung von ODBMS-Produkten zusammengestellt. Die Liste gibt einen Anhaltspunkt, welche Aspekte für eine Evaluierung wesentlich sind, und kann – evtl. um weitere Punkte ergänzt – zur Vorauswahl herangezogen werden. Mit Hilfe von Produktblättern, Handbüchern oder aufgrund von Herstelleraussagen wird die Checkliste für jedes in Frage kommende System ausgefüllt. Allerdings sollte man sich beim Abhaken der einzelnen Punkte nicht allein auf Hochglanzbroschüren verlassen, sondern – zumindest bei wichtigen Anforderungen – die Informationen aus dem Werbematerial kritisch hinterfragen. So manches Mal stellt sich dabei heraus, daß die gewünschte Funktionalität nur mit Einschränkungen unterstützt wird oder erst in der nächsten Systemversion verfügbar ist. Oder es kommt vor, daß sich hinter einem angepriesenen Feature etwas ganz anderes verbirgt, als die Beschreibung vermuten läßt.

Auswahlkriterien

Die Checkliste umfaßt sowohl technische als auch nicht-technische Kriterien. Die technischen Kriterien betreffen die verschiedenen funktionalen Eigenschaften eines ODBMSs. Da in der Vorauswahl jedes System nur kurz unter die Lupe genommen werden kann, beschränkt sich die Untersuchung von technischen Aspekten zunächst darauf, abzuprüfen, ob ein System über wichtige Eigenschaften verfügt oder nicht. In der funktionalen Evaluierung werden diese Kriterien dann wieder aufgegriffen und eingehender untersucht. Die nicht-technischen Kriterien sind vor allem im Rahmen der Vorauswahl relevant. Zu den nicht-technischen Aspekten gehören u.a. die Marktposition eines ODBMS-Produkts, geplante Weiterentwicklungen der Systeme und Preisvergleiche.

Technische Kriterien

Die technischen Evaluierungskriterien der Checkliste sind in die folgenden Punkte untergliedert:

- Objektmodell und Objektzugriff,
- Schemaevolution,
- Architektur,
- Zugriffssynchronisation,
- Workgroup Computing,

- Assoziative Anfragen,

- Sprachschnittstellen,

- Zugriffsschutz,

- Werkzeuge und

- 24x7-Betrieb.

Zu den einzelnen Punkten sind verschiedene Fragen aufgelistet, mit denen sich die grundlegende Funktionalität eines ODBMSs abprüfen läßt. Diese Liste kann natürlich beliebig erweitert werden um alle Fragen, die sich aus den speziellen Anforderungen einer Anwendung ergeben.

Der Schwerpunkt in der Vorauswahl liegt auf all den Kriterien, die für die Anwendung k.o.-Kriterien darstellen. Im Beispiel des Netzmanagementsystems, bei dem das ODBMS für den Dauerbetrieb geeignet sein muß, lassen sich infolge der Anforderung nach hoher Verfügbarkeit eine ganze Reihe von k.o.-Kriterien identifizieren. In Tab. 5.1 sind einige wesentliche Kriterien für den 24x7-Betrieb dargestellt.

Tab. 5.1:
Evaluierungskriterien
für den 24x7-Betrieb

24x7-Betrieb	ODBMS 1	ODBMS 2	ODBMS 3	...
Gibt es Werkzeuge zum Online-Backup/Restore einer Datenbank?	✓	✓	✓	
Gibt es Möglichkeiten zur Online-Reorganisation einer Datenbank?		✓	✓	
Wird Online-Schemaevolution unterstützt?		✓		
Gibt es Möglichkeiten, die Ausfallsicherheit des Systems zu erhöhen, z.B. durch gespiegelte Datenbanken?		✓	✓	
Gibt es Werkzeuge zum Monitoring des Systems?	✓	✓	✓	
...				

Neben der funktionalen Evaluierung, in der diese Punkte dann genauer untersucht werden, können die verschiedenen Kriterien auch Grundlage für praktische Systemtests sein, z.B. wenn untersucht wird, wie lange der Wiederanlauf des ODBMSs in Abhängigkeit von der Datenbankgröße dauert.

Nicht-technische Kriterien

Abgesehen von den technischen Kriterien sind für die Wahl eines ODBMSs meist auch nicht-technische Kriterien ausschlaggebend, die in der Checkliste ebenfalls berücksichtigt sind. Im folgenden werden die wichtigsten dieser Kriterien erläutert.

Hersteller und Marktinformationen

Oft geben Informationen über die Marktposition und die wirtschaftliche Lage eines Herstellers bei der Auswahl den Ausschlag, auch wenn andere Produkte technisch gleichwertig oder sogar besser sind. Insbesondere bei größeren Projekten muß sichergestellt sein, daß der Hersteller auch in Zukunft auf dem Markt vertreten sein wird und genügend wirtschaftliche Stabilität aufweist, um das System zu warten und weiterzuentwickeln. Leider ist es nicht ganz einfach, objektive Aussagen über die Marktführer und über die Größe und Marktanteile von Anbietern zu erhalten. Die Zahlen, die von den verschiedenen ODBMS-Herstellern genannt werden, beziehen sich oft auf ganz unterschiedliche Faktoren wie Anzahl der installierten Entwicklungslizenzen oder Anzahl der verkauften Entwicklungs- und Laufzeitlizenzen, Umsatz bezogen auf das ODBMS oder Umsatzzahlen für das gesamte Produktspektrum der Firma und so weiter. Vergleichbare Zahlen erhält man deshalb am besten über Marktstudien wie [JeG91], [WeB94], und [Lau93], die häufig auch auszugsweise in Fachzeitschriften zitiert werden. Ein weiterer Anhaltspunkt für die zukünftige Entwicklung auf dem ODBMS-Markt sind strategische Allianzen zwischen ODBMS-Herstellern und großen Firmen wie z.B. IBM, Hewlett-Packard oder Sun.

Preis

Neben den Anschaffungskosten für das ODBMS selbst sind bei der Preiskalkulation auch die Kosten für Wartungsverträge und für zusätzliche Datenbank-Werkzeuge zu berücksichtigen. Außerdem sollte man vorab klären, wieviele Entwicklungs- und Laufzeitlizenzen bei den Preisverhandlungen im Spiel sind – und welche Interessen ein ODBMS-Anbieter haben könnte, in diesem Projekt das Rennen vor seinen Konkurrenten zu machen.

Produktplanung

Zusätzlich zu aktuellen Systembeschreibungen sollte man sich von den Herstellern auch Informationen über den geplanten Leistungsumfang von Folgeversionen und Weiterentwicklungen geben lassen. Anhand einer solchen „Roadmap" läßt sich erkennen, inwieweit neue Technologien in die Produktentwicklung einfließen und ob der Hersteller damit den allgemeinen Trends auf dem ODBMS-Markt folgt. Auch Standardisierungen, auf die

weiter unten noch eingegangen wird, sind dabei ein Anhaltspunkt.

Referenzkunden

Empfehlungen und Referenzkunden sind ein überzeugender
Beweis für die Einsatzfähigkeit eines Systems. Vielleicht findet
sich in der Liste der Referenzprojekte des Herstellers ein Projekt
mit ähnlichen Anforderungen, oder es besteht sogar die Möglichkeit, mit einigen Kunden Kontakt aufzunehmen und von
ihren Erfahrungen zu profitieren.

Service und Support

Ein guter Support ist ein ganz wesentliches Kriterium für die
Qualität eines Datenbanksystems. Ein weiterer Punkt für die
Vorauswahl betrifft deshalb die Support-Leistungen eines Herstellers: Bietet der Hersteller eine Hotline per Telefon oder E-Mail
an? Gibt es einen technischen Support im eigenen Land? Wie
groß ist die Support-Mannschaft, wie eng ist der Kontakt mit
dem Hersteller und welche Qualifikation haben die Supportleu-
te? Wenn technische Probleme nur mit dem Support in den USA
geklärt werden können (evtl. noch über den Umweg des deutschen Vertreibers), ist das zumeist mit Verständigungsschwierig-
keiten und einigen Tagen Wartezeit verbunden.

Ein anderes Kennzeichen eines guten Supports ist das Angebot
des Herstellers an Schulungen und Trainingsmaßnahmen. Welche Kurse werden für Applikationsentwickler angeboten? Wo
finden die Schulungen statt? Sind auch Inhouse-Schulungen in
der eigenen Firma möglich?

Schließlich kann man sich beim Hersteller erkundigen, ob er
Consulting-Leistungen anbietet. Consulting-Leistungen können
zum einen in Anspruch genommen werden, um Entwicklungsarbeiten extern zu vergeben. Zum anderen ist Consulting in Form
von projektbegleitender Beratungsleistung oft nützlich, um
Hilfestellung bei der Datenmodellierung oder beim Tuning des
Systems zu erhalten.

Standards

Standards können sowohl als funktionale Evaluierungskriterien
relevant sein als auch ganz allgemein zur Bewertung eines
Systems beitragen. Deshalb ist für die Vorauswahl auch interessant, wie sich ein Hersteller Standardisierungsbemühungen
gegenüber verhält und in welchen Normierungsgremien er vertreten ist.

Vor allem der ODMG-Standard wird in nächster Zeit die Entwicklung der objektorientierten Datenbanksysteme stark beeinflussen.
Bisher allerdings beschränkt sich die Standardkonformität der
meisten Systemen auf einzelne Schnittstellen des Standards oder

auf Ausschnitte aus den Schnittstellendefinitionen. Vorsicht also, wenn in Herstelleraussagen behauptet wird, daß ein System den ODMG-Standard unterstützt.

Ein weiterer Standard, der in Zukunft immer wichtiger sein wird, ist der ODBC-Standard. ODBC (Open Database Connectivity) ist ein von Microsoft eingeführter Industriestandard für die PC-Welt. Der ODBC-Standard definiert eine an SQL orientierte, herstellerunabhängige Applikationsschnittstelle für Datenbanksysteme. Einige ODBMS-Hersteller bieten bereits eine ODBC-Schnittstelle an und öffnen damit ihr System für SQL-basierte Frontend-Werkzeuge.

6 Funktionale Evaluierung

Ziel der funktionalen Evaluierung ist es, festzustellen, welche Funktionalität die nach der Vorauswahl verbliebenen ODBMSe im einzelnen bieten und wie sich die Konzepte für die Applikationsentwicklung einsetzen lassen. Dazu werden im wesentlichen die Systemhandbücher herangezogen, die – im Gegensatz zu vielen Hochglanzbroschüren – eine technische Beschreibung der angebotenen Funktionalität beinhalten. Zudem sind in den Handbüchern häufig Beispielimplementierungen zu finden, die einen ersten Eindruck vom Umgang mit dem System vermitteln. Nichtsdestoweniger kann es sich an einigen Stellen als notwendig erweisen, auch in der Phase der funktionalen Evaluierung eigene Implementierungen vorzunehmen. Dies gilt insbesondere dann, wenn erst das Zusammenspiel verschiedener Systemeigenschaften die Lösung eines bestimmten Problems der Applikationsdomäne ermöglicht.

Auch bei der funktionalen Evaluierung ist der Anforderungskatalog die Ausgangsbasis für die Untersuchungen. Ausgehend davon werden diejenigen Systemeigenschaften genauer beleuchtet, die eine tragende Rolle bei der zu entwickelnden Applikation spielen werden.

Die folgenden Abschnitte beschreiben wichtige Features der ODBMSe, die einer genaueren Evaluierung unterzogen werden sollten. Es wird aufgezeigt, wie sie gezielt eingesetzt werden können und welche Vor- und Nachteile die Konzepte der einzelnen Systeme haben. Des weiteren werden zu den jeweiligen Systemfeatures mögliche Fragestellungen aufgelistet, anhand derer die funktionale Evaluierung durchgeführt werden kann.

Der Abschnitt „Objektmodell" beschreibt, inwieweit das Objektmodell für eine funktionale Evaluierung relevant ist und auf welche Konzepte dabei insbesondere zu achten ist. Beispiele hierfür sind Kollektionen und unterschiedliche Implementierungen von Persistenz.

Im Abschnitt „Objektzugriff" wird näher auf die Evaluierungsmöglichkeiten im Hinblick auf die Handhabung der Objekte eingegangen. Das heißt, wie erfolgt der Einstieg in die Datenbank und wie muß mit den aus der Datenbank ausgelesenen Objekten umgegangen werden.

Der Abschnitt „Schemaverwaltung" beschäftigt sich mit den Möglichkeiten der Systeme in Bezug auf Schemaevolution und Schemaversionierung.

Welche Rolle die Architektur des ODBMSs für die zu entwikkelnde Applikation spielt und wie Caching und Clustering die Anwendungsentwicklung beeinflussen, erläutert der Abschnitt „Architektur".

Im Abschnitt „Transaktionsmanagement und Sperrverwaltung" werden Erweiterungen des klassischen Transaktionsbegriffes für ODBMSe aufgezeigt und Vor- und Nachteile verschiedener Lösungsansätze diskutiert.

Der Abschnitt „Workgroup Computing" hat die Definition wesentlicher Schlagworte wie CheckIn/CheckOut, Versionierung und spezielle Transaktionen zum Inhalt. Hier wird erläutert, wie diese Begriffe zusammenspielen und welche Probleme die Verzahnung dieser unterschiedlichen Features für die Applikationsentwicklung aufwirft.

Der Abschnitt „Assoziative Anfragen" geht eingehender auf die Möglichkeiten eines inhaltsbezogenen Zugriffs ein und stellt vor, wie die Mächtigkeit von Anfragesprachen beurteilt werden kann.

Der Abschnitt „Weitere Evaluierungskriterien" enthält kurze Hinweise zu den Sprachschnittstellen der Systeme und ihre Möglichkeiten im Hinblick auf Zugriffsschutz, Werkzeuge sowie 24x7-Betrieb.

6.1   Objektmodell

Das Objektmodell liefert dem Applikationsentwickler die Beschreibungsmittel zur Modellierung der Anwendungsdaten. Da in objektorientierten Datenbanksystemen Programmiersprache und Datenbankfunktionalität integriert sind, verwenden die meisten Systeme ein an C++ oder Smalltalk angelehntes Objektmodell mit datenbankspezifischen Erweiterungen. Die daraus resultierenden Objektmodelle enthalten üblicherweise folgende Konzepte:

- Objekte und Objektidentität,
- Attribute und Methoden,
- Objekttypen,

- Beziehungen zwischen Objekten und

- Vererbung und Typhierarchien.

Viele ODBMSe bieten zusätzlich Modellierungsmittel für:

- Kollektionen (auch Aggregate genannt) und

- komplexe Objekte.

Das Objektmodell ist in zweierlei Hinsicht für die genauere Evaluierung von Systemen relevant. Erstens läßt sich das Vorhandensein oder Fehlen von bestimmten Modellierungskonzepte als Auswahlkriterium heranziehen. Je mehr Modellierungsmittel ein System anbietet, umso leichter läßt sich eine realitätsnahe Abbildung des Anwendungsbereichs auf das Datenbankschema finden. Zwar können Konzepte, die in einem ODBMS nicht zur Verfügung stehen, prinzipiell auch innerhalb der Applikation nachimplementiert werden. Das hat aber beträchtlichen Entwicklungsaufwand zur Folge für Dinge, die von einem Datenbanksystem besser und performanter realisiert werden. Zweitens ist eine genauere Kenntnis der Modellierungskonzepte Voraussetzung für praktische Systemuntersuchungen. Ein Einblick in die Realisierung der Konzepte hilft außerdem, Rückschlüsse auf das Verhalten eines Systems zu ziehen.

In den folgenden Abschnitten wird hauptsächlich auf solche Objektmodellaspekte eingegangen, bei denen es in den Systemen große Unterschiede gibt. Dabei werden die in Kapitel 3 erläuterten Begriffe verwendet.

6.1.1   Objektidentität

In objektorientierten DBMSen wird die Identität von Objekten über eindeutige Objektidentifikatoren (OID) realisiert. Der OID eines Objekts unterscheidet es von allen anderen Objekten und ist unabhängig vom aktuellen Zustand des Objekts. OIDen werden verwendet, um Objekte eindeutig zu referenzieren und um Beziehungen zwischen Objekten zu realisieren.

Realisierung von Objektidentifikatoren

Es gibt verschiedene Ansätze zur Implementierung von Objektidentifikatoren:

- *Physikalischer OID:* Der Identifikator entspricht der physikalischen Speicheradresse des Objekts.

- *Logischer OID:* Der Objektidentifikator ist unabhängig von der Position des Objekts im Speicher. Beim Objektzugriff wird der OID über eine systeminterne Tabelle auf die Speicheradresse abgebildet.

- *Strukturierter OID:* Bei strukturierten OIDen setzt sich der Identifikator aus einem logischen und einem physikalischen Anteil zusammen. Strukturierte OIDen können beispielsweise über Segment- und Seitennummer als physikalischer Teil und einer logischen Adresse des Objekts innerhalb der Seite (auch Slot genannt) aufgebaut werden.

Die Identifizierung von Objekten mittels physikalischen Adressen ermöglicht einen sehr effizienten Speicherzugriff. Physikalische OIDen bringen jedoch auch gravierende Nachteile mit sich. Falls ein Objekt im Speicher verschoben wird, muß das ODBMS dafür sorgen, daß bereits existierende Objektreferenzen vor oder während des Zugriffs auf die neue Speicheradresse umgesetzt werden. Ebenso ist für das System einiger Aufwand notwendig, um „Dangling References" zu vermeiden, d.h. Zugriffe auf bereits gelöschte Objekte zu verhindern. Speicheradressen als OIDen werden deshalb in ODBMSen sehr selten verwendet.

Bei rein logischen OIDen verlangsamt sich der Objektzugriff um die zusätzliche Indirektionsstufe. Dafür ist aber das Verschieben von Objekten im Speicher problemlos möglich.

Im laufenden Betrieb eines ODBMSs gibt es eine ganze Reihe von Situationen, in denen es notwendig wird, die Speicherposition eines Objekts zu ändern:

- Der Anwender ändert das Clustering der Objekte, um die Performance des Datenbanksystems zu verbessern.

- Objekte werden zwischen den Rechnern migriert, um die Datenbankorganisation an eine geänderte Client/Server-Konfiguration anzupassen. Manche ODBMSe bieten sogar Unterstützung für dynamische Lastverteilungsverfahren in verteilten Architekturen.

- Bei Applikationen, in denen viele Objekte unterschiedlicher Größe erzeugt und wieder gelöscht werden, kann es zu Speicherplatzproblemen aufgrund von nicht nutzbaren „Löchern im Speicher" kommen. In diesem Fall ist eine Reorganisation des Speichers durch Verschieben der Datenbankobjekte notwendig.

- Durch Schemaevolution wird die Größe von Objekten und damit ihr Speicherlayout verändert (siehe auch Abschnitt 6.3).

Werden strukturierte OIDen verwendet, so können die Objekte innerhalb einer Seite beliebig hin- und hergeschoben werden, ohne den Vorteil einer schnellen Lokalisierung von Objekten im Hintergrundspeicher zu verlieren. Das Verlagern von Objekten zwischen den Seiten wird von einigen Systemen, in denen strukturierte Adressen verwendet werden, mit Hilfe von Vorwärtsverweisen gelöst, die an der ursprünglichen Stelle eingetragen werden.

Eindeutigkeit von Objektidentifikatoren

Die Eindeutigkeit von OIDen wird von den Systemen unterschiedlich interpretiert. In manchen ODBMSen werden Identifikatoren von gelöschten Objekten wieder neu vergeben, in anderen sind die OIDen über die gesamte Systemlebensdauer hin konstant. Meistens werden OIDen nur systemintern verwendet und sind nach außen nicht sichtbar. In einigen Systemen ist es jedoch möglich, sich den OID eines Objekts geben zu lassen und zur Referenzierung des Objekts in der Applikation zu verwenden. Dann sollte das System auf jeden Fall dafür sorgen, daß Identifikatoren von gelöschten Objekten nicht noch einmal vergeben werden. Da ODBMSe vielfach in verteilten Client/Server-Umgebungen eingesetzt werden, werden OIDen normalerweise über einen zentralen Generierungsmechanismus vergeben, mit dem die Eindeutigkeit der OIDen auch über Rechnergrenzen hinweg sichergestellt ist.

Evaluierung

* *Wird Objektidentität über vom System verwaltete, eindeutige Objektidentifikatoren hergestellt?*

* *Wie sind Objektidentifikatoren im System realisiert (als physikalische, logische oder strukturierte OID)?*

* *Ist der OID eines Objekts zugänglich, so daß er in der Applikation zur Identifizierung von Objekten verwendet werden kann?*

* *Ist die Eindeutigkeit der OIDen auch über Rechnergrenzen hinweg gewährleistet?*

* *Wie geht das ODBMS vor, wenn eine größere Menge von Objekten im Speicher verschoben werden muß? Kann eine Reorganisation des Speichers online erfolgen oder muß der laufende Systembetrieb für die Reorganisation unterbrochen werden?*

6.1.2   Basisdatentypen

Für einfache Daten wie Zahlen, Strings etc. werden in den Systemen vordefinierte Basisdatentypen bereitgestellt. Datentypen für atomare Werte sind meist als literale Datentypen realisiert, d.h., ihre Instanzen werden als „unveränderbare Objekte" (Literale) aufgefaßt, die keinen eigenen OID besitzen. Zu den atomaren Typen gehören die verschiedenen Zahldarstellungen (Integer, LongInteger, Float, ...), boole'sche Werte (Boolean) und Zeichen (Character). Einige Systeme, insbesondere die Smalltalk-basierten Systeme, behandeln dagegen alles als Objekt. Dementsprechend gibt es dort vordefinierte Objekttypen für atomare Werte.

Viele Systeme bieten zusätzlich noch eine Reihe von strukturierten Basisdatentypen, wie String, Date, Time, Money etc., mit entsprechenden Operationsschnittstellen an. Je umfangreicher das Angebot an vordefinierten Daten- bzw. Objekttypen ist, desto weniger Aufwand fällt in der Applikationsprogrammierung an, um Basisdatentypen möglichst direkt und speichereffizient zu implementieren.

Evaluierung

* *Über welche vordefinierten Daten- bzw. Objekttypen, atomare und strukturierte, verfügt das System?*

6.1.3   Methoden

In den meisten ODBMSen werden die im Schema deklarierten Methoden der Datenbankobjekte zusammen mit dem Applikationscode implementiert, gespeichert und auf dem Client ausgeführt. Nur einige wenige Datenbanksysteme bieten die Möglichkeit, neben den Attributen der Objekte auch ihre Methoden in der Datenbank abzulegen und – falls es sich um eine interpretative Sprache wie Smalltalk handelt – sie dort auch auszuführen.

Für den Anwendungsentwickler bietet die datenbankgestützte Speicherung von Methoden einige Vorteile. Der Quellcode kann zentral verwaltet werden, die Methodenimplementierungen lassen sich ändern, ohne daß sich das auf die Anwendungen auswirkt, und die Anwendungsprogramme werden kleiner. Falls die Methoden direkt in der Datenbank ausgeführt werden können, verringern sich außerdem die Datenmengen, die vom Datenbank-Server auf den Client transportiert werden müssen. Die Methodenausführung auf dem Datenbank-Server kann sich aber auch nachteilig auswirken, wenn der Server zum Flaschenhals wird, während gleichzeitig die Client-Rechner nicht ausgelastet sind. Außerdem besteht die Gefahr, daß durch die Ausführung einer vom Benutzer spezifizierten Methode der Datenbank-Server zum Absturz gebracht wird.

Evaluierung

* *Können Attribute und Methoden der Datenbankobjekte in der Datenbank abgelegt werden?*

> * *Wo werden Methoden ausgeführt, auf dem Client oder auf dem Datenbank-Server?*

6.1.4   Kollektionen

Kollektionen (oft auch Aggregate genannt) sind einer der Grundbausteine für die Erstellung objektorientierter Anwendungen. Typische Kollektionen sind Set (Menge), Bag (Menge, in der ein Element mehrfach vorkommen kann), List (Liste), Array (Feld) und Dictionary (Abbildungsverzeichnis). Als Zugriffsschnittstelle wird ein für die jeweilige Kollektion spezifischer Satz von Operationen angeboten. Um die Elemente einer Kollektion der Reihe nach durchlaufen zu können, gibt es normalerweise eine sogenannte Iterator-Klasse. Der Iterator ist ein Positionszeiger, der zunächst das erste und dann nacheinander das nächste Element liefert, bis das Ende der Kollektion erreicht ist.

In den meisten Systemen werden Kollektionen in Form von generischen Typen angeboten, die sowohl mit elementaren Datentypen als auch mit Objekttypen instantiierbar sind – ähnlich wie es im ODMG-Standard vorgesehen ist. Es gibt aber auch ODBMSe, in denen solche generische Kollektionstypen fehlen. Das hat den Nachteil, daß Kollektionen, sobald sie für die Applikationsentwicklung benötigt werden, mit einigem programmiertechnischen Aufwand (evtl. unter Einsatz einer Klassenbibliothek) selbst implementiert werden müssen.

Welche der oben genannten Kollektionen (Set, List, Array etc.) für die Applikationsentwicklung verfügbar sind, unterscheidet sich von System zu System. Grundfunktionen für die angebotenen Kollektionen, wie z.B. insert und remove zum Einfügen und Löschen von Elementen, werden normalerweise mitgeliefert. Große Unterschiede in den Systemen gibt es aber wiederum bei den speziellen Operationen für die einzelnen Kollektionstypen. Nicht alle Systeme unterstützen beispielsweise Mengenoperationen (*union, intersection* etc.) oder bieten einen vollständigen Satz von Listenoperationen (insert_first, insert_after, insert_before etc).

Ähnlich wie es auch in Klassenbibliotheken üblich ist, kann in manchen Systemen zwischen unterschiedlichen Implementierungen eines Kollektionstyps gewählt werden, beispielsweise, um Mengen entweder als B-Baum oder als Hash-Tabelle zu verwalten. So kann die Performance abhängig vom Zugriffsverhalten optimiert werden.

Evaluierung

* *Bietet das System vordefinierte Kollektionen (Set, Bag, List, Array, ...) an?*

* *Welche Operationen auf Kollektionen werden mitgeliefert? Wie umfangreich ist die Zugriffsschnittstelle für die unterschiedlichen Kollektionstypen?*

* *Kann zwischen unterschiedlichen Implementierungen von Kollektionen gewählt werden?*

6.1.5   Beziehungen

Mit Hilfe von Beziehungen können Objekte zu komplexen Datenstrukturen verknüpft werden. Modellierungsmöglichkeiten für Beziehungen gehören damit zu den grundlegenden Elementen eines objektorientierten Datenmodells. Beziehungen zwischen Objekten lassen sich als *unidirektionale* oder als *bidirektionale* Beziehungen modellieren. Die Kardinalität der Beziehung kann *1-zu-1*, *1-zu-m* oder *n-zu-m* sein.

Fast alle ODBMSe bieten Konzepte zur Modellierung von gerichteten, ein- und mehrwertigen Beziehungen. Üblicherweise werden ein- und mehrwertige Beziehungen in objektorientierten Datenbanksystemen durch Referenzen und Kollektionen von Referenzen repräsentiert. Das Einrichten, Löschen, Ändern usw. einer Beziehung erfolgt durch die Methoden der ODBMS-spezifischen Beziehungsklassen. In den meisten Fällen wird die referentielle Integrität automatisch vom ODBMS sichergestellt. Im Zusammenhang mit Beziehungen hat referentielle Integrität zwei Aspekte:

1. Beim Löschen eines Objekts werden alle Beziehungen zu diesem Objekt aktualisiert.

2. Änderungen auf einer Seite einer bidirektionalen Beziehung werden auch auf der inversen Seite vorgenommen.

Falls sich das Objektmodell eines Systems auf unidirektionale Beziehungen beschränkt, wie es in einigen wenigen ODBMSen der Fall ist, entsteht für die Applikationsprogrammierung zusätzlicher Aufwand, um zweiseitige Beziehungen mit Hilfe von einseitigen zu implementieren und dafür zu sorgen, daß die referentielle Integrität der Beziehungen sichergestellt ist.

Manche Systeme bieten die Möglichkeit, mehrwertige Beziehungen sowohl als einfache Mengen (Set) oder als auch als Listen (List) zu modellieren. Auf diese Weise können die zu einem Objekt in Beziehung stehenden Objekte entweder als Menge oder in Form einer geordneten Liste verwaltet werden.

Viele Systeme unterstützen auch datenbankübergreifende Beziehungen, d.h. Beziehungen zwischen Objekten aus verschiedenen Datenbanken. Je transparenter der Zugriff auf die verteilt vorliegenden Objekte erfolgt, desto einfacher lassen sich datenbankübergreifende Applikationen schreiben. Beispielsweise wird in manchen Systemen beim Traversieren einer datenbankübergreifenden Beziehung die andere Datenbank automatisch geöffnet, in anderen dagegen müssen vorher alle Datenbanken vom Benutzer explizit geöffnet werden. Einige ODBMSe bieten dem Benutzer die Möglichkeit, datenbanklokale und datenbankübergreifende Beziehungen zu kennzeichnen, so daß das System für lokale Beziehungen eine kompaktere Darstellungsform wählen kann.

Evaluierung

* *Gibt es 1-zu-1-, 1-zu-m- und n-zu-m-Beziehungen?*

* *Unterscheidet das System zwischen uni- und bidirektionalen Beziehungen?*

* *Wird die referentielle Integrität vom System sichergestellt?*

* *Welche Operationen sind auf ein- und mehrwertigen Beziehungen definiert? Können mehrwertige Beziehungen sowohl als Mengen als auch als Listen verwaltet werden?*

* *Können datenbankübergreifende Beziehungen definiert werden? Wie erfolgt das Traversieren von Datenbank zu Datenbank?*

6.1.6   Komplexe Objekte

Komplexe Objekte sind Objekte, die sich aus Teilobjekten zusammensetzen. Das Objekt bildet zusammen mit den Teilobjekten eine Modellierungseinheit. Jedes Teilobjekt ist über einen eigenen OID identifizierbar (im Gegensatz zu eingebetteten Strukturen). Operationen auf komplexen Objekten betreffen das zusammengesetzte Objekt einschließlich seiner Teilobjekte. Konzepte zur Definition von komplexen Objekten haben für die Applikationsentwicklung den Vorteil, daß eine Gruppe von Objekten als Einheit dargestellt und behandelt werden kann. Statt einer Vielzahl von Einzeloperationen ist nur ein einziger Methodenaufruf notwendig, um das komplexe Objekt z.B. zu löschen oder zu kopieren.

Ein Beispiel für die Modellierung von komplexen Objekten sind die Produkte aus dem Beispielschema, die als zusammengesetzte Objekte, bestehend aus den Teilobjekten Software und Handbuch, aufgefaßt werden können. Wenn ein Produkt gelöscht wird, sollen gleichzeitig auch alle seine Komponenten, die Software und das Handbuch, gelöscht werden.

Ein Ansatz zur Definition von komplexen Objekten in ODBMSen besteht darin, die Objekte über spezielle PART-OF-Beziehungen miteinander zu verknüpfen. Dabei sind die Teilobjekte „PART-OF" des komplexen Objektes. Weitergehende Konzepte unterscheiden zwischen *abhängigen* und *unabhängigen,* sowie zwischen *gemeinsamen* und *exklusiven* Teilobjekten. Abhängige Teilobjekte sind in ihrer Lebensdauer an das komplexe Objekt gebunden, d.h., wenn das zusammengesetzte Objekt gelöscht wird, werden auch die Teilobjekte gelöscht. Unabhängige Teilobjekte können auch ohne zugehöriges komplexes Objekt existieren. Exklusive Teilobjekte können nur mit einem zusammengesetzten Objekt in einer PART-OF-Beziehung stehen, gemeinsame Teilobjekte können Teil von verschiedenen komplexen Objekten sein.

Sogenannte propagierende Operationen berücksichtigen die spezielle Semantik von komplexen Objekten, d.h., Operationen wie Löschen, Kopieren, Sperren oder Test auf Gleichheit erstrekken sich auf das zusammengesetzte Objekt und auf all seine Teilobjekte. Propagierende Operationen werden oft auch „Deep Delete", „Deep Copy" etc. genannt. Falls in einem System zwischen abhängigen und unabhängigen, exklusiven und gemeinsamen Teilobjekten unterschieden wird, muß das ODBMS auch bei den propagierenden Operationen entsprechende Unterscheidungen vorsehen. Beispielsweise kann ein exklusives Teilobjekt gleich zusammen mit dem komplexen Objekt gelöscht werden, während bei einem gemeinsamen Teilobjekt zuerst noch überprüft werden muß, ob das Objekt nicht noch von anderen komplexen Objekten referenziert wird.

Ein weiterer Aspekt betrifft die Speicherung von komplexen Objekten. Um eine effiziente Suche und einen effizienten Zugriff auf komplexe Objekte zu ermöglichen, sollte das ODBMS das zusammengesetzte Objekt und alle Teilobjekte clustern, d.h. physisch nahe beieinander abspeichern.

Komplexe Objekte sind ein typisches Beispiel für Funktionalität, die zwar in der Applikation nachgebildet, aber von einem ODBMS wesentlich effizienter und nahtloser realisiert werden kann. Leider werden komplexe Objekte derzeit von den meisten Systemen nur sehr eingeschränkt unterstützt.

Evaluierung

* *Welche Möglichkeiten zur Modellierung von komplexen Objekten gibt es?*

* *Inwieweit unterstützt das System propagierende Operationen? Wie werden Sperren auf komplexen Objekten vom System gehandhabt?*

* *Wie werden komplexe Objekte abgespeichert?*

6.1.7 Vererbung

Da Vererbung eine der Schlüsseleigenschaften der Objektorientierung ist, wird sie – zumindest in der Form der einfachen Vererbung – von allen objektorientierten Datenbanksystemen unterstützt. Einfache Vererbung bedeutet, daß es zu jeder abgeleiteten Klasse nur eine Oberklasse gibt. Mehrfachvererbung, bei der eine Klasse von mehreren Oberklassen abgeleitet werden kann, ist in einigen Systemen gar nicht oder nur mit Einschränkungen möglich.

Evaluierung

* *Unterstützt das System Einfach- und Mehrfachvererbung?*

6.1.8 Integritätsbedingungen

Integritätsbedingungen definieren, welche Zustände eines Objekts oder einer Menge von Objekten erlaubt sind. Vom System verwaltete Integritätsbedingungen haben den Vorteil, daß die Konsistenz der Datenbank zentral für alle Applikationen definiert und kontrolliert werden kann.

In einem Datenbanksystem lassen sich zwei Arten von Integritätsbedingungen unterscheiden. Die erste Kategorie bilden Bedingungen, die an die Konzepte des Objektmodells geknüpft sind. Beispielsweise verbinden sich mit der Modellierung von bidirektionalen Beziehungen Bedingungen an die referentielle Integrität der Beziehung (vgl. Abschnitt 6.1.5). Wenn ein System solche elementaren Integritätsbedingungen nicht automatisch überwacht, liegt die Verantwortung für die Einhaltung der Datenkonsistenz allein beim Anwender. Dementsprechend schwierig und fehleranfällig wird die Erstellung von korrekten Applikationsprogrammen.

Zu dieser Kategorie von Integritätsbedingungen gehören auch Bedingungen im Zusammenhang mit Schlüsselattributen. Manche ODBMSe erlauben zusätzlich zu den OIDen die Identifizierung von Objekten über eindeutige Attributwerte (ähnlich den Primärschlüsseln in relationalen DBMSen). Ein Objektschlüssel kann sich aus einem oder mehreren Attributen und/oder Beziehungen zusammensetzen. An Schlüsselattribute sind zwei Bedingungen geknüpft:

1.   Für jedes Objekt muß ein Schlüssel vorhanden sein.

2.   Der Schlüssel muß für jedes Objekt eindeutig sein.

In fast allen Systemen, die wertdefinierte Schlüssel unterstützen, wird die Schlüsseleigenschaft bisher nur indirekt über die Erzeugung eines eindeutigen Indexes (Unique Index) hergestellt. Die Sicherstellung der Integritätsbedingungen für Schlüssel ist dabei an das Vorhandensein des Indexes gekoppelt. In einigen Systemen können Schlüssel bzw. Indexe nur über einzelne Attribute definiert werden.

Die zweite Kategorie von Integritätsbedingungen bilden benutzerdefinierte Integritätsbedingungen. Mit benutzerdefinierten Bedingungen kann beispielsweise festgelegt werden, daß ein Projektteam aus mindestens drei Mitgliedern bestehen muß und kein Mitarbeiter in mehr als zwei Projektteams eingeteilt sein darf. Benutzerdefinierte Integritätsbedingungen werden bisher von den Systemen kaum unterstützt.

Evaluierung

*   *Werden referentielle Integrität und andere Integritätsbedingungen, die mit den Modellierungskonzepten verknüpft sind, vom System automatisch überwacht?*

*   *Erlaubt das System direkt oder indirekt die Definition von wertdefinierten Schlüsseln?*

*   *Welche Möglichkeiten zur Formulierung von benutzerdefinierten Integritätsbedingungen bietet das System?*

6.1.9   Persistenz

Persistenz von Objekten bedeutet, daß die Lebensdauer eines Objekts unabhängig ist von der Lebensdauer des Programms, das das Objekt erzeugt hat. Persistente Objekte werden im Gegensatz zu transienten Objekten in der Datenbank gespeichert und bleiben so lange erhalten, bis sie nicht mehr gebraucht werden. Die Art und Weise, wie Objekte als persistent gekennzeichnet werden, unterscheidet sich von System zu System. Nach [Cat94] gibt es im wesentlichen drei verschiedene Ansätze:

Persistenzansätze

•   *Persistence by Type:* Objekttypen, von denen persistente Instanzen erzeugt werden sollen, werden als persistent gekennzeichnet. Nur Instanzen von solchen persistenten Objekttypen können in der Datenbank gespeichert werden. Entweder sind alle Instanzen eines persistenten Objekttyps automatisch persistent, oder zum Erzeugungszeitpunkt kann noch unterschieden werden, ob eine transiente oder eine persistente Instanz des Typs angelegt werden soll. In einigen Systemen, in denen Persistenz typabhängig definiert ist, wird die Persistenz eines Objekttyps bei seiner Deklaration festgelegt. Eine andere Realisierungsform von „Persistence by Type" sieht einen persistenten Basistyp vor, von dem alle persistenten Objekttypen erben müssen. Letzteres entspricht dem Persistenzkonzept des ODMG-Standards.

- *Persistence by Explicit Call:* Der Benutzer kann die Persistenz eines Objekts explizit spezifizieren. Der Aufruf, mit dem das Objekt persistent gemacht wird, ist entweder an die Instantiierung des Objekts gebunden oder kann jederzeit während der Lebenszeit des Objekts erfolgen.

- *Persistence by Reference:* Der Anwender hat die Möglichkeit, global bekannte, persistente Wurzelobjekte zu definieren. Alle Objekte, die von diesen Wurzelobjekten aus direkt oder indirekt erreichbar sind, werden ebenfalls persistent gespeichert. Dieser Persistenzansatz wird oft auch als „Persistence by Reachability" bezeichnet.

Folge des ersten Ansatzes ist, daß in der Applikationsentwicklung von vornherein festgelegt werden muß, von welchen Objekttypen persistente Instanzen erzeugt werden und von welchen nur transiente Instanzen benötigt werden. Im Gegensatz dazu ist in den anderen beiden Ansätzen die Persistenz von Objekten vollkommen unabhängig vom Typ eines Objekts.

Die Art und Weise, wie in einem System Persistenz spezifiziert wird, beeinflußt auch den Programmierstil. In den ersten beiden Ansätzen muß jedes Objekt einzeln als persistent markiert werden – zum Erzeugungszeitpunkt oder später. Im Fall von „Persistence by Reference" werden, sobald ein Objekt als Wurzelobjekt gekennzeichnet wird, alle von diesem Objekt aus erreichbaren Objekte ebenfalls persistent in der Datenbank abgelegt. Das bedeutet, mit einem Aufruf kann ein ganzes Objektgeflecht persistent gemacht werden.

Nicht jedes kommerzielle ODBMS läßt sich indessen eindeutig einem der drei Persistenzansätze zuordnen. In manchen Systemen wird Persistenz über eine Mischform aus den oben genannten Ansätzen realisiert, in anderen wird die Persistenz von Objekten bei den verschiedenen Sprachschnittstellen (C++, Smalltalk etc.), die das System anbietet, unterschiedlich gehandhabt. Wichtig für eine Evaluierung ist vor allem die Frage, ob von einem Objekttyp sowohl transiente als auch persistente Objekte erzeugt werden können.

* *Wie werden persistente Objekte deklariert und erzeugt?*
* *Ist Persistenz abhängig vom Typ eines Objekts?*
* *Können von einem Objekttyp sowohl persistente als auch transiente Instanzen erzeugt werden?*
* *Können transient erzeugte Objekte zu einem späteren Zeitpunkt persistent gemacht werden?*

6.2   Objektzugriff

Zur Entwicklung von Applikationen werden von den Systemen Sprachschnittstellen angeboten, die auf objektorientierten Programmiersprachen wie C++ oder Smalltalk basieren und um einige datenbankspezifische Elemente erweitert wurden. Aus Sicht der Applikationsentwicklung ist eine möglichst enge Integration der Datenbankoperationen mit der Programmiersprache wünschenswert, so daß auf persistente und transiente Objekte in gleicher Weise zugegriffen werden kann. Mehr oder weniger sind aber in allen Systemen besondere Zugriffsmechanismen notwendig, um persistente Objekte zu erzeugen, zu löschen und zu ändern.

6.2.1   Einstiegspunkte

Normalerweise stehen in objektorientierten Applikationen navigierende Zugriffe auf Objekte im Vordergrund. Zur Navigation von Objekt zu Objekt werden die Beziehungen zwischen den Objekten benutzt. Der Einstieg in die Datenbank erfolgt über ausgewählte Datenbankobjekte. Wie solche Einstiegspunkte identifiziert werden können, variiert von System zu System. Prinzipiell gibt es zwei verschiedene Ansätze für den Einstieg in eine Datenbank:

1. *Persistente Namen:* In den meisten ODBMSen besteht die Möglichkeit, benutzerdefinierte Namen für Objekte zu vergeben, anhand derer später wieder auf die Objekte zugegriffen werden kann. Bei der Handhabung von persistenten Namen gibt es in den Systemen einige Unterschiede, die zwar keine gravierenden Auswirkungen auf die Funktionalität haben, aber die Flexibilität und den Komfort im Umgang mit ihnen beeinflussen. Die Systeme unterscheiden sich u.a. darin, welchen Gültigkeitsbereich solche Bezeichner haben

(systemweite oder datenbankweite Eindeutigkeit), zu welchem Zeitpunkt die Namen vergeben werden (bei der Erzeugung eines Objekts oder jederzeit), und ob die Zuordnung eines persistenten Namens zu einem Objekt fix ist oder verändert werden kann. In einigen Systemen kann zu einem Objekt nur ein Name, in anderen können pro Objekt mehrere Namen vergeben werden. Auch die von den Systemen vergebenen OIDen stellen gewissermaßen fest vorgegebene, persistente Namen dar. Es gibt allerdings nur wenige Systeme, in denen OIDen nach außen bekannt gegeben werden und damit als Einstiegspunkte verwendet werden könnten.

2. *Datenbankanfragen:* Der Zugriff auf ein bestimmtes Datenbankobjekt kann auch über eine entsprechend formulierte Anfrage erfolgen. Abhängig vom Datenbankinhalt und von den Selektionsbedingungen liefert eine Datenbankanfrage kein, ein oder mehrere Objekte als Ergebnis. Dem Einstieg in die Datenbank geht deshalb unter Umständen die Verarbeitung einer Objektmenge voraus – außer die Eindeutigkeit des Ergebnisses wird über einen vom Benutzer verwalteten Schlüssel sichergestellt. Im einfachsten Fall besteht die Datenbankanfrage aus einer Anfrage über der gesamten Extension eines Objekttyps ohne weitere Selektionsbedingung. Als Einstiegsweg kann dann über die Elemente der Extension iteriert werden, bis das geeignete Objekt gefunden ist. Hilfreich für den Datenbankeinstieg mittels Anfragen ist es, wenn das System automatisch verwaltete Extensionen bereitstellt, so daß der Anwender nicht für die Verwaltung geeigneter Suchmengen für Anfragen sorgen muß.

Persistente Namen sind das geeignete Mittel, um häufig verwendete Einstiegswege in die Datenbank zu kennzeichnen und schnell darauf zuzugreifen. Die möglichen Einstiegspunkte beschränken sich dabei jedoch auf die vom Benutzer vergebenen Namen. Mit Datenbankanfragen kann im Prinzip jedes Objekt der Datenbank selektiert und als Einstiegspunkt genutzt werden. Andererseits kann die Verwendung von Datenbankanfragen recht komplexe Verarbeitungsschritte bedingen, bis auf das Einstiegsobjekt zugegriffen werden kann. Idealerweise erfolgt deshalb in einem ODBMS der Einstieg in die Datenbank sowohl über Anfragen als auch über persistente Namen.

Evaluierung   * *Unterstützt das System persistente Namen?*

> * *Wie flexibel lassen sich persistente Namen einrichten, ändern etc.?*
>
> * *Können zum Einstieg in die Datenbank Datenbankanfragen verwendet werden?*
>
> * *Stellt das System automatisch verwaltete Extensionen zur Verfügung?*

6.2.2   Objektreferenzen

Die C++-Sprachschnittstellen von ODBMSen sehen unterschiedliche Möglichkeiten vor, wie auf persistente Objekte zugegriffen werden kann. In einigen Systemen können für den Zugriff auf persistente Datenbankobjekte normale C++-Pointer verwendet werden. Das erleichtert die Portierung von existierenden C++-Programmen, da sich die Behandlung von persistenten und transienten Objekten nur an wenigen Stellen im Programmcode, z.B. bei der Erzeugung von Objekten, unterscheidet.

In anderen Systemen müssen auf der C++-Sprachschnittstelle spezielle Referenzobjekte verwendet werden, um den Zugriff auf persistente Objekte zu realisieren (auch die C++-Schnittstelle des ODMG-Standards sieht für den Zugriff auf persistente Objekte eine Template-Klasse Ref<T> vor). Die transienten Referenzobjekte bilden die Schnittstelle zu den Datenbankobjekten. Mit Hilfe des Derefenzierungsoperators -> werden die Methoden und Attribute des persistenten Objekts, auf das das Referenzobjekt zeigt, angesprochen.

Manche Systeme bieten mehrere Referenz-Klassen an, so daß für unterschiedliche Gültigkeitsbereiche (z.B. Referenz innerhalb einer Datenbank oder über Datenbankgrenzen hinweg gültig) unterschiedlich lange Referenzen verwendet werden können.

Evaluierung

> * *Inwiefern unterscheidet sich auf der C++-Sprachschnittstelle der Zugriff auf transiente und persistente Objekte?*

6.3   Schemaverwaltung und Schemaevolution

6.3.1   Darstellung der Schemainformation

Das Datenbankschema wird in objektorientierten Datenbanksystemen üblicherweise in Form von Objekten dargestellt und verwaltet. Das ODBMS verwendet dazu spezielle Schema- oder Metaklassen, deren Instanzen die Typen des Datenbankschemas zusammen mit ihren Attributen und Methoden beschreiben. Neben den eigentlichen Typdefinitionen werden in ODBMSen häufig auch weitere Informationen im Schema gespeichert, wie z.B. Indexe auf Attributen. Zu den üblichen Datenbanktools von ODBMSen gehört ein Schema-Browser, der dem Anwender eine graphisch aufbereitete Darstellung der Typen, Typhierarchien und Beziehungen zwischen den Typen liefert.

Applikationen, in denen generisch auf beliebige Objekte zugegriffen wird, müssen den Typ eines Objekts zur Laufzeit abfragen und interpretieren können. In diese Kategorie von Applikationen fallen u.a. Datenbank-Browser und Datenkonvertierungsprogramme. Fast alle ODBMSe bieten folglich die Möglichkeit, von der Applikationsschnittstelle aus dynamisch auf Schemainformationen zuzugreifen.

Evaluierung

* *Wie werden in dem ODBMS Schemainformationen dargestellt und verwaltet? Gehört zum Lieferumfang des ODBMSs ein komfortabler Schema-Browser?*

* *Welche Schemainformationen können zur Laufzeit von der Applikationsschnittstelle aus gelesen und interpretiert werden?*

6.3.2   Schemaevolution

Im Laufe der Entwicklung und Wartung von Datenbankapplikationen ergibt sich immer wieder die Notwendigkeit, ein bestehendes Datenbankschema zu ändern oder zu erweitern, sei es, um Fehler zu beseitigen, sei es, um das Schema an neue Anforderungen anzupassen. Die Erweiterbarkeit des Schemas stellt daher eine der wichtigsten Eigenschaften von Datenbanksystemen dar. Mit dem Begriff *Schemaevolution* wird die Möglichkeit bezeichnet, ein Schema zu ändern oder zu erweitern – auch wenn es bereits eine Datenbank mit Objekten gibt, die nach der alten Schemadefinition erzeugt wurden. Das grundlegende Problem der Schemaevolution liegt nicht in der Modifikation des Schemas, sondern darin, die bereits existierenden Objekte einer Datenbank an die neue Schemadefinition anzupassen.

Schemaversionierung

Wenn von einem Datenbankschema mehrere Versionen existieren können, spricht man von *Schemaversionierung*. Nur wenige ODBMSe bieten allerdings die Möglichkeit, auf eine existierende Datenbank gleichzeitig mit unterschiedlichen Schemaversionen zuzugreifen. Falls ein System Schemaversionierung in diesem Sinne unterstützt, können alte Applikationen unverändert mit ihrer Version des Schemas weiterlaufen, während neue Applikationen mit einem modifizierten oder erweiterten Schema auf die Datenbank zugreifen.

Da das objektorientierte Datenmodell über wesentlich mächtigere Modellierungsmittel verfügt als das relationale Modell, ist Schemaevolution in ODBMSen ein weitaus komplexeres Thema als in relationalen Datenbanksystemen. Nach einer von [Kim91] aufgestellten Klassifikation lassen sich bei ODBMSen folgende Schemaänderungen unterscheiden:

Schemaänderungen

1.   Ändern der Typstruktur

    1.1   Ändern der Attribute
    (Hinzufügen, Löschen, Umbenennen von Attributen, Ändern des Attributtyps, Ändern des Initialisierungswertes eines Attributs, Ändern der Beziehungen zwischen Typen)

    1.2   Ändern der Methoden
    (Hinzufügen, Löschen, Umbenennen von Methoden, Ändern des Quellcodes, Ändern der Signatur)

    1.3   Umbenennen des Typs

2.   Ändern der Typhierarchie

    2.1   Hinzufügen oder Löschen eines Typs

    2.2   Hinzufügen oder Löschen der Obertypen eines Typs

    2.3   Ändern der Reihenfolge der Obertypen eines Typs

    2.4   Generalisierung: Einführen eines neuen Obertyps für n existierende Typen

    2.5   Umformen von n bestehenden Typen in einen neuen Typ oder Aufsplitten eines Typs in n verschiedene Typen

Sobald an der Struktur oder den Vererbungsbeziehungen eines Typs, zu dem bereits Instanzen existieren, Änderungen vorgenommen werden, müssen alle Objekte dieses Typs an die neuen Schemadefinitionen angepaßt werden. Die meisten ODBMSe gestatten dem Anwender, die Typdefinitionen zu ändern, sie unterscheiden sich aber erheblich darin, inwieweit sie dem Benutzer bei der Migration der Daten Hilfestellung geben.

Einfache Schemaänderungen, wie z.B. das Hinzufügen eines Typs oder das Umbenennen von Attributen, stellen für die Systeme noch kein Problem dar. Änderungen, die sich auf das Speicherlayout der Objekte auswirken, erfordern dagegen schon weitergehende Evolutionsmechanismen und werden von den

ODBMSen nur zum Teil unterstützt. Ein Beispiel für umfangreichere Schemaänderungen ist das Erweitern einer Typdefinition um ein neues Attribut. Da die Objekte aufgrund der Schemaänderung mehr Speicherplatz beanspruchen, muß der gesamte Speicherbereich für die Objekte neu organisiert werden. Abhängig davon, wie in einem System die Objektidentifikatoren realisiert sind, kann das zu einem recht aufwendigen Migrationsverfahren führen.

Zur Initialisierung des neuen Attributs sind unterschiedliche Vorgehensweisen denkbar, deren Auswahl vom Anwendungsfall und den vom System angebotenen Möglichkeiten abhängig ist:

- Der Anwender gibt einen Default-Wert vor, mit dem alle Objektattribute initialisiert werden.

- Der Wert für das Attribut wird aus vorhandenen Daten berechnet, z.B. wenn das Alter eines Angestellten anhand seines Geburtsdatums ermittelt wird.

- Die Attributwerte werden vom Benutzer für jedes Objekt einzeln angegeben (was bei einer größeren Anzahl von Objekten zu einem mühsamen Unterfangen wird).

Noch komplexer ist die Handhabung von Schemamodifikationen, die sich direkt oder indirekt auf die Vererbungsbeziehungen zwischen den Typen auswirken, z.B. wenn ein neuer Typ in die Vererbungshierarchie eingehängt werden soll oder wenn die Definition eines Obertyps modifiziert wird, so daß auch alle Objekte seiner Subtypen mit geändert werden müssen.

Wenn ein System über Mittel verfügt, Typen neu zu erzeugen und zu löschen, können Schemamodifikationen und die Migration der Daten folgendermaßen auch „manuell" durchgeführt werden, z.B. um ein Attribut `Nachname` des Typs `Mitarbeiter` von 25 auf 30 Zeichen zu erweitern:

Manuelle Migration der Daten

1. Erzeugen eines neuen Typs mit der gewünschten Struktur.

2. Erzeugen neuer Instanzen zu dem Typ durch Kopieren und Umformen der existierenden Instanzen.

3. Umsetzen der Referenzen von den alten auf die neuen Instanzen.

4. Löschen der alten Instanzen und des alten Typs.

Bei der manuell gelösten Migration der Daten müssen natürlich auch alle Vererbungsbeziehungen der geänderten Typen berücksichtigt werden. Wenn es, wie im Beispielschema, zu dem Typ `Mitarbeiter` zwei Subtypen `Angestellter` und `Frei-`

`er_Mitarbeiter` gibt, müssen auch alle Instanzen der beiden Subtypen umkopiert werden.

Zur Anpassung der Objekte an das geänderte Schema werden von den ODBMSen unterschiedliche Techniken verwendet:

- *Unveränderbare Typdefinitionen:* Der einfachste Ansatz besteht darin, Änderungen der Typdefinitionen nicht mehr zuzulassen, sobald Instanzen von einem Typ erzeugt wurden. Dem Benutzer bleibt dann nur noch die Möglichkeit, einen neuen Typ zu definieren und die Daten, wie oben erläutert, per Hand zu migrieren.

- *Sofortige Konvertierung:* Die Objekte werden sofort nach der Modifikation des Schemas umgewandelt. Dieser Ansatz, der unter den ODBMS-Produkten der gebräuchlichste ist, hat den Nachteil, daß die Verfügbarkeit des Datenbanksystems für die Dauer des Konvertierungsvorgangs eingeschränkt ist.

- *Verzögerte Konvertierung:* Änderungen an den Objekten werden so lange verzögert, bis das nächste Mal auf die Objekte zugegriffen wird. Die Modifikationen können damit online Objekt für Objekt vorgenommen werden. Nachteil der verzögerten Konvertierung ist, daß bei allen Applikationen, die auf zu modifizierende Objekte zugreifen, Performanceeinbußen stattfinden können. In manchen Systemen werden deshalb zusätzlich die Zeiten niedriger Datenbanklasten genutzt, um Konvertierungen durchzuführen. Da bis zu dem Zeitpunkt, zu dem das Objekt an das neue Schema angepaßt wird, durchaus noch weitere Schemaänderungen erfolgen können, muß das ODBMS bei diesem Ansatz eine Historie von Schemaänderungen zusammen mit den entsprechenden Umsetzungsprozeduren verwalten.

In vielen ODBMSen wird so verfahren, daß bei einfacheren Schemaänderungen die Konvertierung der Objekte automatisch vom System durchgeführt wird, während komplexere Modifikationen nur so lange erlaubt sind, wie es keine Instanzen zu den Objekttypen gibt.

Falls ein System in punkto Schemaevolution überhaupt keine Unterstützung bietet, bleibt dem Applikationsentwickler keine andere Wahl, als bei jeder kleinen Schemaänderung mit dem modifizierten Schema eine neue Datenbank zu erzeugen und alle Objekte der alten Datenbank in die neue umzukopieren. Aber auch wenn ein ODBMS über Mechanismen zur Schemaevolution verfügt, werden viele Schemaänderungen nicht ohne Konvertierungsprogramme und manuelles Eingreifen auskommen. Wenn beispielsweise `Mitarbeiter`-Namen zunächst in einem Attribut `Name` geführt wurden, sich später aber herausstellte, daß zwei Attribute `Vorname` und `Nachname` notwendig wären, ist ein eigenes Programm notwendig, um die als Zeichenketten gespeicherten Namen korrekt in Vor- und Nachname zu zerlegen. Schließlich muß der Applikationsentwickler nach einer Schemaänderung auch alle bereits existierenden Applikationen daraufhin durchforsten, ob sie von den Änderungen betroffen sind, und die Programme entsprechend anpassen.

Evaluierung

* *Wird Schemaevolution prinzipiell vom System unterstützt? Welche Schemaänderungen sind in dem System möglich? Können auch die Vererbungsbeziehungen zwischen Typen geändert werden?*

* *Welche Unterstützung liefert das System bei der Migration der Daten?*

* *Können Typdefinitionen geändert werden, auch wenn bereits Instanzen zu dem Typ existieren? Falls ja, zu welchem Zeitpunkt werden dann die Objekte konvertiert?*

* *Wie verfährt das System bei Schemaänderungen, die sich auf das Speicherlayout der Objekte auswirken?*

* *Wie verhält sich das System, wenn ein Typ um ein neues Attribut erweitert wird? Muß der Anwender alle Objekte dieses Typs selber ausfindig machen oder können die Objektattribute z.B. automatisch mit einem Initialisierungswert besetzt werden?*

* *Kann ein Datenbankschema in mehreren Versionen vorliegen? Kann auf einer Datenbank gleichzeitig mit verschiedenen Versionen eines Schemas gearbeitet werden, so daß die Objekte in unterschiedlichen (Schema)Versionen sichtbar sind?*

6.4   Architektur

Die Architektur eines Datenbanksystems bestimmt zum großen Teil seine Performance. Ein wesentlicher Grund, weshalb objektorientierte Datenbanksysteme u.a. in ingenieurwissenschaftlichen Anwendungen nennenswert kürzere Antwortzeiten als relationale Datenbanksysteme erreichen, liegt in architektonischen Unterschieden zwischen beiden DBMS-Familien. Die verschiedenen objektorientierten Datenbanksysteme verwenden indes nicht eine einheitliche Architektur, sondern verfolgen bei näherer Betrachtung unterschiedliche Architekturansätze. Jeder dieser Ansätze wirkt sich zwangsläufig bei bestimmten Rahmenbedingungen positiv, bei anderen dagegen negativ auf das Leistungsverhalten des Systems aus. Zur funktionalen Evaluierung eines ODBMSs gehört insofern auch eine Analyse seiner Architektur bezogen auf die Gegebenheiten der Anwendung. Dieser Abschnitt beschreibt im folgenden grundsätzliche ODBMS-Architekturen.

6.4.1 Grundlegende Client/Server-Architekturen

Alle relevanten Produkte auf dem ODBMS-Markt basieren heute auf einer *Client/Server-Architektur*. Dieses Architekturmodell hat in den letzten Jahren – nicht nur im DBMS-Bereich – eine zunehmend stärkere Verbreitung gefunden. Auf bestimmten Gebieten hat es die früher dominierenden Großrechnerlösungen fast vollständig verdrängt. Beim konventionellen Großrechnereinsatz muß die gesamte Rechenlast von einem zentralen, leistungsstarken Rechner bewältigt werden; die Endgeräte sind nur für das Entgegennehmen von Benutzereingaben und die Darstellung der Daten zuständig. Der Zentralrechner wird leicht zum Engpaß. Der Client/Server-Ansatz versucht, dies zu vermeiden, indem die Last gleichmäßig auf die vorhandenen Rechner aufgeteilt wird. Dank der rapide fallenden Hardware-Preise ist es möglich, leistungsfähige Rechner als Clients einzusetzen und darauf lokal umfangreiche Berechnungen durchzuführen. Das Hinzufügen neuer Client-Rechner erhöht die Rechenleistung des Gesamtsystems in entsprechendem Maße. Ergebnis ist insgesamt eine wesentlich bessere Skalierbarkeit des Systems.

Die meisten der heute verfügbaren Datenbanksysteme verwenden eine der drei folgenden Client/Server-Architekturen (Bild 6.1):

Query-Server

- Relationale Datenbanksysteme basieren in aller Regel auf der *Query-Server*-Architektur. Der Server erhält dabei vom Client assoziative Anfragen, die mittels einer deklarativen Anfragesprache beschrieben sind. Der Server übersetzt die Anfrage, berechnet die Ergebnismenge und schickt sie an den Client zurück. Assoziative Anfragen sind für den Client die einzige Möglichkeit, Daten vom Server anzufordern. Als Anfragesprache wird meist SQL eingesetzt. Bei ODBMSen findet man den Query-Server-Ansatz in dieser absoluten Form nicht.

Objekt-Server

- In mehreren ODBMSen ist der *Objekt-Server*-Ansatz implementiert. Ein Objekt-Server empfängt Objektanforderungen des Clients und schickt daraufhin ein Objekt oder eine Menge von Objekten an den Client zurück. Der Datenbank-Client fordert die gewünschten Objekte im Normalfall durch Angabe ihrer Objektidentifikatoren an, und nicht wie beim Query-Server ausschließlich über assoziative Anfragen.

Seiten-Server

• Andere ODBMSe folgen der *Seiten-Server*-Architektur. Dabei werden zwischen Server und Client ganze Seiten des Hintergrundspeichers ausgetauscht. Der Client fordert Seiten an; er kennt die Position und Größe der darauf gespeicherten Objekte. Eine Seite enthält in der Regel mehrere Objekte. Auch wenn die Applikation nur ein einzelnes Objekt benötigt, wird beim Seiten-Server-Ansatz mindestens eine Seite vom Server an den Client transferiert. Die Seiten haben eine feste Größe, die nicht dynamisch erhöht werden kann. Die Seitengröße liegt üblicherweise im Bereich von einigen kBytes (häufig 4 kB). Bei der Seiten-Server-Architektur ist die Objektverwaltung beim Client konzentriert. Der Server braucht die Struktur der Seiten nicht zu kennen.

Bild.6.1:
Client/Server-
Architekturen

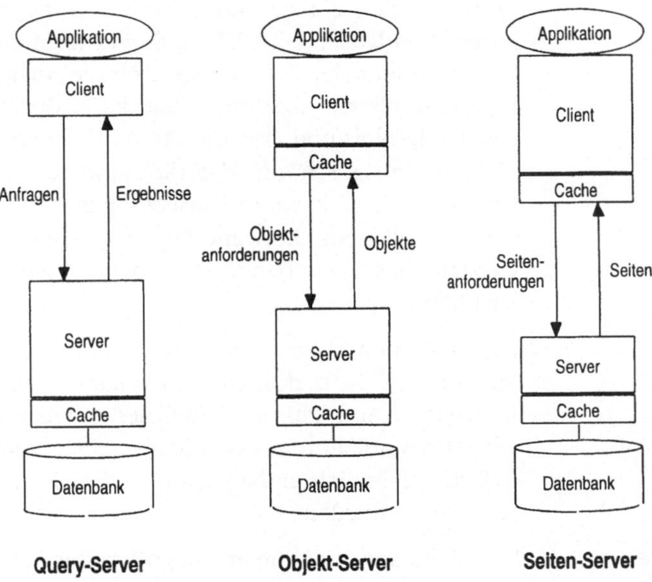

Query-Server haben sich insbesondere in kaufmännischen Anwendungen bewährt, in denen mittels mengenorientierter Operationen umfangreiche Datenmengen bearbeitet werden. Query-Server minimieren dort die Datenmenge, die zwischen Server und Client übertragen werden muß. Daraus resultieren eine niedrige Netzbelastung und letztendlich hohe Transaktionsdurchsätze. Um eine Operation wie „Zeige die Einträge aller Angestellten an, die mehr als 10.000 DM pro Monat verdienen" auszuführen, brauchen neben der Anfrage nur die Daten der (wenigen) Angestellten übertragen werden, die dieses Kriterium erfüllen. Bei einer Änderungsoperation wie „Erhöhe das Gehalt aller Angestellten um 3%" genügt es sogar, nur den Auftrag an den Server zu senden; die Änderung der Einträge in der Datenbank kann stattfinden, ohne daß dazu Daten an den Client geschickt werden müssen.

Für ingenieurwissenschaftliche Anwendungen mit ihren komplexen Datenstrukturen und Zugriffsmustern, bei denen die Objekte meist durch Navigation entlang von Beziehungen aufgesucht und einzeln bearbeitet werden, sind Query-Server nicht gut geeignet. Navigierende Zugriffe werden von Query-Servern nicht explizit unterstützt, sondern auf assoziative Anfragen zurückgeführt. Bei der naheliegendsten Umsetzung von navigierenden Zugriffen sendet der Client für *jeden Navigationsschritt eine Query* an den Server und erhält als Antwort *ein Objekt* zurück. Jeder Zugriff hat eine Client/Server-Kommunikation zur Folge. Erst nachdem der Server eine Anfrage ausgewertet und das gewünschte Objekt übertragen hat, kann der Client weiterarbeiten. Die Rechenleistung der Clients wird wegen dieser Wartezeiten nicht voll ausgeschöpft. Natürlich sind auf der Basis eines Query-Servers auch effizientere Umsetzungen denkbar, aber sie müßten mit erheblichem Aufwand in der Anwendung implementiert werden; das Datenbanksystem bietet keine weitergehende Unterstützung.

Die ODBMS-Architekturen ermöglichen durch Caching-Mechanismen einen sehr performanten navigierenden Zugriff auf Objekte. Assoziative Anfragen als Mittel der Navigation werden dank der Objektidentifikatoren überflüssig. Über seinen OID kann ein Objekt wesentlich einfacher und schneller als über eine Anfrage aufgesucht werden.

Client-Cache

Der Schlüssel zu kurzen Zugriffszeiten liegt dabei im *Client-Cache*, in dem Daten auf der Client-Seite gepuffert werden. Bei Objekt-Servern verwaltet der Client-Cache Objekte, bei Seiten-Servern ganze Seiten. Wiederholte Zugriffe auf dieselben Daten erfordern in vielen Fällen keine erneute Client/Server-Kommunikation, da die Daten bereits im Client-Cache vorliegen. Die Zugriffe können dann lokal auf dem Client abgearbeitet werden.

Daraus resultieren kurze Zugriffszeiten für die Applikation. Darüber hinaus kommt es zu einer Entlastung des Servers.

Server-Cache

Server-Caches werden bei allen drei Server-Varianten eingesetzt. Dieser Cache liegt logisch zwischen dem Datenbank-Server und dem Hintergrundspeicher. Er puffert Hintergrundspeicherseiten und soll die Häufigkeit reduzieren, mit der der Datenbank-Server den Hintergrundspeicher anspricht. In Datenbanksystemen, die ihre Datenbanken als normale Dateien abspeichern, erfüllen bereits die Dateisystempuffer die Aufgabe eines Server-Caches.

Evaluierung

* *Welches Architekturmodell liegt dem ODBMS zugrunde?*
* *Gibt es einen Client- und einen Server-Cache?*

6.4.2   Aufgabenverteilung zwischen Client und Server

Die ODBMS-Architekturen unterscheiden sich unter anderem darin, wie die Komponenten des Datenbanksystems zwischen Server und Client aufgeteilt sind. Typische Komponenten eines ODBMSs sind in diesem Zusammenhang z.B. Speichermanagement, Sperrverwaltung, Zugriffskontrolle, Objektverwaltung, Anfragebearbeitung usw.

Übliche Aufgaben des Datenbank-Servers sind Speichermanagement, Sperrverwaltung und Zugriffskontrolle. Bei Objekt-Servern ist darüber hinaus die Objektverwaltung und häufig auch die Anfragebearbeitung auf dem Server angesiedelt. Im Gegensatz dazu liegen diese beiden Komponenten bei Seiten-Servern auf der Client-Seite. Das hat zur Folge, daß, wie in Bild 6.1 dargestellt, die Implementierung des Servers bei der Objekt-Server-Architektur umfangreicher ausfällt als bei der Seiten-Server-Architektur. Entsprechend kompakter ist die Implementierung des Clients. Im Vergleich dazu ist bei der für relationale Datenbanksysteme charakteristischen Query-Server-Architektur der Umfang des Clients noch weiter reduziert. Es fehlt z.B. dort die Client-Cache-Verwaltung.

Der Grad der Aufgabenverteilung zwischen Client und Server wirkt sich darauf aus, wie die Objektzugriffe der Anwendung intern abgearbeitet werden und wie effizient sie durchgeführt werden können.

Assoziative Zugriffe

Die Auswertung von assoziativen Anfragen auf dem Server führt dazu, daß nur diejenigen Elemente der Datenbank an den Client übertragen werden, welche die Selektionsbedingung erfüllen. Dieses Verarbeitungsmodell wird von vielen Objekt-Servern realisiert. Resultierend aus dem Client-Caching ergibt sich dabei allerdings eine Schwierigkeit: Da Objekte auf der Client-Seite gepuffert und dort auch mit Änderungsoperationen modifiziert werden können, verfügt der Server nicht notwendigerweise über den gültigen Stand der Objekte. Damit die geänderten und neu erzeugten Objekte in Queries berücksichtigt werden können, müssen sie daher zuvor vom Client an den Server transferiert werden.

Objekt-Server, die Queries auf der Client-Seite auswerten, und Seiten-Server haben dieses Problem nicht. Bei ihnen werden grundsätzlich alle Objekte, die zur Auswertung einer Anfrage erforderlich sind, beim Client bereitgestellt. Dort erfolgt dann die Auswertung der Anfrage. Der wesentliche Nachteil dieses Ansatzes besteht in der großen Menge von Daten, die transferiert werden muß. Die damit erreichbaren Antwortzeiten hängen von zahlreichen Faktoren, wie der Selektivität der Anfragen, der Objektgröße und den Eigenschaften des Netzwerks, ab.

Evaluierung

* *Werden assoziative Zugriffe auf dem Client oder auf dem Server ausgewertet?*

6.4.3   Übertragungseinheiten

Im Verhältnis zur Rechenleistung des Client-Rechners ist die Kommunikation zwischen Datenbank-Client und Server sehr zeitaufwendig, insbesondere dann, wenn sich Client und Server nicht auf demselben Rechner befinden, sondern sie über ein Netzwerk miteinander kommunizieren. Ein gemeinsames Ziel aller ODBMS-Architekturen ist es deshalb, durch Minimierung der Kommunikation kurze Antwortzeiten zu erreichen. Eine Technik dazu ist das oben beschriebene Client-Caching.

Ein weiterer Ansatzpunkt besteht in der Festlegung geeigneter *Übertragungseinheiten.* Der Datenaustausch zwischen Server und Client geschieht in Form von *Nachrichten,* die über das Netzwerk verschickt werden. Der Umfang dieser Nachrichten wird dadurch bestimmt, welche Übertragungseinheiten das ODBMS verwendet. Im einfachsten Fall ist die Übertragungseinheit bei Objekt-Servern ein Objekt und bei Seiten-Servern eine Seite.

Die Übertragungsdauer einer Nachricht ergibt sich aus der Summe zweier Komponenten, nämlich

- eines konstanten Anteils, der unabhängig von der Nachrichtenlänge für alle Nachrichten in gleicher Höhe anfällt, und

- eines variablen Anteils, der in etwa linear mit der Nachrichtenlänge zunimmt.

Im Interesse eines niedrigen Kommunikationsaufwands ist es vorteilhafter, mehrere Objekte in einer einzigen Nachricht zusammenzufassen, anstatt jedes Objekt einzeln zu versenden. Der konstante Anteil der Übertragungsdauer entsteht dann nur einmal und nicht pro Objekt.

Clustering

Ein wichtiges Mittel, um größere Übertragungseinheiten zu bilden, ist das Gruppieren von Objekten zu logisch zusammengehörigen Einheiten, das sogenannte *Clustering*. Welche Objekte zusammengruppiert werden, liegt bei den meisten ODBMSen in der Verantwortung des Applikationsprogrammierers. In der Regel kann beim Erzeugen eines Objektes eingestellt werden, zu welcher Gruppe das neue Objekt gehören soll. Gebräuchliche Begriffe für die entsprechenden Gruppierungseinheiten sind *Container*, *Segment* oder ganz allgemein *Cluster*. Diese Einheiten können dazu verwendet werden, um die darin enthaltenen Objekte in einer einzigen Nachricht zu transferieren. Der Performance-Gewinn ist umso höher, je besser es gelingt, Objekte, die in der Applikation häufig kurz hintereinander benötigt werden, in geeigneten Clustern zu gruppieren.

Bei Seiten-Servern ist darüber hinaus bereits architekturbedingt eine Mindestgruppierung vorgegeben: Alle Objekte, die auf einer Seite liegen, werden bezüglich der Client/Server-Kommunikation als Einheit behandelt und stets zusammen übertragen. Allerdings kann die Zuordnung eines Objekts zu einer bestimmten Seite nicht direkt vom Anwendungsprogramm festgelegt werden. Bei den Seiten handelt es sich nämlich um systeminterne Verwaltungseinheiten, die in der Anwendung keine Bedeutung haben. Meist bieten Seiten-Server-Architekturen aber eine Möglichkeit, ein neues Objekt „in der Nähe" eines vorhandenen Objekts anzulegen. Das System versucht dann, es möglichst auf derselben Seite zu plazieren, auf der das angegebene Objekt liegt. Wenn die Seite keinen ausreichend großen freien Speicherbereich enthält, um das neue Objekt aufzunehmen, wird vom System eine andere Seite ausgewählt.

Clustering wird nicht nur im Rahmen der Client/Server-Kommunikation ausgenutzt, sondern es dient auch dazu, Speichereinheiten für die Ablage auf dem Hintergrundspeicher zu bilden. Das ODBMS speichert die Objekte, die zu einem gemeinsamen Cluster gehören, so auf dem Hintergrundspeicher ab, daß unmittelbar aufeinander folgende Zugriffe auf diese Objekte mit sehr kurzen Zugriffszeiten ausgeführt werden können. Dazu werden die Objekte z.B. auf benachbarten Sektoren der Festplatte gespeichert, so daß der Aufwand für die Positionierung der Schreib-/Leseköpfe der Festplatte minimiert wird.

Group Fetch

Die meisten Objekt-Server bieten neben dem Clustering einen weiteren Mechanismus an, um größere Übertragungseinheiten zu bilden, das sogenannte *Group Fetch*. Dabei können Mengen von Objekten dynamisch, d.h. unabhängig von ihrer Zugehörigkeit zu Clustern, zu gemeinsamen Transfereinheiten zusammengestellt werden. Die Auswahl der Objekte kann auf unterschiedliche Arten geschehen, z.B.:

- Die Übertragungseinheiten werden durch Propagation entlang von Relationships dynamisch berechnet. Der Server verschickt zusätzlich zu dem vom Client angeforderten Objekt die Menge der dazu in Beziehung stehenden Objekte. Bei manchen Systemen kann im Datenbankschema vereinbart werden, welche Relationships beim Zusammenstellen der Übertragungseinheiten weiterverfolgt werden sollen. Als größtmögliche Übertragungseinheit ergibt sich die transitive Hülle des gewünschten Objekts.

- Ein anderer Ansatz besteht darin, die Menge der zu holenden Objekte durch eine assoziative Anfrage zu spezifizieren.

Charakteristika des Netzwerks

Die günstigste Größe der Übertragungseinheiten hängt von mehreren Faktoren ab. Neben dem Zugriffsprofil der Anwendung sind hauptsächlich die Charakteristika des Netzwerks ausschlaggebend, da sie die Dauer von Nachrichtenübertragungen bestimmen. Bei der heute im Einsatz befindlichen Netzwerktechnologie kann man eine grobe Unterscheidung zwischen lokalen Netzen und Weitverkehrsnetzen vornehmen.

Lokale Netze (Local Area Networks, LANs) bieten heutzutage hohe Übertragungsbandbreiten. Die Übertragungsdauer einer Nachricht wird stark vom längenunabhängigen, konstanten Anteil beeinflußt. Es ist daher sinnvoll, verhältnismäßig große Übertragungseinheiten zu wählen. Da Seiten-Server mit den Seiten bereits relativ große Mindestübertragungseinheiten verwenden, arbeiten sie in LANs oft besonders performant. Allerdings kommt es auch auf die Güte der gewählten Clustering-Strategie und das Zugriffsprofil der Anwendung an, denn nur wenn in der Anwendung häufig mehrere der auf einer Seite gespeicherten Objekte kurz nacheinander angesprochen werden, macht sich die Übertragung der ganzen Seite auch bezahlt. Beim Einsatz eines Objekt-Servers in einem LAN ist es – vor allem beim Zugriff auf viele, kleine Objekte – wichtig, durch Clustering oder Group Fetching größere Übertragungseinheiten als einzelne Objekte zu bilden.

Verglichen mit LANs erreichen Weitverkehrsnetze (Wide Area Networks, WANs) heute meist noch recht niedrige Bandbreiten, auch wenn in absehbarer Zeit neue Entwicklungen wie ATM (Asynchronous Transfer Mode) eine deutliche Verbesserung bringen werden. Die Übertragungsdauer von Nachrichten wird in WANs vom längenabhängigen, variablen Anteil bestimmt. Für höchstmögliche Performance ist es wichtig, daß keine unnötigen Daten an den Client übermittelt werden. Dies ist bei Objekt-Servern einfacher zu erreichen als bei Seiten-Servern. Bei Seiten-Servern benötigen die Anwendungen selten wirklich alle Objekte auf einer Seite, insbesondere auch deswegen, weil sie beim Anlegen eines Objekte keine vollständige Kontrolle über die Abspeicherung auf einer bestimmten Seite haben.

Evaluierung

* *Wie groß ist die Mindestübertragungseinheit?*
* *Welche Möglichkeiten gibt es, größere Einheiten zu bilden? Wird Clustering und Group Fetching unterstützt?*
* *Ist die Größe der möglichen Übertragungseinheiten auf die Charakteristika des Netzwerks abstimmbar?*

6.4.4 Erweiterte Client/Server-Architekturen

Im allgemeinen Fall arbeiten in einem Netzwerk viele Datenbank-Clients und ein oder mehrere Server zusammen (Bild 6.2). Für die Architektur des Datenbanksystems ergeben sich in einer solchen Konstellation drei Problemfelder, die im Rahmen der funktionalen Evaluierung bewertet werden sollten.

Zugriff auf mehrere Server

Eine wichtige Frage ist, ob eine Applikation während eines Programmlaufs Datenbanken auf verschiedenen Servern bearbeiten kann. Es ist darüber hinaus wünschenswert, daß dies innerhalb *einer* Transaktion unter Wahrung der ACID-Eigenschaften möglich ist. ODBMSe, die solche verteilten Transaktionen unterstützen, verwenden typischerweise ein Two-Phase-Commit-Protokoll.

Bild 6.2:
Erweiterte
Client/Server-
Architektur

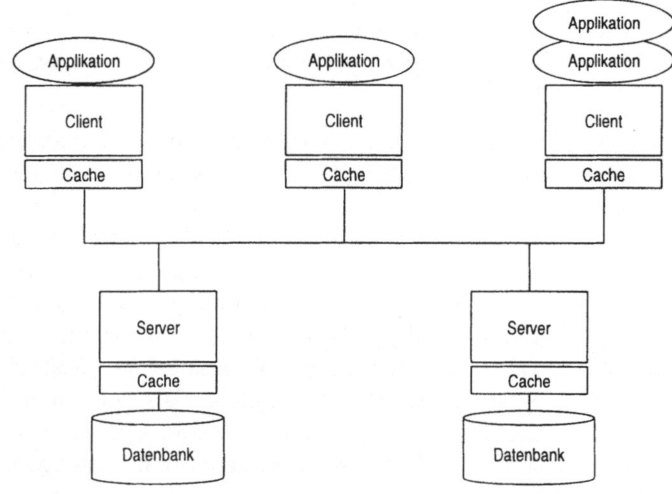

Single-/Multi-Threaded-Server

Single-Threaded-
Server

Wenn mehrere Clients gleichzeitig Datenbanken auf einem gemeinsamen Server bearbeiten, so kann dieser Server leicht zum
Engpaß werden. Dies ist vor allem bei *Single-Threaded-Servern*
der Fall. Sie verfügen intern nur über einen Ausführungsstrang
(*Thread*) und können die Client-Aufträge daher lediglich sequentiell abarbeiten: Erst nachdem ein Auftrag abgeschlossen ist,
ist der Server in der Lage, einen neuen Auftrag anzunehmen und
auszuführen. Kommen während der laufenden Bearbeitung
weitere Aufträge an, so bildet sich eine Warteschlange, und die
Clients müssen entsprechend länger auf die Antwort des Servers
warten.

Multi-Threaded-
Server

Abhilfe schaffen *Multi-Threaded-Server*. Sie arbeiten mit mehreren parallelen Threads und können damit mehrere Aufträge si-
multan bedienen. Multi-Threaded-Server sind besonders bei
Mehrprozessorrechnern von großem Nutzen, da dort die einzelnen Threads echt parallel ablaufen können. Aber auch in Ein-
prozessorsystemen gibt es oft Wartezeiten (z.B. bei Plattenzugrif-
fen), in denen ein Thread blockiert ist. Diese Wartezeiten können dann von anderen Threads (z.B. für Berechnungen) genutzt
werden.

Heterogenität

In den meisten Computer-Netzwerken sind verschiedenartige
Systeme miteinander verbunden. Unterschiede zwischen den

einzelnen Systemen können z.B. bei der Hardware bestehen, bei den Betriebssystemen sowie bei den verwendeten Compilern und Programmiersprachen. Trotz dieser Heterogenität und der damit verbundenen Schwierigkeiten wird in den meisten Fällen Interoperabilität gefordert, d.h., daß alle Systeme des Netzwerks reibungslos zusammenarbeiten können. Ein Problem in heterogenen Netzen ist der rechnerübergreifende Datenaustausch, da die interne Repräsentation der Daten von Prozessor zu Prozessor und von Compiler zu Compiler variiert.

Viele ODBMSe sind für den Einsatz in heterogenen Netzwerken geeignet. Die Hauptaufgabe des Datenbanksystems besteht darin, bei Datenbankzugriffen eines Clients die ggf. erforderlichen Datenkonvertierungen automatisch und in möglichst kurzer Zeit durchzuführen. Intern verwenden die ODBMS-Architekturen entweder ein plattformunabhängiges oder ein client-spezifisches Ablageformat.

Plattformunabhängiges Ablageformat

Beim *plattformunabhängigen Ablageformat* ist das interne Format der Datenbank auf allen Plattformen, auf denen das ODBMS angeboten wird, identisch. Alle Objekte werden vor dem Abspeichern vom Format, das der Datenbank-Client verwendet, in das plattformunabhängige Format übersetzt. Beim Lesen der Objekte aus der Datenbank erfolgt die Konvertierung in umgekehrter Richtung. Ein Vorteil dieses Ansatzes ist, daß Datenbanken sehr leicht auf andere Server verlagert werden können. Ein Nachteil ist die Verzögerung, die aus der Datenkonvertierung beim Lesen und Speichern resultiert.

Client-spezifisches Ablageformat

Andere ODBMSe speichern die Objekte in einem *clientspezifischen Format* ab. Beim Lesen der Objekte ist keine Konvertierung erforderlich, wenn der Client dasselbe Format benutzt, in dem die Objekte abgelegt sind. Greift ein andersartiger Client zu, dann muß eine Konvertierung durchgeführt werden. Vorteilhaft ist dabei im Vergleich zu einem plattformunabhängigen Format, daß weniger häufig Konvertierungen erforderlich sind und deshalb insgesamt kürzere Zugriffszeiten möglich sind.

Evaluierung

* *Kann eine Applikation gleichzeitig auf mehrere Server zugreifen? Sind verteilte Transaktionen möglich?*

* *Bietet das System einen Multi-Threaded-Server?*

* *Unterstützt das ODBMS Interoperabilität in heterogenen Netzen?*

* *Ist das Ablageformat plattformunabhängig oder clientspezifisch?*

6.5   Transaktionsmanagement und Sperrverwaltung

Alle auf dem Markt befindlichen objektorientierten Datenbanksysteme bieten zumindest eine klassische Transaktionsverwaltung an, wie sie in Kapitel 3 beschrieben wurde. Funktionale Unterschiede zwischen den einzelnen ODBMSen ergeben sich im wesentlichen dort, wo Erweiterungen des Transaktionsbegriffes vorgenommen wurden. Zudem tragen einige ODBMSe den in den Anforderungen von Ingenieursanwendungen durch ausgefeiltere Sperrverfahren und veränderte Verfahren zur Zugriffssynchronisation Rechnung. Auch das Recovery Management sollte einer funktionalen Evaluierung unterzogen werden, da die Unterschiede Einfluß auf die Verfügbarkeit und Sicherheit eines ODBMSs haben können.

6.5.1   Erweiterungen des klassischen Transaktionsbegriffes

Auf folgende über den klassischen Transaktionsbegriff hinausgehende Konzepte sollte bei der funktionalen Evaluierung geachtet werden:

1. *Checkpoint Commit:* Wird eine Transaktion beendet, so werden die auf den gelesenen oder geänderten Objekten gesetzten Sperren freigegeben. Bei der Bearbeitung größerer Objektmengen kann es sinnvoll sein, zur Sicherung von Zwischenständen Folgen von Änderungsoperationen in Einzeltransaktionen zu zerlegen und trotzdem sicherzustellen, daß zwischen zwei Transaktionen kein anderer Benutzer auf die Objekte zugreifen kann. In diesem Fall ist es notwendig, einmal gesetzte Sperren auch über das Transaktionsende hinweg beizubehalten. Zu diesem Zweck bieten einige ODBMSe ein Checkpoint Commit an, manchmal auch *Commit-and-Hold* genannt.

   Dabei wird die Transaktion wie bei einem einfachen Commit beendet. Die durchgeführten Änderungen werden in die Datenbank zurückgeschrieben. Die Sperren bleiben erhalten und die Objekte werden weiterhin im Cache gehalten. Beim nächsten Zugriff müssen die Objekte dann nicht erneut vom Server geholt werden.

2. *Savepoints:* Zur Strukturierung von Transaktionen können die sogenannten Savepoints eingesetzt werden. Die Transaktion wird an einem solchen Sicherungspunkt nicht been-

det, es kann aber innerhalb der Transaktion logisch auf die an den Sicherungspunkten bestehenden Zwischenstände zurückgesetzt werden.

3. *Geschachtelte Transaktionen:* Ein weiteres Strukturierungsmittel bieten geschachtelte Transaktionen (Nested Transactions). Dabei können innerhalb einer (äußeren) Transaktion weitere (innere) Transaktionen gestartet und terminiert werden. Innere Transaktionen können selbst wieder geschachtelt sein.

Bild 6.3:
Geschachtelte
Transaktionen

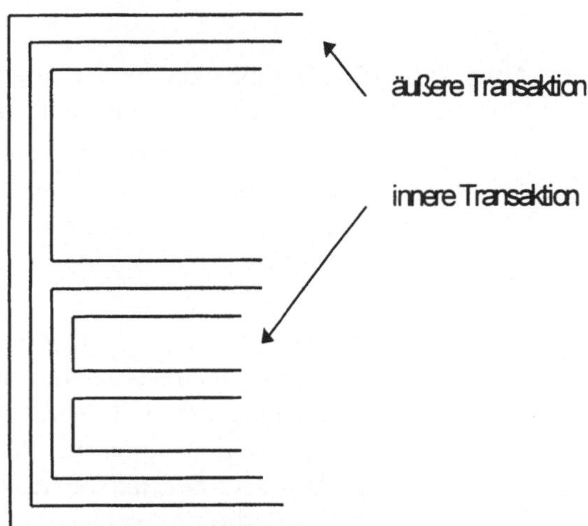

Wird eine innere Transaktion abgebrochen, so hat dies keinen Einfluß auf die Terminierung der äußeren Transaktion. Es werden genau die Aktualisierungen zurückgesetzt, die zwischen Beginn und Ende der inneren Transaktion ausgeführt wurden.

Alle inneren Transaktionen müssen beendet sein, bevor die äußere Transaktion beendet werden kann. Wird die äußere Transaktion abgebrochen, so ist der Effekt aller inneren Transaktionen verloren, auch wenn diese erfolgreich terminiert wurden.

Geschachtelte Transaktionen sind im ODMG-Standard bereits vorgesehen, werden allerdings noch nicht von allen ODBMSen angeboten.

4. *Kooperierende Transaktionen:* An einer kooperierenden Transaktion (Shared Transaction) können mehrere Transaktionen teilnehmen. Die teilnehmenden Transaktionen

können die Zwischenergebnisse der anderen Transaktionen sehen. Die Benutzer sind für die Korrektheit der Transaktionen selbst verantwortlich.

Evaluierung

* *Bietet das ODBMS ein Checkpoint Commit an?*
* *Gibt es Savepoints?*
* *Werden geschachtelte Transaktionen unterstützt? Bis zu welcher Tiefe können Transaktionen geschachtelt werden?*
* *Bietet das ODBMS kooperierende Transaktionen an?*

6.5.2 Sperren

Hinsichtlich der Möglichkeiten der Sperrverwaltung unterscheiden sich die ODBMSe im wesentlichen in folgenden Punkten:

1. *Sperranforderungen:* Die ODBMSe können sich dahingehend unterscheiden, ob die auf einem Objekt zu setzenden Sperren implizit beim Zugriff vom ODBMS vergeben werden oder explizit vom Benutzer angefordert werden müssen.

2. *Parametrisierung:* Einige ODBMSe erlauben, die Sperranforderung zu parametrisieren, um das Verhalten der Transaktion zu beeinflussen, falls eine Sperre nicht gesetzt werden kann. Es können unterschiedliche Reaktionen wie z.B. Rückkehr zum Aufrufer, maximale Wartezeit, bestimmte Anzahl von Wiederholungsversuchen etc. programmiert werden.

3. *„Viele Leser, ein Schreiber"-Prinzip:* Konventionelle Sperrstrategien, wie sie in Abschnitt 3.3 beschrieben wurden, haben dort ihre Berechtigung, wo viele Änderungen auf den Daten stattfinden. Finden dagegen in der Mehrzahl lesende und nur wenige schreibende Zugriffe statt, so kann ein einzelner Schreiber alle anderen nur lesenden Benutzer der Datenbank blockieren. Einige Datenbanksysteme bieten daher eine Option an, die gleichzeitig zu einem Schreiber auch viele Leser zuläßt.

   Dabei lassen sich zwei Ausprägungen unterscheiden. Bei einigen ODBMSen handelt es sich um ein sogenanntes *„Dirty Read".* D.h., den lesenden Benutzern wird bei Einschalten der Option der aktuelle Datenbankzustand geliefert, und es wird nicht mehr unbedingt garantiert, daß sie einen konsistenten Datenbankzustand sehen. Andere Systeme garantieren den lesenden Zugriffen eine konsistente

Sicht auf die gespeicherten Objekte und liefern somit einen konsistenten Schnappschuß des Datenbankzustands. Gebräuchliche Begriffe hierfür sind *MROW* (Multiple Reader, One Writer) oder *MVCC* (Multiversion Concurrency Control).

4. *Sperrgranularität:* In objektorientierten Datenbanksystemen werden Sperren auf Einheiten unterschiedlicher Granularität vergeben. Dies können je nach ODBMS Klassen oder Instanzen von Klassen, Container, ganze Hintergrundspeicherseiten oder Segmente sein.

   Mitunter gibt es Unterschiede zwischen der logischen Sperreinheit (der Einheit, die der Anwender sperren möchte) und der wirklich physisch gesperrten Einheit. So kann es passieren, daß beim Sperren eines Objekts die ganze Seite gesperrt wird, auf der sich dieses Objekt befindet. Dies kann die Parallelität von Applikationen mit vielen gleichzeitig laufenden Transaktionen negativ beeinflussen, da die Gefahr von sogenannten *„False Waits"* gegeben ist. Transaktionen müssen unter Umständen auf Objekte warten, die zwar von keiner anderen Transaktion benutzt werden, sich aber zufällig auf einer gesperrten Speicherseite befinden.

   Werden die Sperren physikalisch auf Instanzen vergeben, so werden keine Objekte gesperrt, die nicht auch tatsächlich von der Transaktion angefaßt werden. Allerdings entsteht in diesem Fall ein erhöhter Verwaltungsaufwand, da eine entsprechend größere Anzahl von Sperren zu verwalten ist.

   Bei einigen ODBMSen ist die Sperrgranularität einstellbar, so daß abhängig von der Applikation entschieden werden kann, ob sich ein erhöhter Verwaltungsaufwand zugunsten einer größeren Parallelität rechtfertigen läßt.

5. *Multiple Granularity Locking:* In ODBMSen werden Datenbankobjekte verwaltet, die logisch unterschiedliche Granularität besitzen. Beispiele dafür sind Mengen von Instanzen wie z.B. Extensionen oder Instanzen mit ihren zugehörigen Klassenbeschreibungen. Eine Extension oder eine Klassenbeschreibung ist ein gröberes Datenbankobjekt als eine Instanz.

   Dies wirft Probleme beim Sperren dieser unterschiedlich granulären Objekte auf: So werden z.B. bei einer Anfrage auf der Extension einer Klasse alle Objekte dieser Menge gelesen. Es müssen also alle in der Extension enthaltenen

Objekte einzeln gesperrt werden. Dies bedeutet einen gewissen Overhead für das ODBMS, da viele Sperren zu verwalten sind. In diesem Fall wäre es besser, eine Möglichkeit zu haben, nur die Extension explizit zu sperren und damit implizit alle enthaltenen Objekte. Werden allerdings nur wenige Objekte einer Extension angefaßt, so wird die Parallelität damit unnötig eingeschränkt, da keine andere schreibende Transaktion mehr Zugriff auf die Objekte in der Extension hat.

Um nun die Anzahl der zu verwaltenden Sperren zu minimieren und dabei trotzdem soviel Parallelität wie möglich zu gestatten, bieten einige ODBMSe ein erweitertes Sperrprotokoll, das *Multiple Granularity Locking* an. Dabei werden die aus dem einfachen Sperrprotokoll bekannten Lese- und Schreibsperren um sogenannte *Intention Locks* erweitert. Intention Locks werden auf dem gröberen Datenbankobjekt, also z.B. der Extension, gesetzt. Sie zeigen an, welcher Art (lesend oder schreibend) die Zugriffe auf die Objekte der Extension überwiegend sein werden. Die einzelnen Objekte müssen dann explizit in dem entsprechenden Modus gesperrt werden. Genaueres zu den verschiedenen Sperrmodi für Intention Locks und zu ihrer Verwendung findet sich z.B. in [Kho93].

Evaluierung

* *Können Sperranforderungen parametrisiert werden?*
* *Bietet das ODBMS einen „viele Leser, ein Schreiber"-Sperrmodus an? Handelt es sich dabei um einen Dirty Read oder MROW/MVCC?*
* *Welche Sperreinheiten gibt es? Läßt sich die Sperrgranularität vom Anwender steuern?*
* *Sind Intention Locks verfügbar? Auf welchen Einheiten lassen sich Intention Locks setzen?*

6.5.3   Sychronisationsverfahren

Alle auf dem Markt befindlichen objektorientierten Datenbanksysteme bieten zur Zugriffssynchronisation zumindest das pessimistische Verfahren an, wie es in Kapitel 3 beschrieben wurde. Nachteilig kann dabei sein, daß ein Zusatzaufwand entsteht, um die Sperren zu verwalten und Verklemmungen zu erkennen und aufzulösen.

Deshalb bieten verschiedene objektorientierte Datenbanksysteme darüber hinausgehende Verfahren wie das optimistische Verfahren an.

Hierbei wird prinzipiell ohne Sperren gearbeitet und alle Transaktionen dürfen bis zum Terminierungszeitpunkt ungestört arbeiten. Ob die Transaktionen serialisierbar sind, wird beispielsweise mit einem Zeitstempelverfahren überprüft. Sind sie nicht serialisierbar, so werden die Transaktionen abgebrochen und die Aktualisierungen zurückgesetzt.

Der Vorteil dieses Verfahrens gegenüber dem pessimistischen Verfahren liegt in der größeren Parallelität der Transaktionen. Nachteilig ist der dem Zeitstempelverfahren innewohnende Verwaltungsoverhead. Hinzu kommt, daß bei einem Rücksetzen der Transaktionen im Konfliktfall die schon durchgeführten Arbeiten verloren gehen.

Evaluierung

   * *Bietet das ODBMS neben dem pessimistischen auch das optimistische Verfahren zur Zugriffssynchronisation an? Ist das Synchronisationsverfahren wählbar?*

6.5.4   Recoverymanagement

Die Aufgabe eines Recoverymanagers ist es, den Wiederanlauf eines ODBMSs nach einem Fehler zu ermöglichen. Solche Fehler sind z.B. Softwarefehler im Betriebssystem oder im Datenbanksystem, Stromausfall oder Hardwarefehler im Speichermedium. Der Recoverymanager muß sicherstellen, daß die Datenbank danach wieder in einen konsistenten Zustand gebracht wird. Immer wenn eine Transaktion vor einem Commit unterbrochen wird, sind alle auf der Datenbank bereits durchgeführten (ändernden) Operationen rückgängig zu machen.

Die gebräuchlichsten Recoverystrategien beruhen darauf, den Transaktionsverlauf in sogenannten Journal-Dateien zu protokollieren. Abhängig vom verwendeten Verfahren werden in der Journal-Datei die in der Transaktion vorgenommenen Bearbeitungsschritte (*Logical Log*) und entweder der Zustand der bearbeiteten Objekte vor der Aktualisierung (*Before Image*) oder der Zustand der bearbeiteten Objekte nach der Aktualisierung (*After Image*) aufgezeichnet. Mit diesen Informationen kann von einem gesicherten (alten) konsistenten Datenbankzustand aus ein (aktueller) konsistenter Datenbankzustand wiederhergestellt werden.

Die am häufigsten verwendeten Recoveryverfahren sind das *Update-in-Place* und das *Out-of-Place-Updating*.

- Beim Update-in-Place wird das alte Objekt durch das geänderte neue Objekt überschrieben. Die Datenbank und die Journal-Datei werden zusammen aktualisiert. In diesem Fall muß es mit Hilfe der Journal-Datei im Fehlerfall möglich sein, schon durchgeführte Änderungen wieder rückgängig zu machen.

- Beim Out-of-Place-Updating werden die Änderungen zunächst nur in die Journal-Datei geschrieben, die geänderten Objekte werden auf sogenannten Schattenseiten gespeichert. Zu bestimmten Zeitpunkten werden die durch Commit dauerhaft gemachten Aktualisierungen dann in die Datenbank übernommen. Bei einigen ODBMSen geschieht dies direkt zum Terminierungszeitpunkt der Transaktion. Andere ODBMSe erlauben dem Anwender, den Zeitpunkt einzustellen, so daß die Änderungen z.B. erst nach einer bestimmten Anzahl von Transaktionen oder einer bestimmten Größe der Journal-Datei in die Datenbank übernommen werden. Dies hat den Vorteil, daß die Zugriffe auf den Hintergrundspeicher reduziert werden.

Im Fall von Hardware-Fehlern kann häufig auch mit Hilfe von Journal-Dateien die Datenbank nicht mehr vollständig restauriert werden, z.B. wenn die Speicherbereiche zerstört wurden, die den letzten gesicherten konsistenten Stand beinhalteten. Solche Datenverluste können nur durch *Backups*, also Sicherheitskopien des Datenbankinhalts, oder durch *Spiegeldatenbanken*, d.h. einer gleichzeitig geschriebenen identischen Datenbank, verhindert werden.

Evaluierung

- * *Welche Recoverystrategien bietet das ODBMS an? Läßt sich beim Out-of-Place-Updating der Übernahmezeitpunkt der Journal-Datei in die Datenbank einstellen?*

- * *Können Recovery und Schreiben der Journal-Datei vom Benutzer „ausgeschaltet" werden?*

6.6   Workgroup Computing

Typische Anwendungsbereiche von ODBMSen sind CAx-Systeme (CAD, CAM, CASE usw.). Diese Anwendungen sind geprägt durch einen iterativen Entwurfsprozeß, bei dem die Ergebnisse von einer Gruppe von Entwicklern in vielen verschiedenen, miteinander verzahnten Entwicklungsschritten erarbeitet werden.

Charakteristisch für den iterativen Entwurfsprozeß sind vor allem zwei Dinge:

1. Ergebnisse werden meist in mehreren Versionen erstellt, sei es um Teile eines Entwurfs schrittweise verfeinern zu können, um alternative Lösungsvorschläge nebeneinander bestehen zu lassen, oder um Varianten für unterschiedliche Anforderungen anzufertigen. Das heißt, es entstehen verschiedene Versionen eines Objektes, die in der Datenbank verwaltet werden müssen.

2. Mehrere Entwickler arbeiten gleichzeitig an einem Entwurf, wobei die Arbeit der verschiedenen Teammitglieder synchronisiert und koordiniert werden muß. Dabei werden die gemeinsam genutzten Daten von den Entwicklern nicht nur für kurze Zeiträume im Sekundenbereich bearbeitet, sondern müssen einem Entwickler oft über Tage und Wochen zur Verfügung stehen. Diese Arbeitsweise wird häufig mit den Begriffen *Workgroup Computing* oder *Concurrent Engineering* umschrieben.

Neben den Möglichkeiten, die objektorientierte DBMSe zur Versionierung anbieten, werden in den folgenden Abschnitten die wichtigsten in den heutigen ODBMSen anzutreffenden Konzepte zur Realisierung von Workgroup-Computing-Szenarien erläutert. Dazu gehören unter anderem öffentliche Datenbanken und private Arbeitsbereiche, CheckIn/CheckOut-Mechanismen, lange Transaktionen und Change Notification. Dabei soll aber vorausgeschickt werden, daß Workgroup-Computing-Eigenschaften zu den Datenbankmerkmalen gehören, hinsichtlich derer sich die Systeme am meisten voneinander unterscheiden. Jeder Hersteller bedient sich anderer Begriffe, um z.B. öffentliche Datenbanken und private Arbeitsbereiche zu unterscheiden, und manche Begriffe, wie z.B. lange Transaktionen, werden in den Systemen mit ganz unterschiedlichen Bedeutungen gebraucht. Zudem lassen sich die verschiedenen Konzepte nicht isoliert voneinander betrachten. Sie sind vielmehr bei den meisten Systemen stark miteinander verwoben. Daraus ergeben sich ganz unterschiedliche „Workgroup-Computing-Philosophien", deren Anwendbarkeit auf die eigene Applikation kritisch zu beleuchten ist. Wenn Workgroup-Computing-Eigenschaften zu den stärker gewichteten Anforderungen gehören, sollte man die funktionale Evaluierung deshalb auf jeden Fall durch die Implementierung eines Anwendungsbeispiels ergänzen.

6.6.1   Versionierung

Versionierung ermöglicht die Erzeugung und Verwaltung von mehreren Versionen desselben Objekts. Eine Version ist die Momentaufnahme eines Objekts zu einem bestimmten Zeitpunkt. Mit Hilfe von Versionen läßt sich der Entwicklungsverlauf eines Objekts aufzeichnen, Änderungen können festgehalten und zu einem späteren Zeitpunkt wieder rückgängig gemacht werden. *Lineare Versionierung* (Linear Versioning) bedeutet, daß jede Version höchstens einen Vorgänger und einen Nachfolger hat. Bei der *verzweigten Versionierung* (Branch Versioning) können zu einer Version mehrere, voneinander unabhängige Nachfolgerversionen angelegt werden. Nicht alle ODBMSe bieten zusätzlich zur linearen Versionierung auch verzweigte Versionierung an.

Unterschiede gibt es in den ODBMSen auch dahingehend, welche Einheiten versionierbar sind. In vielen Systemen lassen sich einzelne Objekte als versionierbar kennzeichnen. In einigen Systemen ist Versionierbarkeit an Objekttypen gebunden, d.h., zu jeder Instanz eines als versionierbar gekennzeichneten Typs können verschiedene Versionen angelegt werden. In anderen Systemen ist die Versionierungseinheit eine beliebige, vom Benutzer definierte Menge von Objekten. Versionierbar ist dann nicht ein einzelnes Objekt, sondern immer die gesamte Objektmenge (die natürlich auch aus einem einzelnen Objekt bestehen kann).

Alle Versionen eines Objekts bilden zusammen den *Versionsgraphen.* In der Regel stellen Systeme mit Versionierungsmechanismen auch Methoden zur Verfügung, mit denen der Versionsgraph in verschiedenen Richtungen durchlaufen, eine bestimmte Version als *aktuelle Version* (Default Version) gekennzeichnet, und Versionen wieder gelöscht werden können.

Das Anlegen von neuen Versionen erfolgt entweder explizit aufgrund eines entsprechenden Methodenaufrufs, bei jeder Änderung eines versionierten Objekts oder im Zusammenhang mit CheckIn/CheckOut-Operationen (s. 6.6.2). Im allgemeinen werden neue Folgeversionen von der zuletzt erzeugten Version angelegt. Auf ältere Versionsstände kann dann nur noch lesend zugegriffen werden.

Mit Hilfe von verzweigten Versionslinien können, ausgehend von einem gemeinsamen Entwicklungsstand, mehrere Entwickler (-Teams) gleichzeitig an alternativen Objektentwürfen arbeiten. Wenn die verschiedenen Entwicklungslinien eines Objekts später wieder zu einer neuen Version zusammengeführt werden, spricht man von *Versionszusammenführung* (Version Merging).

Bild 6.4:
Entwicklungsverlauf
von Objekten

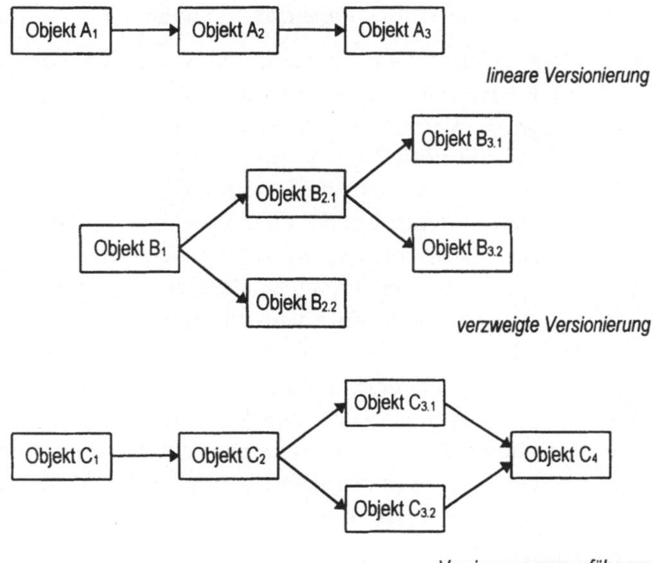

Voraussetzung für die Versionszusammenführung ist, daß das ODBMS verschiedene Vorgänger zu einer Objektversion erlaubt und den Versionsgraphen entsprechend aufbaut. Die Frage, wie sich die neue Version im einzelnen aus den Vorgängerversionen zusammensetzt, muß jedoch auf Applikationsseite entschieden werden. Unterstützung kann ein System hier nur insofern leisten, als es einen automatischen Vergleich von Objektversionen ermöglicht.

Speicherung von
Versionen

Die Speicherung von Versionen wird von den ODBMSen entweder über das Anlegen von Kopien oder über die Speicherung von Deltas gelöst. Der Nachteil von vollständigen Kopien besteht darin, daß sie unnötig viel Speicherplatz in Anspruch nehmen, wenn die versionierten Objekte sehr groß sind und die Änderungen sich nur auf wenige Attribute beschränken. Bei der Deltatechnik wird nur der Teil einer Version gespeichert, in dem sich das versionierte Objekt von der Vorgängerversion unterscheidet. Damit reduziert sich der Speicherplatzbedarf für versionierte Objekte u.U. ganz erheblich. Andererseits erhöht sich der Aufwand, der notwendig wird, um die neueste Version aus den Deltas zu rekonstruieren. Bei einer anderen Form der Deltatechnik wird die jeweils aktuelle Version eines Objekts voll gespeichert, während die Vorgängerversionen als Deltas zu der aktuellen Version verwaltet werden. Auch in diesem Fall steht der Speicherplatzersparnis ein erhöhter Aufwand beim Zugriff auf ältere Objektversionen entgegen.

Referenzen auf Versionen

Sobald Objekte in mehreren Versionen vorliegen, stellt sich die Frage, wie mit Referenzen auf versionierte Objekte verfahren wird. Werden die Referenzen beim Anlegen einer Folgeversion auf die neue Version umgesetzt? Oder verweisen die Referenzen nach wie vor auf die Version, die beim Einrichten der Beziehung aktuell war? Einige ODBMSe unterscheiden deshalb zwischen *statischen* und *dynamischen* Referenzen. Dynamische Referenzen verweisen immer auf die zuletzt erzeugte Version, während statische Referenzen nicht angeglichen werden. Eine andere Möglichkeit besteht darin, Referenzen immer auf die vom Benutzer spezifizierte aktuelle Version zeigen zu lassen, sofern nichts anderes angegeben wurde. In manchen Systemen kann der Benutzer auch beim Erzeugen einer neuen Version angeben, ob Referenzen angeglichen werden oder weiterhin auf die alte Version verweisen sollen.

Evaluierung

* *Unterstützt das System Versionierung? Gibt es neben linearer Versionierung auch verzweigte Versionierung?*

* *Welche Einheiten lassen sich versionieren (einzelne Objekte, Objekttypen, Objektmengen, ...)?*

* *Kann der Versionsgraph in beliebiger Richtung durchlaufen werden? Kann der Graph modifiziert werden, z.B. um überflüssige Zwischenversionen zu löschen oder die Versionierungsreihenfolge zu ändern? Können alte Versionen archiviert werden?*

* *Welche Möglichkeiten gibt es, bestimmte Objektversionen als aktuelle Versionen zu kennzeichnen?*

* *Unterstützt das System Versionszusammenführung? Gibt es Möglichkeiten zum automatischen Vergleich von Versionen?*

* *Wie behandelt das System Referenzen auf versionierte Objekte? Hat der Benutzer die Möglichkeit, das Angleichen von Referenzen zu steuern?*

* *Wie werden Versionen vom System gespeichert?*

6.6.2

Öffentliche Datenbanken und private Arbeitsbereiche

CheckIn/CheckOut

Concurrent Engineering bedeutet typischerweise, daß die Arbeit eines Teams von Entwicklern oder Ingenieuren auf einem gemeinsam genutzten Datenbestand basiert und jedes Teammitglied Teile des gemeinsamen Datenbestandes für mehr oder weniger lange Zeiträume (unter Umständen exklusiv) bearbeiten möchte. Die gemeinsam genutzten Daten werden in einer öffentlichen, für jedes Teammitglied zugreifbaren Datenbank abgelegt. Darüber hinaus verfügt jedes Teammitglied noch über einen privaten Arbeitsbereich, auf den nur vom jeweiligen „Besitzer" zugegriffen werden kann.

CheckIn/CheckOut

Die Objekte, die der Entwickler für eine bestimmte Aufgabe benötigt, überführt er mittels einer sogenannten *CheckOut*-Operation aus der öffentlichen Datenbank in seinen privaten Arbeitsbereich. Damit sichert er sich das Objekt zur privaten Bearbeitung im Arbeitsbereich seiner gestarteten Applikation. Am Ende einer fortlaufenden Sequenz von Design-Operationen, die sich unter Umständen über mehrere Design-Sitzungen (Tage und Wochen) erstrecken, werden die Objekte mit einer *CheckIn*-Operation wieder in die öffentliche Datenbank, aus der sie ursprünglich per CheckOut geholt wurden, zurückgeführt.

Zur Synchronisation und Koordination der verschiedenen Nutzer der Objekte, die sich in der öffentlichen Datenbank befinden, reichen konventionelle Sperr- und Transaktionsverfahren, wie sie in Kapitel 3 beschrieben wurden, nicht mehr aus. Die gemeinsam genutzten Daten werden von den Entwicklern nicht mehr nur für kurze Zeiträume im Sekundenbereich bearbeitet, sondern müssen einem Entwickler oft über Tage und Wochen zur Verfügung stehen. Bei einem pessimistischen Sperrverfahren mit Zwei-Phasen-Sperrprotokoll würden alle gesetzten Sperren bis zum Ende der Transaktion gehalten und damit alle anderen Transaktionen, die auf die gesperrten Objekte zugreifen möchten, unter Umständen Tage und Wochen blockiert.

Vordergründig betrachtet scheinen optimistische Verfahren eine Lösung des Problems zu bieten, da sie die Nebenläufigkeit der Transaktionen erhöhen. Da hier Konflikte aber erst am Ende der Transaktion entdeckt werden, kann die Arbeit eines Entwicklers von Tagen oder Wochen, die er innerhalb der Transaktion geleistet hat, verloren gehen.

Lange Transaktionen

Diese Überlegungen führen zum Begriff der *langen Transaktionen*. Zusammen mit Versionierungsmechanismen können sie, wie unten beschrieben, eine Lösung für die aufgezeigten Probleme bieten.

Lange Transaktionen sind dadurch gekennzeichnet, daß ihre Terminierung nicht an das Ende von Datenbanksitzungen gekoppelt ist. Sie umfassen Folgen von kurzen Transaktionen, innerhalb derer die Änderungen an den Objekten vorgenommen werden. Dadurch werden Sicherungspunkte gesetzt, an denen Zwischenstände persistent gemacht werden.

Im obigen Szenario bedeutet das, daß jeder Entwickler zunächst eine lange Transaktion startet und sich mittels CheckOut die von ihm benötigten Objekte zur privaten Bearbeitung sichert. Dort bearbeitet er diese Objekte innerhalb von normalen, „kurzen" Transaktionen. Nachdem er die Objekte über ein CheckIn wieder in die öffentliche Datenbank übergeben hat, beendet er die lange Transaktion.

Persistente Sperren

Da lange Transaktionen Datenbanksitzungen überleben können, müssen auch die Sperrmechanismen der ODBMSe dies unterstützen. Mit *persistenten Sperren* können Objekte in der öffentlichen Datenbank bis zum Ende der langen Transaktion, innerhalb derer sie angefordert wurden, gesperrt werden.

Eine Synchronisation der Nutzer der öffentlichen Datenbank über persistente Sperren löst allerdings noch nicht das Problem, daß sich die verschiedenen Nutzer gegenseitig blockieren können. Auch hier können die Wartezeiten, bis die gemeinsam genutzten Daten exklusiv gesperrt und geändert werden können, unter Umständen sehr lang sein. Eine Abhilfe schaffen erst Versionierungsmechanismen zusammen mit CheckIn/CheckOut.

CheckIn/CheckOut und Versionierung

Bietet ein ODBMS die Möglichkeit, beim CheckIn eines geänderten Objektes automatisch eine neue Version dieses Objektes zu erzeugen, so lassen sich damit ein Schreiber und mehrere Leser koordinieren. Die Leser erhalten jeweils die aktuelle Version des öffentlichen Objektes. Nach dem CheckIn des geänderten Objektes erhalten neue Leseanforderungen die neue Objektversion.

Interessant wird diese Systemeigenschaft, wenn das System zudem verzweigte Versionierung anbietet. Die zu bearbeitenden Objekte werden in diesem Fall in der öffentlichen Datenbank nicht exklusiv gesperrt, sondern mehrere Entwickler können dieses Objekt mittels CheckOut in ihren privaten Arbeitsbereich holen. Beim CheckIn der geänderten Objektversionen werden parallele Versionen des ursprünglichen Objektes angelegt. Da die ausgecheckten Objekte in einer alten Version immer noch für alle anderen Benutzer sichtbar und damit zugreifbar sind, werden Verklemmungen und kostspielige Wartezeiten vermieden. Der Nachteil dieses Vorgehens ist, daß für ein und dasselbe Objekt unter Umständen viele parallele Versionen erzeugt werden, für deren Zusammenführung anschließend Sorge zu tragen ist.

Evaluierung

> *   *Bietet das System die Möglichkeit, öffentliche Datenbanken und private Arbeitsbereiche einzurichten?*
> *   *Werden CheckIn/CheckOut-Operationen unterstützt?*
> *   *Können CheckIn/CheckOut-Operationen durch persistente Sperren und/oder lange Transaktionen und/oder Versionierung synchronisiert werden?*
> *   *Welche Semantik verbirgt sich hinter den Begriffen und wie lassen sich die verschiedenen Konzepte miteinander kombinieren?*

6.6.3 Change Notification

Wenn mehrere Entwickler in einem größeren Projekt zusammenarbeiten, kommt es immer wieder vor, daß die Arbeit eines Teammitglieds die übrigen Entwicklungsarbeiten beeinflußt. Aktuelle Entwicklungsstände und Änderungen, die sich auf den gemeinsamen Datenbestand beziehen, sollten so schnell wie möglich auch den anderen Teammitgliedern bekannt gemacht werden. Als Hilfsmittel dazu werden von einigen ODBMSen Change-Notification-Mechanismen angeboten, d.h. Benachrichtigungsverfahren, mit denen Datenbankbenutzer automatisch vom System benachrichtigt werden, sobald bestimmte Änderungen in der Datenbank stattfinden. Change Notification kann beispielsweise eingesetzt werden, um andere Benutzer zu benachrichtigen, wenn ein Objekt geändert oder gelöscht wurde oder wenn von einem Objekt eine neue Version erzeugt wurde.

Es gibt verschiedene Möglichkeiten, wie Change Notification in einem System realisiert sein kann:

*   Bei der nachrichtenbasierten Change Notification wird eine Nachricht an die betroffenen Entwickler geschickt, falls ein Objekt geändert wurde. Die Benachrichtigung erfolgt entweder sofort nach der Änderung oder sie wird bis zum Commit-Zeitpunkt verzögert, d.h. bis die Änderung persistent in der Datenbank gespeichert ist. Nachrichtenbasierte Change Notification kann in manchen Systemen auch eingesetzt werden, um andere Entwickler zu benachrichtigen, wenn ein Objekt gesperrt oder ein zuvor gesperrtes Objekt wieder freigegeben wurde.

- Bei der flag-basierten Change Notification wird in dem geänderten Objekt ein Flag gesetzt. Sobald ein Entwickler auf das per Flag markierte Objekt zugreift, wird er über die Änderung in Kenntnis gesetzt.

- Alle Objekte, auf die seit einem Synchronisationszeitpunkt modifizierend zugegriffen wurde, werden vom System in einer Liste geführt. Die Datenbankbenutzer können auf die Liste zugreifen und sich die geänderten Objekte ansehen.

Bei welchen Objekten bestimmte Ereignisse zur Benachrichtigung von anderen Entwicklern führen sollen, wird von den Anwendern festgelegt. Jedes System bietet dazu eine andere Verfahrensweise, die meist eng mit den übrigen Workgroup-Computing-Features gekoppelt ist.

Evaluierung

Gibt es in dem System Change-Notification-Mechanismen?

Wie werden die Datenbankanwender benachrichtigt?

Welche Ereignisse (Ändern oder Löschen eines Objekts, Anlegen einer neuen Objektversion, Sperren eines Objekts etc.) können die Benachrichtigung anderer Benutzer auslösen?

6.7   Assoziative Anfragen

Objektorientierte DBMSe erweitern im wesentlichen objektorientierte Programmiersprachen um Datenbankkonzepte. Durch eine wesentlich engere Verflechtung beider Aspekte wird der bei RDBMSen so häufig kritisierte „Impedance Mismatch" vermieden. Darüber hinaus sind ODBMSe im Gegensatz zum reinen relationalen SQL prinzipiell berechnungsuniversell. Vielleicht ist das auch der Grund, warum Anfragemöglichkeiten lange Zeit vernachlässigt wurden und die Notwendigkeit dafür unterschätzt wurde. Inzwischen haben jedoch viele Anwendungsgebiete die Vorteile eines assoziativen Zugriffs erkannt. Anfragesprachen erlauben nicht nur einen komfortablen Einstieg in die Datenbank, mit dem sich Objekte gezielt und effizient über Eigenschaften charakterisieren lassen. Vorteile finden sich auch in der Deskriptivität, Effizienz und Programmierproduktivität (vgl. Abschnitt 3.3.5). Für Applikationen, die von relationalen Datenbanken auf objektorientierte umgestellt werden sollen, können insbesondere SQL-artige Anfragesprachen den Portierungsaufwand erheblich reduzieren.

Heutzutage unterstützen viele kommerzielle ODBMSe assoziative Anfragen. Die Anfragesprachen der Systeme lehnen sich dabei an die Grundkonzepte des relationalen SQLs an, wodurch das Schlagwort „ObjectSQL" von den Herstellern geprägt wurde. Das verwundert auch nicht sonderlich, ist doch SQL ein fest etablierter Begriff, fast schon ein Gütesiegel für Anfragefunktionalität. Darüber hinaus suggeriert der Begriff in gewisser Weise einen „Standard". Bei näherer Betrachtung zeigt sich jedoch, daß häufig ein Etikettenschwindel vorliegt: Die diversen ObjectSQLs weichen doch mitunter sehr weit vom SQL-Standard ab und erreichen nicht immer seine Mächtigkeit.

Das Spektrum der Anfragefunktionalität von kommerziellen ODBMSen reicht inzwischen von sehr einfachen Anfragemöglichkeiten bis hin zu komplexen, mit SQL vergleichbaren Varianten. Da den einzelnen Sprachen ganz unterschiedliche Konzeptionen und Paradigmen zugrunde liegen, ist es sehr schwierig, sie bzgl. ihrer Funktionalität zu bewerten, die sich zudem in verschiedenen syntaktischen Formen verkleidet. Erschwerend kommt hinzu, daß Anfragesprachen sehr komplexe Gebilde sind, die in seltensten Fällen in den Systemhandbüchern in ihrer vollen Syntax spezifiziert sind, von der Semantik ganz zu schweigen. Eine Beschreibung erfolgt in der Regel nur beispielhaft und unvollständig; der volle Funktionsumfang ist selten erkennbar. Benötigt nun eine Anwendung einen assoziativen Zugriff, so ist wie bei den anderen DBMS-Konzepten eine weitergehende Untersuchung der Anfragemöglichkeiten erforderlich. Das Problem stellt sich wie folgt dar: Wie erkenne ich, ob die Anfragesprache eines konkreten ODBMSs den Ansprüchen meiner Applikation genügt? Grundsätzlich gilt auch hier, daß natürlich die Wünsche bekannt sein müssen.

Ziel dieses Abschnitts ist es, praxisrelevante Faktoren herauszuarbeiten, die zur Beurteilung von Anfragesprachen dienen, ohne jedoch den Bezug zu kommerziellen Systemen aus den Augen zu verlieren. Hauptaugenmerk ist auf die Funktionalität der Anfragesprachen gerichtet. Je mächtiger die Anfragemöglichkeiten sind, um so mehr Programmieraufwand kann gespart werden. Von besonderer Relevanz sind folgende Punkte: Welche funktionalen Konzepte prägen die Anfragemöglichkeiten? Was läßt sich alles als Anfrage formulieren?

Der erste Unterabschnitt geht zunächst darauf ein, wie die objektorientierten Datenmodellkonzepte zur intuitiven Anfrageformulierung genutzt werden können. Hinzu kommen Konzepte von SQL, die die Funktionalität von RDBMSen entscheidend geprägt haben und sich prinzipiell auch auf ODBMSe übertragen lassen (6.7.2), und weitere Aspekte, die indirekten Einfluß auf die Funktionalität nehmen (6.7.3).

6.7.1   Objektorientierte Konzepte in Anfragesprachen

Objektorientierte Datenbanksysteme besitzen ein wesentlich komplexeres Datenmodell als das relativ einfach strukturierte Relationenmodell. Die aus der Objektorientierung stammenden Konzepte wie Objektidentität, Vererbung, Relationships, Kollektionen und Operationen bieten intuitive und mächtige Mechanismen, die auch in einer Anfragesprache entsprechend Berücksichtigung finden sollten, um hier direkten Nutzen aus ihnen ziehen zu können. Daraus ergeben sich neue Möglichkeiten der Anfrageformulierung, die zu mächtigen, aber auch verständlicheren Anfragen führen können. Korrespondierende Anfragesprachen sollten adäquate Konstrukte bereitstellen.

Objektidentität

Die Anfragesprachen relationaler DBMSe erlauben nur einen Vergleich über Werte. Die den Objekten inhärenten Objektidentifikatoren bieten zusätzlich die Möglichkeit, zwischen Identität und Gleichheit von Objekten zu unterscheiden: Zwei Objekte sind genau dann *identisch*, wenn sie denselben Objektidentifikator besitzen. Andererseits sind zwei Objekte *gleich*, wenn sie „gleiche" Eigenschaften haben. Dabei liegt eine tiefe Gleichheit vor, wenn Objekte gleiche Attributwerte besitzen und Relationships identisch sind, d.h. auf dieselben Objekte verweisen. Flache Gleichheit erfordert, daß alle Attributwerte gleich und die referenzierten Objekte gleich im flachen Sinne sind. Identische Objekte sind somit immer gleich in beiden Bedeutungen, und tiefe Gleichheit impliziert immer eine flache Gleichheit.

Beispiel 6.1   Zwei Angestellte, die denselben Namen, dieselbe Adresse, dasselbe Geburtsdatum haben, in derselben Firma arbeiten usw. sind gleich im tiefen Sinn. Sie sind nur flach gleich, wenn die Firmen, in denen sie arbeiten, lediglich den gleichen Namen, Firmensitz usw. haben.

In ODBMSen gibt es in der Regel nur ein Prädikat ==, das einen Identitätsvergleich darstellt. Die Gleichheit läßt sich aber über einen expliziten Vergleich aller Eigenschaften realisieren.

Evaluierung   *   Gibt es in einer Anfragesprache entsprechende Prädikate, die einen Vergleich auf Identität (über den Objektidentifikator)* *sowie flache und tiefe Gleichheit über Eigenschaften ermöglichen?*

Beziehungen

In RDBMSen gibt es „Joins", um Beziehungen über Tabellen auszudrücken. Objektorientierte Anfragesprachen sollten in der Lage sein, Objekte über Relationships quasi als impliziten „Join" miteinander in Beziehung zu setzen. Dadurch wird es ermöglicht, Bedingungen nicht nur lokal an einen zu selektierenden Objekttyp zu knüpfen, sondern auch in Beziehung stehende Objekte mit einzubeziehen.

Beispiel 6.2 Zum Beispiel verwendet die Anfrage *Angestellte, die das Projekt „Softeis" bearbeiten* die Beziehung `bearbeitet`, um Angestellte über ihr Projekt zu qualifizieren. Das Projekt trägt zur Selektion der Angestellten mit bei. Das geht natürlich auch über mehrere Stufen: *Firmen, die einen Angestellten im Projekt „Softeis" haben.*

Als geeignetes Konzept zur Beziehungstraversierung innerhalb von Anfragen werden häufig sogenannte *Pfade* vorgeschlagen, die Relationships durch eine Punktnotation aneinanderreihen. Zum Beispiel bestimmt in der OQL `geleitet_von.angestellt_in` zu einem Projekt die Firma des leitenden Angestellten. Derartige Pfade können in Bedingungen wie

```
geleitet_von.angestellt_in.Name == "Macrosoft"
```

benutzt werden, um Objekte in Beziehung zu setzen. Das Prinzip funktioniert für einwertige Relationships problemlos, da derartige Relationships ein Objekt bestimmen, von dem aus der Pfad weitergeführt werden kann. Mehrwertige Relationships bezeichnen andererseits eine Kollektion von Objekten, `beschaeftigt` beispielsweise die Menge der Angestellten einer Firma. Die Existenz einer konkreten Beziehung ist gleichbedeutend mit einer Elementabfrage: Eine Beziehung zwischen einem Angestellten und einer Firma besteht dann, wenn der Angestellte in der Menge der Mitarbeiter ist. Die Ausdrucksmöglichkeiten hierfür sind vielfältig:

- Eine Elementabfrage wie `ang IN f.beschaeftigt` kann fordern, daß der Angestellte `ang` in der Firma `f` beschäftigt ist. Sowohl `ang` als auch `f` lassen sich dabei weiter qualifizieren.

- `f.beschaeftigt` kann als eine Menge aufgefaßt werden, an deren Elemente Forderungen gestellt werden:

  ```
  f.beschaeftigt[Nachname == "Gates"].
  ```

Relationships besitzen grundsätzlich eine Richtung, die sich auf Traversierungen auswirkt. Zum Beispiel ist hat_ergebnis von Projekt zu Produkt gerichtet; zu einem Produkt können in der Regel nicht die Projekte, aus denen sie hervorgegangen sind, bestimmt werden. Entsprechende Konzepte können aber auch eine Traversierung entgegen der Richtung der Relationships ermöglichen, beispielsweise als

```
EXISTS proj IN Projekt: (proj.hat_ergebnis == produkt ...),
```

um zu gegebenem Produkt produkt das Projekt proj zu qualifizieren. Diese Eigenschaft ist insbesondere für solche ODBMSe von Bedeutung, die keine bidirektionalen („inversen") Relationships anbieten. Um eine (nicht vom System kontrollierte) Redundanz zu vermeiden, muß konsequenterweise auf eine Richtung verzichtet werden, häufig vorab und ohne vollständige Kenntnis der Zugriffe.

Evaluierung

* *Gibt es Möglichkeiten, in Beziehung stehende Objekte über (ein-/mehrwertige) Relationships mit in Selektionsbedingungen einzubeziehen?*
* *Lassen sich Beziehungsketten über mehrere Stufen aufbauen?*
* *Geht das auch entgegen der Relationship-Richtung?*

Kollektionen

Kollektionen können in einer Anfragesprache auftreten, wenn beispielsweise auf kollektionswertige Attribute und Relationships zugegriffen wird. Häufig ist damit der Wunsch verbunden, diese Kollektionen in Bedingungen zu verwenden, z.B. um zu prüfen, ob in der Menge der Attributwerte ein bestimmter Wert vorkommt. Zu Kollektionen gibt es üblicherweise Prädikate wie die Element- oder Teilmengenabfrage, die hierfür geeignet sind. Aber auch spezielle Operationen, wie beispielsweise zur Selektion des i-ten Elements in einer Liste oder in einem Array, Duplikateliminierungen und Konvertierungen, sind sinnvolle Operationen, die im Kontext einer Anfragesprache Relevanz besitzen.

Evaluierung

* *Gibt es vordefinierte Operationen zum Zugriff auf Kollektionen?*
* *Wie mächtig ist der Operationssatz?*

Subtypen und Vererbung

Die Vererbung von Eigenschaften von Obertypen zu Subtypen bewirkt, daß Attribute, Relationships und Methoden auch auf Subtypen anwendbar sind. Spezielle Konstrukte sind hierzu in der Regel nicht erforderlich, da es ja nur um die Anwendbarkeit ererbter Eigenschaften zum Beispiel in Bedingungen geht. Dieser Punkt stellt generell kein Problem für objektorientierte Anfragesprachen dar.

Beispiel 6.3 Zum Beispiel ist es immer möglich, die Attribute `Vorname`, `Nachname`, `Adresse` und `Geb_Datum` (von `Mitarbeiter`) innerhalb Bedingungen, die sich auf `Angestellter` beziehen, zu benutzen.

Subtypen führen darüber hinaus zu einer Unterscheidung zwischen Elementen und Instanzen: Als *Elemente* eines Objekttyps werden alle Objekte des Objekttyps einschließlich seiner Subtypen bezeichnet. Hingegen umfaßt die Menge der *Instanzen* nur die Objekte des Typs selbst.

Beispiel 6.4 Die Elemente des Typs `Mitarbeiter` sind alle Mitarbeiter, einschließlich der Angestellten und freien Mitarbeiter. Die „echten" Mitarbeiter, die nicht Angestellter oder freier Mitarbeiter sind, bilden die Instanzen (die Instanzmenge zu `Mitarbeiter` sollte hier leer sein). Gemäß der eingeführten Terminologie machen Elemente den Extent aus.

ODBMSe unterstützen selten diese Unterscheidung. Mitunter gibt es zu diesem Zweck spezielle Wertebereiche: `Mitarbeiter` beinhaltet alle Elemente, während `Mitarbeiter*` nur Instanzen enthält. Manchmal läßt sich auch die einbettende Funktion zur Anfrageausführung entsprechend parametrisieren.

Evaluierung
* *Lassen sich ererbte Eigenschaften bei der Qualifizierung von Subtypen verwenden?*
* *Gibt es Sprachkonstrukte zur Selektion von Instanzen und Elementen eines Typs?*

Methoden

Die Möglichkeit, Methoden spezifizieren zu können, legt nahe, diese Methoden auch innerhalb von Anfragen aufzurufen.

Beispiel 6.5 Existiert beispielsweise eine `Alter`-Funktion zu Angestellter, die aus dem Geburtsdatum das aktuelle Alter berechnet, so sollte diese Operation in entsprechenden Kontexten, die einen `Integer` erlauben, verwendet werden können.

Hierdurch wird eine weitergehende Funktionalität erreicht: Operationsaufrufe im Rahmen von Selektionen ermöglichen komplexe Berechnungen. Erlaubt eine Anfragesprache Operationsaufrufe, so bestehen Unterschiede darin, ob nur parameterlose Operationen aufgerufen werden dürfen, oder auch Parameter angebbar sind. Zu beachten ist, daß Operationsaufrufe nicht unproblematisch sind, da sie zu ungewollten Seiteneffekten, schlimmstenfalls auch zu endlosen Ausführungen führen können.

Evaluierung

* *Lassen sich beliebige Operationen in Anfragen aufrufen?*
* *Wie erfolgt die Versorgung der Operationsargumente?*
* *Kann das Ergebnis eines Operationsaufrufs in Anfragen weiterverwendet werden?*

6.7.2   Relevante Konzepte von SQL

Relationales SQL – als Maßstab für deskriptiven Zugriff – beinhaltet wichtige Konzepte, die sich auch auf objektorientierte Anfragesprachen übertragen lassen und deshalb als funktional prägende Punkte Erwähnung finden.

Aggregierende Funktionen

Aggregierende Funktionen wie die Aufsummierung SUM oder die Durchschnittsbildung AVG, möglicherweise kombiniert mit Gruppierung (GROUP-BY-HAVING), haben die Ausdrucksfähigkeit von SQL entscheidend geprägt und sind auch für objektorientierte Anfragesprachen ein zu beachtender Punkt.

Beispiel 6.6

Sie ermöglichen Beispielanfragen wie:

1. *Firmen mit mehr als 30 Angestellten* (COUNT)

2. *Firma mit den meisten Angestellten* (MAX)

3. *Zu jeder Firma die Anzahl der Angestellten* (COUNT)

4. *Maximales Durchschnittsgehalt von Firmen* (MAX über AVG)

Die ersten beiden Anfragen verwenden aggregierende Funktionen nur innerhalb der Selektionsbedingung. Bei den Anfragen 3 und 4 sind die Aggregate Bestandteil des Ergebnisses, wobei Anfrage 4 zwei Funktionen hintereinander schaltet: Bestimme zu jeder Firma das Durchschnittsgehalt der Mitarbeiter und ermittle anschließend das Maximum der Durchschnitte.

ODBMSe bieten selten aggregierende Funktionen an. Wenn überhaupt findet sich höchstens eine Zählfunktion als Primitivform eines COUNT.

Evaluierung

* *Gibt es aggregierende Funktionen?*
* *Wo dürfen diese aufgerufen werden?*

Verbunde

Verbunde („Joins") sind ein typisches relationales Konzept, mit dem sich Informationen aus mehreren Tabellen als *Ergebnisverbund* zusammenstellen lassen.

Dieser Aspekt berührt zunächst einmal die Zusammenstellung des Anfrageergebnisses. In vielen ODBMSen gibt es keine Ergebnisverbunde, es lassen sich nur Objekte eines Typs selektieren. Das führt zu Anfragen wie

Beispiel 6.7

Alle Angestellten (im Objekttyp Angestellter*), die zwischen 3000 und 5000 verdienen.*

Das Ergebnis besteht immer aus vollständigen Objekten. Weder Projektionen auf einzelne Attribute noch aggregierende Funktionen als Bestandteil des Ergebnisses sind möglich. Die Selektionsbedingungen selbst können im Prinzip komplex sein und insbesondere aggregierende Funktionen nutzen. Unsere Erfahrungen in [HLW94] haben aber gezeigt, daß kommerzielle ODBMSe beliebige aggregierende Funktionen in Selektionsbedingungen selten zulassen. Manchmal sind nur primitive Wertvergleiche zwischen Attributen und atomaren Werten möglich.

Eine einfache Form eines Ergebnisverbunds liegt vor, wenn mehrere Objekttypen zum Ergebnis beitragen können, z.B.

Beispiel 6.8

Angestellte zusammen mit der Firma, in der sie arbeiten.

Ein Indiz dafür ist, daß das Anfrageergebnis in einer komplexeren Struktur im Programm verwaltet wird. Im Prinzip eröffnet sich einem die volle Funktionalität von SQL, auch wenn kommerzielle Systeme nur sehr eingeschränkt davon Gebrauch machen.

Ein Ergebnisverbund muß nicht immer nur vollständige Objekte umfassen. Die ODMG OQL bietet zum Beispiel auch die Möglichkeit, aus beliebig geschachtelten Strukturen ein Ergebnis zu spezifizieren:

Beispiel 6.9

Zu jeder Firma die Menge der Namen ihrer Angestellten.

Als Faustregel gilt: Je flexibler Ergebnisverbunde sein können, um so reichhaltiger wird die Anfragesprache sein.

Ergebnisverbunde treten häufig gepaart mit *Verbundbedingungen* auf, die die Ergebnisbestandteile, z.B. Objekte, miteinander in Beziehung setzen. In SQL spielen sie als „Join-Bedingungen" eine zentrale Rolle. Verbundbedingungen haben für objektorientierte Anfragesprachen nicht die Relevanz wie in SQL. Da Beziehungen in ODBMSen direkt durch Relationships modellierbar sind, sollten diese auch in Anfragen genutzt werden. Folglich kommt nur in Ausnahmesituationen das Bedürfnis auf, Objekttypen über reine Werte zu „joinen", insbesondere bei einer schlechten Modellierung.

Beispiel 6.10

Angestellte, die in einem Ort wohnen, in dem ihre Firma angesiedelt ist.

Diese Anfrage setzt die Angestellten und Firmen über ihre Adressen in Beziehung.

Evaluierung

* *Kann ein Anfrageergebnis aus Objekten nur eines Typs oder verschiedener Typen bestehen?*

* *Sind Werte (z.B. durch Projektionen auf Attribute verursacht) erlaubt?*

* *Gibt es wertebasierte Verbunde?*

Assoziative Änderungsoperationen

Relationales SQL expandiert die assoziative Suche auch auf andere Operationen wie Löschen und Ändern: Durch Selektionsbedingungen spezifizierte Tupel können gelöscht bzw. geändert werden. Übertragen auf objektorientierte DBMSe bedeutet das assoziative Modifikationsformen.

Evaluierung

* *Gibt es assoziative Manipulationen?*

6.7.3   Weitere Aspekte

Neben objektorientierten und SQL-basierten Konzepten gibt es noch weitere Punkte mit einem eher indirekten Einfluß auf die Funktionalität.

Einkapselung

Eine Anfragesprache eines ODBMSs sollte sich natürlich an das objektorientierte Paradigma halten und insbesondere die Einkapselung respektieren. In diesem Fall lassen sich nur öffentlich gemachte Attribute, Relationships und Operationen in Anfragen verwenden. Die Funktionalität wird dadurch insofern negativ beeinflußt, als daß private Eigenschaften nicht in Anfragen verwendet werden können. Wenn ein ODBMS keine Operationsaufrufe in Anfragen zuläßt, kann das zu einer drastischen Reduzierung der Anfragemöglichkeiten führen, so daß einige Systeme dazu übergegangen sind, in Anfragen – also für rein lesende Zugriffe – alle Attribute zugreifbar zu machen.

Evaluierung

* *Erlaubt die Anfragesprache den Zugriff auf private Eigenschaften?*

Einstiegspunkte

In SQL lassen sich grundsätzlich alle Tabellen in Anfragen einbeziehen. Hingegen kann man in ODBMSen nicht immer auf alle Objekttypen a priori assoziativ zugreifen. Mitunter bildet der Extent einen fest vorgegebenen Einstiegspunkt, den Ausgangspunkt jeglicher Suche. Die Art der Extent-Verwaltung, ob

- automatisch für jeden Objekttyp,

- definierbar für einzelne Objekttypen, aber mit einer automatischen Verwaltung, oder

- einer vollkommen manuellen Definition und Verwaltung

beeinflußt natürlich die Anfragefunktionalität. Ist ein Extent explizit zu definieren oder sogar manuell zu verwalten, so können nur Objekttypen mit einem Extent direkt selektiert werden; alle anderen Objekttypen lassen sich nur navigierend über Relationships in Anfragen mit einbeziehen.

Evaluierung

* *Lassen sich Anfragen auf vordefinierte Extents oder beliebige Objekttypen anwenden?*

Statische oder dynamische Anfragen

Die Art der Einbettung einer Anfragesprache in eine Programmiersprache kann – ungeachtet der Anfragemöglichkeiten – die Funktionalität beeinflussen. Je nachdem, ob Anfragen zur Übersetzungszeit des Programms oder erst zur Laufzeit feststehen müssen, gibt es statische bzw. dynamische Anfragen. Statische

Anfragen sind Bestandteil des Programmcodes. Sie haben den Vorteil, daß Typprüfungen und Optimierungen zur Übersetzungszeit vorgenommen werden können und auch die Struktur des Ergebnisses bekannt ist.

Dynamische Anfragen werden hingegen in der Regel als Zeichenkette zusammengestellt. Dadurch sind sie flexibler, da sie erst zur Laufzeit bekannt sein müssen, was zum Beispiel im Fall der Realisierung eigener Browser besondere Wichtigkeit erlangt. In derartigen Anwendungen werden erforderliche Informationen zur Anfrage erst interaktiv im Dialog mit einem Benutzer bekannt. Dynamische Anfragen stellen somit eine erhebliche Funktionalitätssteigerung gegenüber rein statischen Anfragen dar.

Mitunter lassen sich Anfragen nicht in ihrer Allgemeinheit dynamisch gestalten. Einen Kompromiß bildet dann eine Parametrisierung.

Beispiel 6.11   *Alle Angestellten, die mehr als &1 verdienen.*

Im Prinzip handelt es sich hierbei um ein Anfragemuster, das vorübersetzt werden kann und zur Ausführung mit aktuellen Parametern, z.B. &1 = 3000, versorgt werden muß; &1 bezeichnet hier einen formalen Parameter. Die Typprüfung zur Übersetzungszeit ist größtenteils weiterhin gegeben. Die Flexibilität ist aber gegenüber dynamischen Anfragen eingeschränkt.

Rein statische und auch einige Spielarten der parametrisierbaren Anfragen haben den Vorteil, daß Anfragen bereits zum Übersetzungszeitpunkt kompiliert werden können. Zur Laufzeit wird somit viel Overhead wie Syntaxanalyse und Zugriffsplanerstellung vermieden, was sich positiv auf die Performance auswirkt. Einige wenige ODBMSe bieten immerhin die Möglichkeit, dynamische Anfragen vorab zu analysieren, so daß zum Ausführungszeitpunkt dieser Aufwand entfällt. Das ist für Anfragen bzw. Anfragemuster sinnvoll, die innerhalb einer Applikation mehrfach ausgeführt werden.

Evaluierung

* *Können Anfragen nur statisch oder auch dynamisch gebildet werden?*
* *Sind Anfragen parametrisierbar?*
* *Gibt es vorübersetzte Anfragen?*

Wirkungsbereich

Unterschiede bei den ODBMSen gibt es auch beim Wirkungsbereich einer Anfrage. So ist es hin und wieder möglich, Anfragen an beliebige Kollektionen, also nicht nur den Extents, zu stellen, wobei auch transiente Objekte in der Kollektion Berücksichtigung finden können. Wird in der Regel die gesamte Datenbank als Suchraum verwendet, so bieten einige Systeme auch die Möglichkeit, Teilräume wie Container zu bearbeiten.

Evaluierung

* *Kann man Anfragen an Kollektionen stellen?*
* *Berücksichtigen Anfragen transiente und persistente Objekte?*
* *Was ist der Suchraum einer Anfrage? Ist dieser einstellbar?*

Interaktive Anfragen

Relationale DBMSe haben gezeigt, daß es von Vorteil sein kann, Anfragen nicht nur aus Anwendungsprogrammen abzusetzen, sondern auch interaktiv ohne Programmierspracheneinbettung auszuführen. Entsprechende interaktive Anfragemöglichkeiten, evtl. eingebunden in Datenbank-Browser, ermöglichen einem nicht nur ein „Ausprobieren" von Anfragen ohne Kompilier- und Bindevorgänge; der Datenbestand läßt sich mit derartigen Werkzeugen auch wesentlich einfacher untersuchen oder kontrollieren.

Evaluierung

* *Gibt es interaktive Anfrageformen, z.B. ein interaktives Object-SQL und/oder einen Datenbank-Browser?*

6.8   Weitere Evaluierungskriterien

6.8.1   Sprachschnittstellen

Einer der großen Vorteile objektorientierter Datenbanksysteme ist die nahtlose Integration von Datenbankfunktionalität und Programmiersprache. Die derzeit am häufigsten verwendeten Programmiersprachen zur Entwicklung von ODBMS-Applikationen sind C++ und Smalltalk. So gut wie alle kommerziellen ODBMSe verfügen deshalb über eine C++-Schnittstelle und/oder eine Smalltalk-Schnittstelle. Viele ODBMSe bieten zusätzlich Sprachanbindungen für Lisp, C und andere Sprachen.

Der ODMG-Standard sieht bisher Spezifikationen sowohl für eine C++- als auch für eine Smalltalk-Sprachanbindung vor. Eine standardisierte Schnittstelle wie die des ODMG-Standards erleichtert die Portierung von Datenbankapplikationen von einem System auf ein anderes. Ein Punkt bei der Evaluierung eines ODBMSs ist deshalb die Frage, inwieweit die Sprachschnittstellen des Systems ODMG-konform sind. Ein weiterer Evaluierungsaspekt betrifft die Compiler und Entwicklungswerkzeuge, und die Versionen, in denen sie von einem System unterstützt werden.

In manchen ODBMSen sind die verschiedenen Sprachschnittstellen interoperabel, d.h., Objekte einer Datenbank sind von unterschiedlichen Sprachschnittstellen aus zugreifbar. Beispielsweise kann damit ein Objekt, das mit einer C++-Applikation erzeugt wurde, auch von einer Smalltalk-Applikation gelesen werden. Die Interoperabilität der Schnittstellen wird in diesen Systemen meist dadurch realisiert, daß die in den verschiedenen Programmiersprachen spezifizierten Objekte auf ein intern verwendetes Format abgebildet werden, in dem sie dann in der Datenbank gespeichert werden.

Klassenbibliotheken   Klassenbibliotheken spielen eine wichtige Rolle bei der Entwicklung von objektorientierten Anwendungen. In der Regel lassen sich Standard-Klassenbibliotheken aber nicht ohne weiteres für ODBMS-Applikationen einsetzen. Um die Instanzen einer Klasse aus der Klassenbibliothek als persistente Datenbankobjekte speichern zu können, müssen die Bibliotheksklassen an das Persistenzkonzept des Datenbanksystems angepaßt werden. Im Fall des ODMG-Standards würde das bedeuten, daß alle potentiell persistenzfähigen Klassen von der Klasse `Persistent_Object` abgeleitet sein müßten. Aber auch wenn eine Klasse (wie z.B. `String`) nur als „eingebettete Struktur", d.h. als Wertebereich von Objektattributen, verwendet wird, sind fast immer Änderungen im Quellcode der Klasse notwendig. Denn an allen Stellen, an denen in den Bibliotheksklassen (transienter) Speicher allokiert wird, müssen die entsprechenden ODBMS-internen Funktionen zur Allokation von (persistentem) Speicher verwendet werden. Ein weiterer Grund für Schwierigkeiten liegt in möglichen Namenskonflikten zwischen den Klassen des ODBMSs und den Klassendefinitionen aus der Klassenbibliothek. Viele Hersteller haben deshalb Standard-Klassenbibliotheken wie die NIH (National Institute of Health)-Klassenbibliothek an ihr System angepaßt und sind Kooperationen mit den Vertreibern bekannter Klassenbibliotheken eingegangen.

Evaluierung

* *Welche Sprachschnittstellen (C++, Smalltalk, C, ...) bietet das ODBMS an?*

* *Sind die C++- und Smalltalk-Schnittstellen des Systems ODMG-konform?*

* *Welche Compiler und Entwicklungsumgebungen (in welchen Versionen) werden unterstützt?*

* *Sind die Sprachschnittstellen interoperabel, d.h., kann auf eine Datenbank von verschiedenen Schnittstellen aus zugegriffen werden?*

* *Welche Klassenbibliotheken können zusammen mit dem ODBMS verwendet werden?*

6.8.2   Zugriffsschutz

Die Daten in einer Datenbank werden normalerweise von verschiedenen Benutzern gelesen und geändert. Nicht jeder Benutzer sollte allerdings uneingeschränkt auf alle Daten zugreifen können. Manche Daten dürfen nur von bestimmten Benutzern oder Benutzergruppen gelesen oder geschrieben werden. Die Verwaltung und Überprüfung von Zugriffsrechten an Benutzer(gruppen) ist Aufgabe des Zugriffsschutzes.

Bei Zugriffsrechten lassen sich drei verschiedene Dimensionen unterscheiden:

1.   Das *Subjekt*, d.h. ein Benutzer oder eine Gruppe von Benutzern, die auf Informationen zugreifen.

2.   Das *Objekt*, auf das zugegriffen wird (der Begriff „Objekt" ist hier im Sinne von Zugriffseinheit gebraucht und meint nicht die Objekte der Datenbank).

3.   Der *Modus*, mit dem auf die Daten zugegriffen wird. Neben dem Recht auf lesende, ändernde, erzeugende und löschende Zugriffe kann einem Benutzer über den Zugriffsmodus auch das Recht erteilt werden, Rechte auf dem Objekt zu vergeben.

Aus Sicht des Benutzers sind als Objekte, die mit Zugriffsrechten zu schützen sind, verschiedene Einheiten denkbar:

* die gesamte Datenbank,

* Teile einer Datenbank (die nicht unbedingt disjunkt sein müssen),

* die Extension eines Objekttyps,

* komplexe Objekte,

- einzelne Objekte,

- Methoden oder Attribute eines Objekts.

Welche Einheiten als Objekte des Zugriffsschutzes sinnvoll sind, hängt stark von der Anwendung und der Struktur der Datenbank ab. Zugriffsrechte für einzelne Datenbankobjekte sind beispielsweise dann nützlich, wenn die Datenbank aus sehr großen Objekten besteht, z.B. aus Multimedia-Daten, gespeichert in Form von BLOBs (Binary Large Objects). Falls in der Datenbank dagegen eine große Anzahl von kleinen Objekten gespeichert ist, wird für die Verwaltung der Zugriffsrechte ein enormer Speicher- und Performanceaufwand notwendig, der das Laufzeitverhalten der Applikationen über Gebühr verschlechtern kann.

Neben den Datenbankinhalten gibt es in einem Datenbanksystem noch weitere „schützenswerte" Daten, wie z.B. Systemparameter, die nur von einem kleinen Kreis der Anwender geändert werden dürfen, Indexe auf Objekten oder Schemainformationen allgemein. Spezielle Zugriffsrechte für solche Daten sind beispielweise wichtig, um zu verhindern, daß die Endbenutzer einer ausgelieferten DBMS-Applikation auf die Schemadefinitionen zugreifen können. Im Falle von höheren Sicherheitsanforderungen kann ein Datenbanksystem mit Ver- und Entschlüsselungsverfahren sicherstellen, daß die Datenbestände nicht von „außen" gelesen und manipuliert werden können, sondern nur autorisierten Datenbankbenutzern zugänglich sind.

In den meisten kommerziellen ODBMSen wird der Zugriffsschutz derzeit nur rudimentär unterstützt. Bis auf wenige Ausnahmen sind in den Systemen UNIX-konforme Zugriffsregelungen realisiert, d.h., die Rechte von bestimmten Benutzern bzw. Benutzergruppen lassen sich für einzelne, größere Einheiten einschränken. Als Einheiten für den Zugriffsschutz dienen ganze Datenbanken, in manchen Systemen können auch Segmente als logisch definierte Bereiche einer Datenbank geschützt werden. Der Erzeuger einer Datenbank bzw. eines Segments ist ihr Eigentümer und kann anderen Datenbankbenutzern Zugriffsrechte einräumen. Die Identifizierung eines Benutzers durch das System erfolgt normalerweise durch Paßwortverfahren.

Zur Realisierung des Zugriffsschutzes können die Systeme dabei auf die Benutzerverwaltung des (UNIX-)Betriebssystems zurückgreifen. Da Windows-Betriebssysteme über keine derartigen Zugriffsverfahren verfügen, gibt es ODBMSe, in denen mit einem unter Windows laufenden Datenbank-Server kein Zugriffsschutz möglich ist. Die in den Systemen üblichen Verfahren bieten nur eine eingeschränkte Datensicherheit. Ein Nachteil ist u.a., daß die Datenbankinhalte prinzipiell auch von anderen, nicht DBMS-spezifischen Applikationen gelesen und verändert werden können, da ein Zugriff direkt über das Betriebssystem möglich ist.

Evaluierung

* *Unterstützt das ODBMS die Verwaltung und Vergabe von Zugriffsrechten?*

* *Welche Einheiten (Datenbanken, Datenbankbereiche, Objekte, ...) können über Zugriffsrechte geschützt werden?*

* *Können Benutzergruppen eingerichtet werden?*

* *Für welche Zugriffsarten (Lesen, Ändern, Erzeugen, ...) lassen sich Rechte vergeben?*

* *Können neben den Datenbankinhalten auch andere Informationen, wie z.B. das Datenbankschema, vor unberechtigten Zugriffen geschützt werden?*

* *Sind die Zugriffsschutzverfahren nur auf bestimmten Betriebssystemplattformen anwendbar oder gelten sie für alle vom System unterstützten Betriebssysteme?*

* *Unterstützt das ODBMS Ver-/Entschlüsselungsverfahren?*

6.8.3   Werkzeuge

Datenbankwerkzeuge erleichtern die Entwicklung und Wartung von DBMS-Applikationen. Ein wichtiges Kriterium für die Beurteilung von Werkzeugen (die entweder im Lieferumfang des Systems enthalten sind oder zusätzlich erworben werden müssen) ist neben dem Funktionsumfang ihre Benutzerfreundlichkeit. Soweit möglich, sollten deshalb im Verlauf der Evaluierung auch Erfahrungen im praktischen Umgang mit den Werkzeugen gesammelt werden.

Datenbank-Tools lassen sich in drei verschiedene Kategorien einteilen: allgemeine Datenbankwerkzeuge, Werkzeuge zur Applikationsentwicklung und Werkzeuge zur Administration von Datenbanken.

Allgemeine Datenbankwerkzeuge

Allgemeine Datenbankwerkzeuge wie Schema- und Datenbank-Browser gehören in der Regel zum Standardlieferumfang eines ODBMSs. Zum üblichen Funktionsumfang eines Schema-Browsers, der oft als graphisches Werkzeug realisiert ist, gehört das Navigieren durch die Typhierarchien und die Darstellung der

Typspezifikationen. Analog zum Schema-Browser ist der Datenbank-Browser ein (graphisches) Werkzeug zum Navigieren durch die Datenbank. Datenbank-Browser werden oft in Kombination mit einem Query-Tool angeboten. Ein Query-Tool liefert eine interaktive Anfrageschnittstelle, mit der assoziative Anfragen zur Selektion von Objekten bzw. Objektmengen formuliert werden können.

Werkzeuge zur Applikationsentwicklung

Viele ODBMSe bieten graphisch unterstützte Werkzeuge zum Schemaentwurf an. Mit solchen Werkzeugen verfügt der Applikationsentwickler über eine graphische Notation zur Modellierung des Datenbankschemas. Das Schemadesign wird dann automatisch auf die entsprechenden Klassendeklarationen abgebildet.

Einige ODBMSe bieten zur Generierung von Endbenutzer-Schnittstellen komfortable und mächtige Werkzeuge an. Dazu gehören vor allem GUI (Graphical User Interface)-Builder, die dem Applikationsprogrammierer den interaktiven Entwurf einer graphischen Benutzungsschnittstelle, bestehend aus Fenstern, Menüleisten, Dialogfeldern usw., ermöglichen. Mit Report-Generatoren können schnell und einfach formatierte, druckbare Auszüge einer Datenbank erzeugt werden.

Zu den Entwicklungswerkzeugen zählen außerdem alle Werkzeuge zur Testunterstützung, wie spezielle Debugger für ODBMS-Applikationen. Wichtig für den produktiven Einsatz eines ODBMSs ist evtl. auch die Frage, ob sich das System mit gängigen, objektorientierten Entwicklungsumgebungen integrieren läßt.

Werkzeuge zur Datenbankadministration

Zur Administration eines Datenbanksystems, d.h. zur Verwaltung und Wartung eines Systems im laufenden Betrieb, gibt es eine ganze Reihe von unterschiedlichen Werkzeugen. Dazu gehören unter anderem Werkzeuge zur Benutzerverwaltung und zum Einstellen von Systemparametern. Viele ODBMSe verfügen über einfache Werkzeuge zum Kopieren, Löschen und Umbenennen von Datenbanken, und zum Verlagern von Datenbanken, die über ein Netzwerk verteilt sind. Mit Import/Export-Werkzeugen können Datenbankinhalte in standardisierten Formaten ein- und ausgelesen werden, um die Daten zwischen verschiedenen Systemen auszutauschen oder den Datenbestand durch Standard-werkzeuge verarbeiten zu lassen.

Werkzeuge zum Monitoring des Systems zeigen Möglichkeiten zur Verbesserung der Systemperformance und der Ressourcen-Auslastung auf. Beispielsweise können mit Monitoring-Werkzeugen Statistiken über den Transaktionsdurchsatz geführt werden, um abhängig von den Ergebnissen das physikalische Datenbankdesign zu ändern. Mit dem Monitoring der Plattenspeicherzugriffe lassen sich Engpässe und kritische Auslastungsgrenzen beim Sekundärspeicher ausloten. In Client/Server-Systemen liefert das Monitoring des Netzwerks Aussagen über den Netzverkehr und die Netzlast, die genutzt werden können, um eine optimierte Verteilung der Datenbanken im Netzwerk zu erreichen.

Mit Backup-Werkzeugen hat der Datenbankadministrator die Möglichkeit, Kopien eines Datenbestands anzulegen, um im Falle eines gravierenden Hardware-Fehlers, z.B. bei einem Platten-Crash, die in der Datenbank gespeicherten Daten nicht zu verlieren. Backup-Werkzeuge erstellen entweder ein komplettes Backup, d.h. eine vollständige Kopie der Datenbank, oder inkrementelle Backups, bei denen alle Änderungen seit dem letzten kompletten Backup gespeichert werden. Entsprechende Restore-Werkzeuge ermöglichen die Wiederherstellung einer Datenbank anhand eines Backups.

Werkzeuge zur Reorganisation einer Datenbank sorgen für die Freigabe von unbelegtem bzw. durch Löschen von Objekten freigewordenem Speicher. In manchen Systemen kann die Reorganisation im laufenden Betrieb erfolgen, in anderen muß der Datenbankbetrieb unterbrochen werden. In einigen wenigen ODBMSen sind zur Datenbankreorganisation keine speziellen Werkzeuge notwendig, weil die Reorganisation während des laufenden Betriebs automatisch durch das System vorgenommen wird.

Evaluierung

* *Welche Werkzeuge sind im Lieferumfang des ODBMSs enthalten?*

* *Gibt es einen Schema-Browser?*

* *Gibt es einen Datenbank-Browser und ein Query-Tool, d.h. eine interaktive Anfrageschnittstelle?*

* *Gibt es ein graphisches Werkzeug zum Schemaentwurf?*

* *Liefert das ODBMS Werkzeuge zur Testunterstützung?*

* *Gibt es Werkzeuge zur Generierung von Endbenutzer-Schnittstellen, wie z.B. Report-Generatoren und GUI-Builder?*

* *Läßt sich das ODBMS mit gängigen objektorientierten Entwicklungsumgebungen integrieren?*

* *Welche Werkzeuge liefert das ODBMS zur Unterstützung der Datenbankadministration (Benutzerverwaltung, Einstellen von Systemparametern etc.)?*

* *Gibt es Werkzeuge zum Monitoring des Systems (Performance-Monitoring und Ressourcen-Monitoring)?*

* *Gibt es Import/Export-Werkzeuge, Backup-Werkzeuge und Werkzeuge zur Reorganisation einer Datenbank?*

6.8.4   24x7-Betrieb

Viele Datenbankanwendungen im kommerziellen und in noch stärkerem Maße im technisch-wissenschaftlichen Bereich müssen eine Betriebsart unterstützen, die besonders hohe Anforderungen an das Datenbanksystem stellt. Es handelt sich dabei um den *24x7-Betrieb*, bei dem die Anwendung permanent läuft, d.h. 24 Stunden pro Tag und sieben Tage pro Woche. Beispiele sind Überwachungs- und Steuerungsprogramme für komplexe technische Anlagen wie Vermittlungsrechner in einem Telekommunikationsnetz oder Kraftwerke. Da diese Anlagen typischerweise rund um die Uhr im Einsatz sind, muß auch die zugehörige Software 24x7-Betrieb unterstützen.

Ein Datenbanksystem, das in einer 24x7-Anwendung eingesetzt werden soll, muß u.a. folgende Eigenschaften haben:

* *Robustheit:* Das Datenbanksystem muß ein hohes Maß an Robustheit aufweisen, da jeder Ausfall große Unannehmlichkeiten (beim Vermittlungsrechner) oder schwere Schäden (beim Kraftwerk) zur Folge haben kann.

* *Kurze Wiederanlaufzeiten:* In Situationen, in denen das System dennoch ausfällt (z.B. wegen eines Hardware-Defekts), ist eine kurze Recovery-Phase wünschenswert, damit der Betrieb möglichst schnell wieder aufgenommen werden kann.

* *Keine Performance-Degradierung:* Das Datenbanksystem sollte während der gesamten Einsatzdauer gleichbleibende Performance garantieren. In vielen der derzeit angebotenen Produkten nimmt die Performance im Lauf der Zeit je nach Art der Datenbankzugriffe mehr oder weniger stark ab.

Ob ein Datenbanksystem diese Anforderungen erfüllt, kann letztlich nur mit Testprogrammen und Benchmarks verläßlich ermittelt werden. Abschnitt 9.2 enthält dazu eine Fallstudie, in der die Eignung eines konkreten ODBMSs für eine 24x7-Anwendung exemplarisch untersucht wird. Die Fallstudie basiert auf einem realen Projekt im Telekommunikationsbereich.

Neben den oben genannten Punkten muß das Datenbanksystem weitere Kriterien erfüllen, die bereits im Rahmen der funktionalen Evaluierung geklärt werden können. Dazu zählen:

- *Online-Reorganisation:* Wenn Performance-Degradierung auftritt, ist es erforderlich, eine Reorgansation der Datenbank durchzuführen. Die Reorganisation muß im laufenden Anwendungsbetrieb stattfinden. Datenbankanwendungen dürfen durch den Reorganisationslauf nicht behindert werden.

- *Online-Backup/Restore:* Sicherungskopien der Datenbank müssen jederzeit erstellt und ggf. wieder eingespielt werden können, ohne daß aktive Applikationen dadurch beeinträchtigt oder gar unterbrochen werden.

- *Online-Schemaevolution:* Schemaevolution muß ebenfalls im regulären Betrieb möglich sein. Der Datenbankinhalt sollte den Applikationen weiterhin zugänglich sein, während die Schemaevolution ausgeführt wird.

- *Erhöhung der Ausfallsicherheit:* Manche Systeme unterstützen fortgeschrittene Techniken, um die Ausfallsicherheit zu erhöhen. Dabei werden in der Regel kritische Komponenten redundant ausgelegt: Beim Disk Mirroring wird beispielsweise eine Datenbank zweifach abgespeichert, wobei Original und Kopie auf unterschiedlichen Festplatten liegen. Fällt eine der beiden Festplatten aus, so kann das Datenbanksystem ohne Unterbrechung auf der anderen Festplatte weiterarbeiten.

Evaluierung

* *Gibt es ein Werkzeug zur Online-Reorganisation der Datenbank?*
* *Ist Online-Backup/Restore möglich?*
* *Wird Online-Schemaevolution unterstützt?*
* *Welche Techniken werden eingesetzt, um die Ausfallsicherheit zu erhöhen?*

7 Benchmarks

Objektorientierte Datenbanksysteme werden häufig in Anwendungsbereichen eingesetzt, die besonders hohe Anforderungen an die Leistungsfähigkeit des Datenbanksystems stellen. Oftmals hängt dabei der Erfolg oder Mißerfolg einer Anwendung unmittelbar von der Performance des verwendeten Datenbanksystems ab. Bevor die endgültige Entscheidung für den Einsatz eines bestimmten ODBMSs getroffen werden kann, muß deshalb geklärt werden, ob es hinreichend performant arbeitet.

Wie in anderen Teilen der Computer-Industrie haben sich auch im Datenbankbereich zahlreiche Benchmarks mit den unterschiedlichsten Eigenschaften herausgebildet. Ihr gemeinsames Ziel ist es, die Leistungsfähigkeit von Datenbanksystemen zu messen und einen objektiven Vergleich zwischen konkurrierenden Produkten zu ermöglichen. Meist geht es ihnen in erster Linie um die Bewertung der Performance, aber man findet auch Benchmarks, die andere Faktoren wie z.B. das Verhältnis von Datenbankgröße zur Nutzdatenmenge berücksichtigen.

Benchmarks liefern in erster Linie quantitative Aussagen über das Leistungsvermögen von Datenbanksystemen. Darüber hinaus gewinnt man bei der Durchführung eines Benchmarks Erkenntnisse über die Stabilität der Systeme und die Funktionsfähigkeit von wichtigen Features.

Abschnitt 7.1 gibt einen kurzen Überblick über Benchmarks für relationale Datenbanksysteme und begründet, weshalb sie zur Untersuchung der Performance von ODBMSen nicht geeignet sind. In Abschnitt 7.2 werden die wichtigsten Benchmarks für objektorientierte Datenbanksysteme vorgestellt. Sie können eine wichtige Entscheidungsgrundlage für die Auswahl eines ODBMSs bilden und auch die Basis für selbstentwickelte Benchmarks sein. Abschnitt 7.3 gibt Hinweise, wann es notwendig sein kann, eigene, anwendungsorientierte Benchmarks zu entwickeln, und beschreibt, wie man dabei vorgehen kann.

7.1   Benchmarks für relationale Datenbanksysteme

Die ersten DBMS-Benchmarks sind bereits für relationale DBMSe eingeführt worden. Zu den bekanntesten Benchmarks zählen der TPC- und der „Wisconsin"-Benchmark.

TPC   TPC bezeichnet genauer gesagt eine ganze Benchmark-Familie, die dem TP1 „Debit-Credit Transaction Throughput" [A+85] entsprungen sind. Der TP1-Benchmark wurde 1985 entwickelt, um den Systemdurchsatz verschiedener Transaction-Processing-Systeme zu messen. Der TP1 erlaubte zwar einen Vergleich unter den Systemen. Er war aber noch zu flexibel, um einen reellen Vergleich zu erzielen. Das Bedürfnis nach einem Industriestandard für Benchmarks war aber geweckt und führte 1988 zur Gründung der industriellen Standardisierungsgruppe TPC (Transaction Processing Council) [Her91]. Die TPC ergänzte den TP1 Debit-Credit-Benchmark um spezifische Richtlinien zur Messung der Performance und des Preis-/Leistungsverhältnisses, woraus der erste Benchmark der Familie, der TPC-A, resultierte.

Der TPC-A-Benchmark simulierte Einzahlungen (Credits) und Auszahlungen (Debits) in einer Bankfiliale mit einer parametrisierbaren Anzahl an Auszahlungsschaltern. Die Anzahl der Transaktionen in einem festgelegten Zeitintervall ergab dann eine TPS-Maßzahl (Transactions per Second).

Nachfolgend wurden vom TPC noch der TPC-B, TPC-C und der TPC-D definiert, weitere werden noch folgen. Erwähnenswert ist, daß der TPC eine eigene Kontrollinstanz hat, die das Erreichen eines TPS-Werts kontrolliert und das „Gütesiegel TPC" vergibt, eine Eigenschaft, die bei allen nachfolgend diskutierten Benchmarks fehlt.

Wisconsin   Der zweite wichtige DBMS-Benchmark ist der Wisconsin-Benchmark [BDT83]. Es war vermutlich der erste Versuch, die Performance eines relationalen DBMSs mit einer Standardvorgehensweise zu ermitteln. Der Benchmark beschränkte sich ausschließlich auf RDBMSe, der Schwerpunkt lag dementsprechend auf dem Austesten der Anfragebearbeitung. Bestandteil des Tests sind 32, teils komplizierte SQL-Anweisungen mit Selektionen, Projektionen, Verbunden und aggregierenden Funktionen, die die Funktionalität von SQL ausreizen und im Prinzip die Güte der Anfrageoptimierer testen.

Warum ODBMS-Benchmarks?   Warum sind diese Benchmarks nicht geeignet, um die Leistungsfähigkeit von ODBMSen zu testen? Zunächst einmal sind die TPC-Benchmarks und der Wisconsin-Benchmark nicht auf die

Stärken der ODBMSe ausgelegt. Insbesondere deckt sich ihr Anwendungsprofil nicht mit den typischen ODBMS-Anwendungen: Die Benchmarks basieren auf einfachen Datenstrukturen, die sich leicht in Tabellen repräsentieren lassen. Auch sind die Einzeltransaktionen in ihrer Art sehr einfach wie das Überweisen von einem Konto auf ein anderes. Der Wisconsin-Benchmark ist darüber hinaus sehr DBMS-Technologie-orientiert, ohne jeglichen Bezug zu einem konkreten Anwendungsgebiet aufzuweisen.

Ingenieursanwendungen wie CAD, CAM, CASE und andere weisen demgegenüber ganz andere Charakteristika auf:

- Sie besitzen wesentlich komplexere Strukturen, die sich nur mangelhaft durch Tabellen darstellen lassen.

- Es gibt eine kleine Anzahl großer Transaktionen (im Gegensatz zum TPC mit vielen kleinen Transaktionen). Parallelität spielt weniger eine Rolle, dafür sind die Transaktionen sehr umfangreich und dauern dementsprechend lange.

- Die Applikationen stellen wesentlich spezifischere Anforderungen an den Zugriff als selbst durch komplizierte SQL-Statements ausdrückbar sind. Insofern müssen Anfragen in Programme eingebettet, d.h. ausprogrammiert werden. Zusätzlich fließen in Anfragen Informationen mit ein, die erst interaktiv vom Benutzer bereitgestellt werden. Somit kommt es zu einer starken Vermengung von Programmiersprache und Datenbankanweisungen.

- Die in den „programmierten Anfragen" verwendeten Einzeloperationen sind recht einfach. Sie bestehen aus dem Aufsuchen einzelner Objekte insbesondere beim Traversieren von Objektgeflechten. Diese Operationen treten allerdings in einer Vielzahl auf und müssen im Millisekundenbereich erfolgen. Man denke beispielsweise an ein Programm, das die Zeichnung eines Schaltungsentwurfs auf dem Bildschirm unterstützt: Zur vollständigen Zeichnung können tausende von einfachen Objektzugriffen notwendig sein, die insgesamt ein Antwortverhalten von unter einer Sekunde (aus Benutzersicht) erfordern.

Folglich erfordern Ingenieursanwendungen, der vorwiegende Markt für ODBMSe, eine Entwicklung neuer, adäquater Benchmarks.

7.2 Benchmarks für objektorientierte Datenbanksysteme

Inzwischen existiert eine Vielzahl von Benchmarks für ODBMSe. Historisch betrachtet gestaltet sich die Geschichte der ODBMS-Benchmarks mit folgenden Eckpfeilern:

Historie

Der **Engineering-Database-Benchmark**, auch „Simple Database Operations" genannt, wurde bei SUN Microsystems entwickelt [RKC87] und war vermutlich der erste Benchmark zur Performancemessung von Entwurfsanwendungen. Gemessen wurde die Antwortzeit einfacher Anfragen. Erste Testkandidaten waren die relationalen DBMSe Ingres und Unify.

Der Benchmark wurde anschließend von Cattell zum **OO1-Benchmark** (Object Operations Version 1) [CaS92] (häufig auch SUN- oder Cattell-Benchmark nach dem Initiator genannt) in seinem Umfang reduziert. Testszenarien wurden weggelassen und das Datenbankschema vereinfacht. Cattell verlagerte so den Schwerpunkt auf Einfachheit und Reproduzierbarkeit. Auch die Testkandidaten wurden ausgetauscht. So wurde eine spezielle B-Baum-Software und ein ODBMS hinzugenommen. Der Benchmark zeigte deutlich die Vorteile und das Potential objektorientierter DBMSe für Ingenieursanwendungen auf. Seinerzeit entwickelte er sich zum ersten Standard-Benchmark im ODBMS-Bereich, mit dem ODBMS-Hersteller nicht nur ihre Überlegenheit gegenüber relationalen Systemen priesen, sondern auch untereinander Performancekämpfe austrugen.

Der **HyperModel-Benchmark** [ABM+90] ging ebenfalls vom Engineering-Database-Benchmark aus: Im Gegensatz zum OO1 nahm er jedoch weitere, umfassendere Testfälle hinzu. Das Datenbankschema wurde komplexer und reflektierte eine Hypertext-Applikation mit einem hierarchisch strukturierten Dokument und mehreren Arten von Verbindungen (Links) innerhalb des Dokuments.

Jeder Benchmark sah sich aufs neue der Kritik ausgesetzt, was zu verbesserten Benchmarks führte. So verwendete der **OO7-Benchmark** [CDN93] ein nochmals komplizierteres Schema und zusätzliche Tests. Der OO7-Benchmark ist mittlerweile zweifellos zum Standardtest für Vergleiche unter ODBMSen geworden.

Zum Schluß sei noch der **JUSTITIA-Benchmark** [Sch94] genannt. Ein flexibel gestalteter Testrahmen erlaubt einfache Testszenarien wie der OO1 oder komplexere wie HyperModel und OO7: Somit schlägt JUSTITIA die Brücke zwischen diesen beiden Extremen.

In Anhang D.3 werden neben diesen Eckpfeilern weitere bekannte Benchmarks in Form einer Kurzcharakteristik aufgelistet. Es gibt aber darüber hinaus noch weit mehr Benchmarks, die in der Anonymität schlummern, zum Teil auch nur als graue Literatur existieren und schwer verfügbar sind.

Im folgenden werden die Benchmarks OO1, HyperModel, OO7 und JUSTITIA vorgestellt und die folgenden relevanten Charakteristika hervorgehoben:

Charakteristika

- Zunächst wird der intendierte **Anwendungsbereich** aufgeführt, für den die Tests entworfen wurden.

- Das **Datenbankschema** bildet die Grundlage der Testimplementierungen. Es prägt somit in gewisser Weise den Aufwand zur Implementierung des Benchmarks. Aus diesem Blickwinkel betrachtet scheint ein einfaches Schema sinnvoll. Andererseits soll das Schema eine Applikation adäquat repräsentieren, was mit simplen Schemata nicht möglich ist. Das Schema ist die Basis dafür, wie anwendungsspezifisch ·ein Benchmark ausfällt. Je komplizierter das Schema, umso aufwendiger gestaltet sich natürlich die Realisierung.

- Die getesteten **Operationen** spiegeln das Anwendungsprofil und insbesondere die Zugriffscharakteristika wider. Zusammen mit dem Datenbankschema entscheiden die Operationen über die Nähe eines Benchmarks zu einem Anwendungsbereich.

- **Parametrisierbarkeit** ist letztendlich wichtig, um den Test so flexibel wie möglich zu halten. Nicht jeder Testfall in einer bestimmten Konfiguration sollte eine eigene Implementierung erfordern. Die Festlegung, welche „Schrauben" einstellbar sind, erlangt somit besondere Bedeutung.

- Jeder Benchmark ist für bestimmte **Testkandidaten** durchgeführt worden. Mitunter sind allerdings die Kandidaten anonym behandelt; die Systemhersteller helfen aber gern, die Anonymität aufzuheben (um bei dieser Gelegenheit eine Interpretation der Ergebnisse abzugeben, die ihr System positiv dastehen läßt).

7.2.1   OO1-Benchmark

Wie auch der zugrundeliegende Engineering-Database-Benchmark hatte der OO1-Benchmark (auch SUN- oder Cattell-Benchmark genannt) die ursprüngliche Intention, geeignete DBMSe für

Ingenieursanwendungen zu finden. Viele Anwendungsgebiete hatten aufgrund unzulänglicher Performance von RDBMSen das Vertrauen in die Datenbanktechnologie verloren. Die Autoren vertraten deshalb die Meinung, daß ODBMSe in diesen Bereichen nur dann eine Akzeptanz finden, wenn sie gegenüber relationalen Systemen eine Performanceverbesserung vom Faktor 10 oder 20 bringen. Der OO1-Benchmark sollte dazu überzeugende Argumente für die Technologie der ODBMSe bieten.

Insofern gestaltet sich der OO1 primär als Vergleich zweier Welten, objektorientiert gegen relational. Als erste Testkandidaten dienten ein anonymes ODBMS in einer Beta-Version, ein RDBMS und eine B-Baum-Software namens B-TREE. Nachfolgend erschienen dann auch Tests für andere Systeme, im wesentlichen für die relationalen Systeme Sybase und Ingres sowie für die objektorientierten DBMSe Objectivity/DB, ObjectStore, ONTOS DB und Versant. Die Testergebnisse sind in [CaS92] veröffentlicht, behandeln aber die DBMSe anonym. Da der Benchmark der erste seiner Art war, entwickelte er sich zum (vorübergehenden) Standardtest für ODBMSe, mit dem viele ODBMS-Hersteller, nicht zuletzt wegen des guten Abschneidens ihrer Systeme im Vergleich zu relationalen, für ihre Produkte warben. Nichtsdestoweniger hatten Cattell und Kollegen nicht die Absicht, ODBMSe untereinander zu vergleichen.

Der OO1 fokussiert auf wichtige Charakteristika von Ingenieursanwendungen. Obwohl ihm keine konkrete Anwendung zugrundeliegt, versucht er die für Ingenieursanwendungen typischen Strukturen und Zugriffsprofile zu reflektieren. Diese Vorgehensweise ist legitim und sinnvoll, sind doch Ingenieursanwendungen in ihrer Art zu unterschiedlich, als daß es eine repräsentative Anwendung gibt.

Datenbankschema

Das Datenbankschema ist bewußt recht einfach gehalten und spiegelt eine rekursive Teilestruktur, wie sie in Ingenieursanwendungen häufig vorkommt, wider. Es ist abstrakt und systemunabhängig wie folgt definiert:

- Es gibt Teile (Typ `Part`) mit einer eindeutigen Identifizierung `id:int`, einem Typ `type:char[10]`, Koordinaten `x:int` und `y:int` sowie einem Erzeugungsdatum `build:date`.

- Jeweils zwei Teile sind über eine `Connection` verbunden. Jede Instanz von `Connection` beinhaltet somit die zu verbindenden Teile mittels `from:Part` und `to:Part`, und darüber hinaus einen Typ `type:char[10]` und eine Länge `length:int`.

Der Implementierer der Tests genießt alle Freiheiten der Modellierung unter der Auflage, daß das Schema unverändert für alle Tests bleibt. Für die veröffentlichten Tests wurde das Schema für die jeweiligen DBMS-Typen RDBMS, ODBMS und B-Baum konkretisiert. Zum Beispiel erfolgte die Modellierung für das RDBMS in Form zweier Tabellen Part (id, type, x, y, build) und Connection (from, to, type, length).

Für das ODBMS wurde folgendes naheliegende Schema gewählt:

Bild 7.1:
Schema des
OO1-Benchmarks

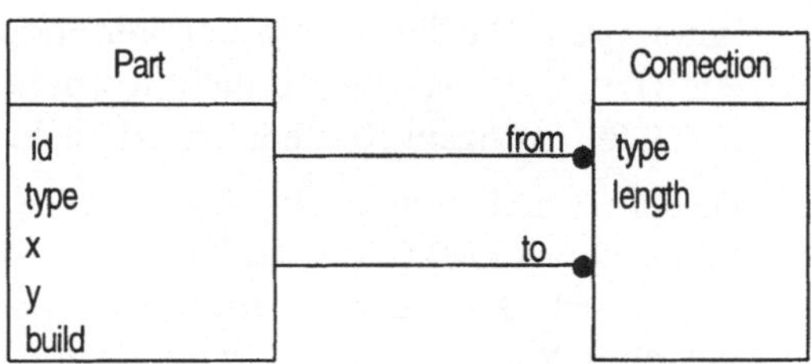

Datenbank

Die Testdatenbank ist auf drei unterschiedliche Nutzdatengrößen einstellbar: „Klein" (2 MB), „mittel" (20 MB) und „groß" (200 MB), zusätzliche vom DBMS angelegte Verwaltungsinformation nicht eingerechnet. Die Größe der Datenbank ist über die Anzahl der Part-Objekte skalierbar:

- Die kleine Datenbank beinhaltet 20000 Part-Objekte mit jeweils drei Verbindungen, folglich mit 60000 Connection-Objekten,

- die mittlere und große Datenbank haben bei gleicher Anzahl an Verbindungen einen entsprechenden Skalierungsfaktor 10 bzw. 100 für Part und Connection.

Je nach Datenbankgröße werden die Part-Objekte mit einem id sukzessive von 1 bis 20000 (bzw. bis 200000 oder 2000000) erzeugt. Die Connection-Verbindungen des Teils mit der id x werden zu 90% aus dem Intervall [x-100,x+99] und zu 10% beliebig gewählt. Alle anderen Attribute werden zufällig mit Werten belegt.

Testszenarien

Der Benchmark umfaßt auf der Grundlage dieser Datenbank folgende Testszenarien:

- *Insert:* Es werden 100 Part-Objekte mit jeweils drei Connection-Objekte eingefügt.

- *Lookup:* Es werden 1000 ids zufällig ausgewählt und die zugehörigen Part-Objekte aufgesucht. Diese Operationen repräsentieren einen einfachen Objektzugriff über Schlüssel als Primitivform eines assoziativen Zugriffs.

- *Traversal:* Ausgehend von einem zufällig ausgewählten Part-Objekt werden alle to-Verbindungen bis zur Stufe 7 transitiv verfolgt und alle erreichten Part-Objekte ausgegeben. Insgesamt werden 3280 Part-Objekte (1 + 3 + 9 + 27 + ... + 2187) erreicht, wobei einzelne Objekte mehrfach vorkommen können.

  Analog erfolgt ein Traversieren der rückwärtigen from-Verbindungen. Da die Anzahl der Verbindungen im Gegensatz zur Traversierung über to nicht feststeht, ist eine Skalierung mit 3280 / (Anzahl Knoten) erforderlich.

  Dieser Testfall untersucht das Verfolgen von Relationships von einem Objekt zum anderen. Aus den Meßergebnissen lassen sich Aussagen ableiten, wie performant ein DBMS Beziehungen zwischen Objekten verwaltet und den internen Cache organisiert.

Ungeachtet seiner Einfachheit ist nach Ansicht der Autoren der OO1-Benchmark repräsentativ für viele Anwendungen wie dem elektronischen CAD:

- Die Optimierung eines Schaltungsentwurfs verwendet weitgehend Traversal-Operationen,

- das Aufsuchen von bestimmten Komponenten eines Typs entspricht einem Lookup, und

- das Einfügen neuer Komponenten ist nichts anderes als ein Insert.

Bezüglich der Testimplementierung gibt es keine konkrete Vorgaben. Als einzige Bedingung wird gefordert, daß jede Einzeloperation einen getrennten Datenbank-Aufruf haben muß. Den relationalen DBMSen ist somit beim Traversal nicht erlaubt, alle in Beziehung stehenden 3280 Part-Objekte in einer einzigen Anweisung zu holen. Diese Einschränkung wird durch einen häufig vorkommenden interaktiven Bearbeitungsmodus motiviert.

Testläufe

Um gesicherte Aussagen zu erhalten, gibt es je Testszenario zehn unterschiedliche Testläufe.

- Der erste Lauf besitzt eine Sonderstellung und hat demzufolge eine andere Aussagequalität: Es liegen noch keine Daten im Cache vor (das wird durch eine spezielle Routine sichergestellt). Dieser Lauf ist ein sogenannter *Kaltstart.*

- Die restlichen neun Läufe, die *Warmstarts*, können dann auf bereits vorhandene Daten im Cache zurückgreifen und besitzen damit eine annähernd gleiche Ausgangssituation. Unterschiede im Zeitverhalten sind natürlich dennoch möglich, da die Testdurchführung nicht vollständig deterministisch ist. Stellt sich ein asymptotisches Verhalten der Testläufe ein, so wird die Zeit des letzten Laufs genommen, ansonsten werden die neun Einzelzeiten gemittelt.

Die Tests laufen in einer Client/Server-Konfiguration: Die Testprogramme sind jeweils Clients, die mittels entferntem Datenbankzugriff auf den DBMS-Server auf einem anderen Rechner zugreifen. Getestet wird nur ein Einbenutzerbetrieb, d.h., es gibt nur einen Client zu einem Zeitpunkt.

Ergebnisse

[CaS92] enthält die Ergebnisse für die drei Datenbankgrößen. Als Ergebnis der Tests kommt sehr deutlich zum Vorschein, daß RDBMSe für dieses Anwendungsprofil zu langsam sind. Dieses Ergebnis wird auch durch Durchführungen des OO1 für andere Kandidaten beider Kategorien bestätigt. Allerdings ist der Vergleich nur bedingt fair, da die Testszenarien ein typisches Anwendungsprofil für ODBMSe beinhalten.

Fazit

Die Vorteile des OO1-Benchmarks liegen ganz klar in

- der Einfachheit der Implementierung und

- der Reproduzierbarkeit wegen der präzisen Spezifikation (nichtsdestoweniger gibt es Freiheiten für Indexe, Modellierung, Clustering usw.).

Seinerzeit war der OO1 ein de-facto-Standard, um die Performance von Objekt-Datenbanken zu evaluieren. Er trat den Beweis an, daß ODBMSe – im Gegensatz zu RDBMSen – die hohen Performance-Anforderungen von Ingenieursanwendungen durchaus erfüllen können. Wie jeder Benchmark, so war auch der OO1 der Kritik ausgesetzt. Kritikpunkte bezogen sich im wesentlichen auf das zu einfache Datenbankschema. Es beinhaltet keine Subtypen mit Vererbung und bietet zu wenig Möglichkeiten für Traversierungen. Da es nur eine Beziehungshierarchie beinhaltet, ist das Clustering, so es Performance-Vorteile bietet, einfach festzulegen. Die Auswirkungen auf andere Traversierungen, insbesondere orthogonal zur Hierarchie, können mit dem Benchmark nicht erfaßt werden. Darüber hinaus ist der Benchmark nicht für einen Vergleich zwischen verschiedenen objektorientierten DBMSen geeignet – was fairerweise bemerkt auch gar nicht sein Ziel war. Für einen ODBMS-Vergleich sind die gemessenen Zeitunterschiede zu minimal, als daß konkrete Aussagen gemacht werden könnten. Hierzu kitzelt der Benchmark noch zu wenig an den Leistungsgrenzen. Insbesondere sind die Datenbankgrößen zu klein gewählt, um realistischen Anwendungen gerecht zu werden.

7.2.2   HyperModel-Benchmark

Der HyperModel-Benchmark wurde bei Tektronix als Antwort auf die wachsenden Anforderungen, die Ingenieursanwendungen an DBMSe stellen, entwickelt. Der Entwurf des Benchmarks basiert auf Studien, die unternommen wurden, um insbesondere die Funktionalitäts- und Performance-Anforderungen derartiger Anwendungen zu identifizieren. HyperModel zielt darauf ab, eine applikationsorientierte Strategie zur Untersuchung eines Engineering-DBMSs festzulegen. Als Applikation diente eine Hypertextanwendung, deren Operationen einen interaktiven Zugang zu Informationen bereitstellen. Zusätzlich zu den Zeitmessungen wurde im HyperModel-Benchmark eine funktionale Evaluierung in unserem Sinn (vgl. Kapitel 6) durchgeführt.

Die Grundlage des HyperModel-Benchmarks bildet ebenfalls der Engineering-Database-Benchmark, wobei jedoch das Datenbankschema erweitert wurde und auch zusätzliche Operationen hinzugefügt wurden.

Das in Bild 7.2 dargestellte Datenbankschema verwendet die in vielen Hypertext-Anwendungen vorkommende Node-and-Link-Graphstruktur.

Es gibt ein Hypertext-Dokument, das aus Knoten besteht, repräsentiert durch einen Objekttyp `Node`. `Node` entspricht den Textabschnitten des Hypertextdokuments. Wie bei den `Part`-Objekten im OO1 gibt es eine `partOf/parts`-Beziehung, die einen Knoten mit fünf anderen Knoten verbindet. Zwei zusätzliche Arten von Verbindungen gesellen sich gegenüber dem OO1 hinzu:

- Eine `parent/children`-Beziehung definiert eine hierarchische Struktur auf den `Node`-Objekten und

- eine zusätzliche `refTo/refFrom`-Beziehung repräsentiert „Querverweise".

Der Benchmark schreibt vor, daß Clustering nur entlang der `parent/children`-Beziehung eingesetzt wird. Die beiden anderen Beziehungen sind deshalb bewußt gewählt, um den Effekt einer Traversierung orthogonal zum Clustering zu messen.

Bild 7.2:
Schema des HyperModel-
Benchmarks

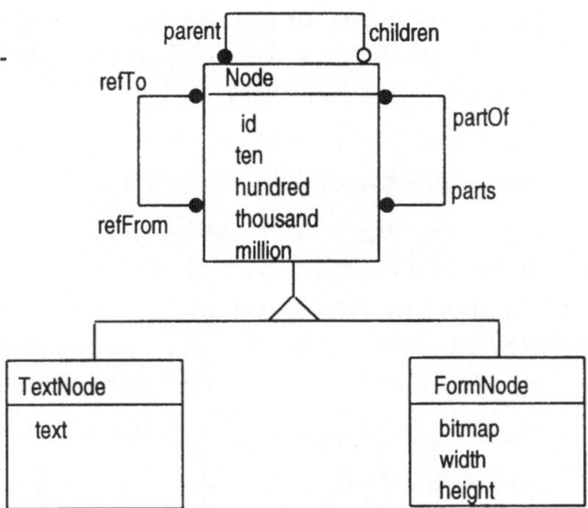

Die Beziehung parent/children bildet die Basishierarchie. Node charakterisiert die inneren Knoten des Baums. Die Blätter können entweder aus einem Text oder einer Bitmap bestehen. Entsprechend gibt es zwei Subtypen, TextNode und FormNode.

Jedes Node-Objekt hat neben einer Identifizierung id die Eigenschaften ten, hundred, thousand und million (mit einem entsprechenden Wertebereich, z.B. 1..100 für hundred). Diese Attribute stellen auf einfache Weise eine unterschiedliche Selektivität bereit; je nach Attribut besitzt die Suche in einem Bereich der Größe 10 eine Selektivität von 10%, 1% oder 0.001%.

Das Schema ist aufgrund der unterschiedlichen Formen von Beziehungen repräsentativ für viele Ingenieursanwendungen, bleibt aber dennoch einfach zu implementieren und verständlich.

Datenbank

Die ein Dokument beinhaltende Testdatenbank setzt sich wie folgt aus Objekten zusammen:

- Die parent/children-Hierarchie verbindet ein Node-Objekt mit fünf anderen Objekten, wobei eine strikte Hierarchie gebildet wird. Der Verzweigungsgrad 5 wird als *Fanout* bezeichnet. Die Hierarchie wird über x Stufen gebildet, so daß der zugehörige Baum x+1 Ebenen hat. Der Wert x ist parametrisierbar mit x = 4,5,6. Folglich gibt es drei korrespondierende Datenbankgrößen mit insgesamt 781 (= 1 + 5 + 25 + 125 + 625), 3906 bzw. 19531 Node-Objekten. Das Verhältnis zwischen FormNode- und TextNode-Blättern ist als 1:124 gewählt. Im Fall x=6 besitzt der Baum somit 125 FormNode- und 15500 TextNode-Objekte als Blätter. Die id von Node ist wiederum sequentiell durchnumeriert.

- Die `partOf/parts`-Beziehung hat ebenfalls einen Fanout von 5. Jede Beziehung verbindet ein Objekt der Ebene k mit 5 Objekten der Ebene k+1.

- Die durch `refTo/refFrom` definierten Querverweise gehen von jedem Knoten zu einem beliebigen anderen Knoten.

Insgesamt spezifiziert der Benchmark 20 Testoperationen. Er umfaßt den OO1-Benchmark und greift viele Operationen aus dem Engineering-Database-Benchmark auf, die der OO1 nicht für relevant hält. Aufgrund der unterschiedlichen Arten von Beziehungen erhalten diese eine neue Bedeutung.

Testszenarien | Die Testszenarien lassen sich in fünf Kategorien unterteilen:

- *Lookup* auf `Node`: Hier geht es um den gezielten Zugriff auf einzelne `Node`-Objekte über ihre `id` (vgl. OO1), über den Objektidentifikator und einen Wertebereich. Der letztere Zugriff (*Range Lookup*) sucht alle Objekte mit einem hundred-Attributwert im Bereich [x,...,x+9] (zu einem zufällig gewähltem x), was einer Selektivität von 10% entspricht. Entsprechend wird über den Bereich [x,...,x+9999] und dem Attribut `million` eine Selektivität von 1% erzielt.

- *Group Lookup:* Zu einem zufällig ausgewählten Knoten werden zu jeder der drei Beziehungsarten die in Beziehung stehenden Objekte aufgesucht. Der Zugriff erfolgt als sogenannter „Reference Lookup" auch in inverser Richtung.

- *Sequential Scan:* Alle `Node`-Objekte werden nacheinander aufgesucht.

- *Closure Traversal:* Ausgehend von einem Knoten der Ebene 3 werden für die `parent/children`- und die `partOf/parts`-Beziehungen alle erreichten Knoten (bis zur Blattebene) ausgegeben. Für die `refTo/refFrom`-Beziehung werden die ersten 25 erreichten Knoten aufgesucht. In zusätzlichen Tests werden eine Summierung, eine Attributänderung und weitere Selektionen über Prädikate für jeweils `parent/children` und `refTo/refFrom` durchgeführt. Im Gegensatz zum OO1, wo es nur eine rekursive Traversierung gibt, kommt es hier zu mehreren Messungen.

- *Editing:* Der Editiertest befaßt sich mit einfachen Modifikationen der Datenbank. In einem beliebigen `TextNode`-Objekt wird jedes Vorkommen einer Zeichenkette durch eine andere ersetzt und die Ersetzung anschließend wieder rückgängig gemacht. Bei den `FormNodes` wird ein festgelegtes Dreieck in der Bitmap zehnmal invertiert.

Die Testdurchführung besteht zunächst einmal aus einem separaten Setup, der im wesentlichen Vorberechnungen durchführt, z.B. zur Auswahl der id's. Anschließend unterteilen sich die Zeitmessungen wieder in Kaltstart und Warmstart. Beim Kaltstart wird jede Operation mit 50 Werten ausgeführt und einmalig mit Commit abgeschlossen. Der Warmstart wiederholt die Operationsausführung. Die Ergebnisse werden jeweils über die 50 Werte gemittelt.

Ergebnisse

Als Testkandidaten des HyperModel standen GemStone und Vbase, ein Vorläufer von ONTOS DB, zur Verfügung. Getestet wurde mit den drei Datenbankgrößen für die Stufen 4 bis 6. Die erzielten Ergebnisse sind öffentlich zugänglich, aber angesichts der veralteten Versionen der getesteten Systeme nicht sehr aussagekräftig.

Fazit

Einer der häufig am HyperModel-Benchmark geäußerten Kritikpunkte ist die Tatsache, daß die Ergebnisse zwar veröffentlicht sind, eine detaillierte Analyse aber unterbleibt. Auch wird die Benchmarkspezifikation als zu unpräzise beurteilt. Beispielsweise wird die Cachegröße nicht festgelegt. Außerdem ist der Sourcecode schwer zu beschaffen. Nur einige Code-Fragmente und Algorithmen lassen sich in [BeA91] nachlesen. Des weiteren verwendet HyperModel zwar Bitmaps als uninterpretierte Einheiten, sie sind aber zu klein gewählt, als daß dadurch die Plattenzugriffszeit geprägt wird. Sehr gravierend ist schließlich, daß keine Client/Server-Konfiguration getestet wurde.

7.2.3 OO7-Benchmark

Der Benchmark mit der derzeit größten praktischen Bedeutung ist zweifellos der OO7-Benchmark. Er wurde im Gegensatz zu Vorgängern wie dem OO1-Benchmark mit der Zielsetzung entworfen, eine Grundlage für den Performance-Vergleich konkurrierender ODBMSe zu schaffen. Er kann deshalb eine nützliche Entscheidungshilfe bei der Auswahl eines ODBMSs sein.

Der OO7-Benchmark wurde von namhaften Wissenschaftlern an der University of Wisconsin in Madison, USA entwickelt. Im Jahr 1993 erschien in [CDN93] neben der Spezifikation des Benchmarks auch eine Übersicht über Meßergebnisse für mehrere bekannte ODBMSe. [CDKN94] ist eine aktualisierte Fassung mit Meßergebnissen für ein weiteres System. Diese Ergebnisse fanden innerhalb kurzer Zeit Eingang in die Anzeigen und Broschüren der Anbieter, wo sie die vermeintliche Überlegenheit ihrer Produkte belegen sollen.

Datenbankschema

OO7 ist ein recht umfassender und anwendungsnaher Benchmark. Er orientiert sich an Strukturen und Zugriffsmustern wie sie in wichtigen Einsatzbereichen objektorientierter Datenbanksysteme wie CAD, CAM und CASE häufig vorkommen. Grundlage des Benchmarks ist ein nicht-triviales Datenbankschema, das die gängigen Modellierungsmittel objektorientierter Datenbanksysteme wie zum Beispiel Vererbung und bidirektionale Beziehungen berücksichtigt. Das Schema stammt zwar aus keiner realen Anwendung, erinnert aber doch an den Aufbau von komplexen Baugruppen in einer typischen CAD/CAM-Applikation (Bild 7.3).

Bild 7.3:
Schema des OO7-Benchmarks

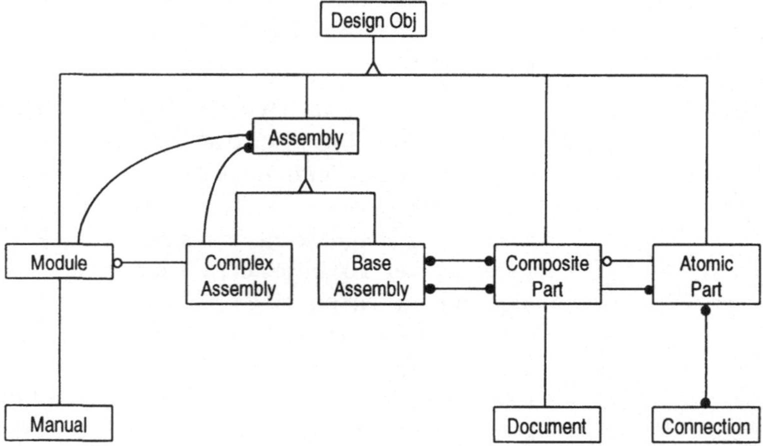

Die Struktur und Größe der Datenbank sind nicht fest vorgegeben, sondern können über Parameter eingestellt werden. Dank dieses Ansatzes läßt sich der Benchmark ohne großen Aufwand an die Bedürfnisse unterschiedlicher Anwendungen und Anwendungsbereiche anpassen.

Datenbank

Ein zentraler Bestandteil der Datenbank sind Instanzen der Klasse `CompositePart`, die beispielsweise Bauteile in einem CAD-System repräsentieren können. Sie bestehen neben einigen Attributen im wesentlichen aus einer Menge von atomaren Bauteilen (`AtomicPart`). Die Anzahl der atomaren Bauteile pro Bauteil wird mit dem Parameter `NumAtomicPerComp` festgelegt. Die atomaren Bauteile sind miteinander über `Connection`-Objekte verbunden (vgl. OO1-Benchmark). Der Fanout von atomaren Bauteilen ist ein weiterer Parameter des Benchmarks (`NumConnPerAtomic`). Zu jedem `CompositePart`-Objekt existiert darüber hinaus Dokumentation, welche in einem Objekt der Klasse Document mit der Länge DocumentSize abgespeichert wird.

Die CompositeParts machen zusammen mit ihren AtomicParts den Großteil der Datenbank aus. Um ein hinreichend großes Spektrum an Zugriffsoperationen abdecken zu können, haben die OO7-Entwickler ein weiteres Strukturierungsmittel vorgesehen. Bauteile werden in Modulen, d.h. Objekten der Klasse Module, zusammengefaßt. Ein Modul enthält NumCompPerModule Bauteile und verfügt zusätzlich über eine textuelle Beschreibung, die in einem Manual-Objekt der Größe ManualSize abgelegt wird. Module sind intern hierarchisch gegliedert und bestehen aus Complex-Assembly-Objekten, die ihrerseits weitere Assembly-Objekte enthalten. Dies können Instanzen von ComplexAssembly und Base-Assembly sein. In einem CAD-Werkzeug könnten auf diese Weise beispielsweise komplexe Baugruppen modelliert werden, die sich mehrstufig aus Teilbaugruppen zusammensetzen. Base-Assembly-Objekte befinden sich auf der untersten Ebene der Baugruppen-Hierarchie. Sie verweisen auf je NumCompPerAssm Bauteile (der Klasse CompositePart) innerhalb des Moduls. Verzweigungsgrad und Tiefe der Baugruppen-Hierarchie werden ebenfalls über Parameter kontrolliert (NumAssmPerAssm bzw. NumAssmLevels). Bild 7.4 zeigt den grundsätzlichen Aufbau der Datenbank.

Bild 7.4:
Aufbau der Datenbank
im OO7-Benchmark

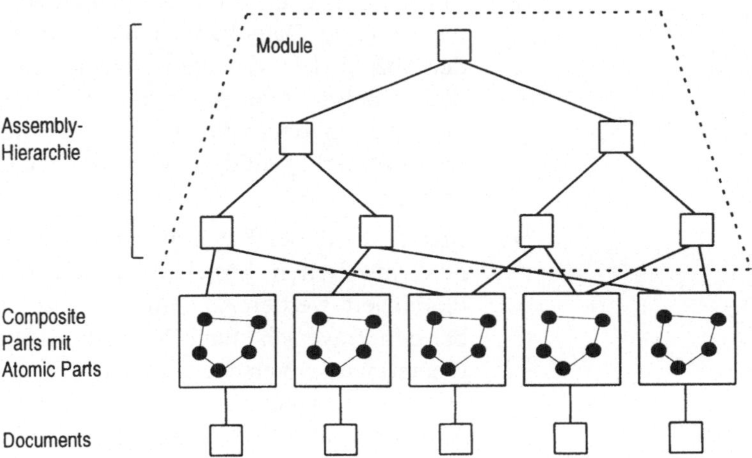

Standardmäßig schreibt der OO7-Benchmark drei Parameter-Konfigurationen vor, aus denen unterschiedlich große Datenbanken resultieren (Tab. 7.1). Die „kleine" und „mittlere" Datenbank bestehen aus je einem Modul, die „große" Datenbank aus zehn Modulen (Parameter `NumModules`). Die kleine Datenbank enthält rund 5 MB, die mittlere 50 MB und die große Datenbank 500 MB Nutzdaten.

Parameter	Datenbankgröße		
	klein	**mittel**	**groß**
`NumAtomicPerComp`	20	200	200
`NumConnPerAtomic`	3, 6, 9	3, 6, 9	3, 6, 9
`DocumentSize` (bytes)	2.000	20.000	20.000
`ManualSize` (bytes)	100 k	1 M	1 M
`NumModules`	1	1	10
`NumCompPerModule`	500	500	500
`NumAssmPerAssm`	3	3	3
`NumAssmLevels`	7	7	7
`NumCompPerAssm`	3	3	3

Operationen

Auf dieser Basis sind 20 verschiedene Zugriffsoperationen definiert, die sich grob in vier Kategorien zusammenfassen lassen:

- *Traversal:* Die ersten vier Operationen sind navigierende, rein lesende Datenbankzugriffe, die sich u.a. hinsichtlich der Anzahl der besuchten Objekte voneinander unterscheiden. Beispielsweise beinhaltet eine der Traversal-Operationen den Durchlauf der gesamten Hierarchie von `ComplexAssembly` und `BaseAssembly` über `CompositePart` zu `AtomicPart`.

- *Update:* In dieser Kategorie befinden sich sieben Operationen, mit denen bestehende Objekte in der Datenbank modifiziert werden. Die Auswahl der Objekte erfolgt wie bei den Traversals durch Navigation. Die einzelnen Update-Operationen unterscheiden sich u.a. in der Anzahl der geänderten Objekte sowie darin, ob auf den zu ändernden Attributen ein Index eingerichtet ist oder nicht.

- *Query:* Assoziative Anfragen bilden den Schwerpunkt von sieben weiteren Operationen. In ihnen werden Objekte nach verschiedenen Kriterien selektiert. Dabei finden ausschließlich lesende Zugriffe statt. Nach den Richtlinien des OO7 soll die Implementierung der Anfragen soweit wie möglich mit Hilfe der deklarativen Anfragesprache des jeweiligen Systems erfolgen. Neben Erkenntnissen darüber, wie performant assoziative Anfragen ausgewertet werden, erhält man als „Abfallprodukt" auch Informationen über die Mächtigkeit der Anfragesprache der Systeme. Nicht immer reicht die Anfragesprache aus, um die Queries des Benchmarks geschlossen zu formulieren. In diesen Fällen erstellten die Implementierer eine handcodierte, prozedurale Variante, die ein äquivalentes Resultat liefert. Bei der Auswertung von assoziativen Anfragen verfolgen die Produkte teilweise recht unterschiedliche Strategien. So werten z.B. manche Systeme Queries auf dem Client, andere auf dem Server aus. Die Meßergebnisse liefern einen interessanten Vergleich, wie sich die unterschiedlichen Ansätze auf die Antwortzeiten auswirken.

* *Insert/Delete:* Einfüge- und Löschoperationen nehmen einen relativ geringen Stellenwert im OO7-Benchmark ein. Je eine Operation beschäftigt sich mit dem Einfügen bzw. Löschen von Objekten.

Ergebnisse
Alle diese Operationen werden im Einbenutzerbetrieb gemessen. Würde man sämtliche Operationen in allen Parameterkonfigurationen testen, so erhielte man 360 Meßwerte für jedes getestete System (20 Operationen, drei Datenbankgrößen mit jeweils drei Fanout-Einstellungen, Kalt- und Warmstart). Der „offizielle" OO7-Benchmark beinhaltet jedoch nur einen Teil der theoretisch möglichen Werte, nämlich 105 pro System. Einige Parameterkombinationen, die keine zusätzlichen Aussagen über die Performance der Systeme brachten, wurden von den Entwicklern des Benchmarks im Verlauf des Projekts eliminiert. Derzeit liegen Ergebnisse für die Produkte Objectivity/DB (Version 2.1), ONTOS DB (Version 2.2) und Versant (Version 3.0) sowie für E/Exodus, einem Forschungsprototypen der University of Wisconsin, vor [CDKN94]. Von der Fa. Object Design, Inc. sind darüber hinaus Resultate für ObjectStore erhältlich, die auf dem OO7-Benchmark basieren.

Fazit
Wegen der Komplexität des Schemas, der Fülle der Zugriffsoperationen und nicht zuletzt der Verfügbarkeit von Resultaten für mehrere bekannte Produkte, nimmt der OO7 eine herausragende Stellung unter den ODBMS-Benchmarks ein. Die Resultate haben dank seines anwendungsorientierten Ansatzes einen starken Praxisbezug und können bei der Systemauswahl viele nützliche Hinweise geben. Die Relevanz des OO7-Benchmarks zeigt sich auch dadurch, daß einige Hersteller umfangreiche

Analysen anbieten, in denen sie die Resultate aus ihrer Sicht kommentieren [ObD93, Obj93, Ver93]. Natürlich liegt der Schwerpunkt dieser Papiere darauf, die vermeintliche Überlegenheit des jeweiligen Produkts mit Hilfe der Benchmark-Ergebnisse zu belegen. Für den ODBMS-Käufer ist es wichtig, den OO7-Benchmark zu kennen, um diese Aussagen richtig einschätzen und kritisch bewerten zu können.

Ein häufig geäußerter Kritikpunkt ist die Behandlung von assoziativen Anfragen. Der Benchmark schreibt vor, daß sie mit Hilfe der deklarativen Anfragesprache des jeweiligen Systems implementiert werden müssen. Wenn die Mächtigkeit der Anfragesprache dazu nicht ausreicht, dürfen die Queries dagegen ausprogrammiert werden. Somit ist kein objektiver Vergleich der Anfragekomponenten verschiedener ODBMSe möglich.

Die Benchmark-Implementierungen für die getesteten Systeme können direkt von der University of Wisconsin bezogen werden (siehe Anhang D.3). Sie bilden eine ausgezeichnete Basis für die Durchführung eigener Benchmarks, in denen weitergehende Aspekte wie z.B. größere Datenbanken, andere Zugriffsoperationen oder Mehrbenutzerbetrieb abgedeckt werden können.

7.2.4 JUSTITIA-Benchmark

JUSTITIA ist der jüngste der hier vorgestellten Benchmarks [Sch94]. Er entstand am Forschungszentrum Informatik (FZI) der Universität Karlsruhe. Ziel der dortigen Arbeiten war es, eine skalierbare, umfassende und DBMS-unabhängige Benchmarkplattform zu schaffen [AASW94b], die sich im Rahmen einer anwendungsorientierten ODBMS-Evaluierung weitgehend an die spezifischen Bedürfnisse des jeweiligen Anwendungsbereichs anpassen läßt. Die Anpassung erfordert im Regelfall keine Reimplementierung der Benchmark-Programme, sondern erfolgt wie schon beim OO7-Benchmark durch Belegung von Parametern. Die Parametrisierbarkeit erstreckt sich auf mehr Einflußgrößen als beim OO7-Benchmark und umfaßt neben Aspekten wie Umfang und Struktur der Datenbank auch die Art des Zugriffsprofils.

Im Vergleich zum OO1-, HyperModel- und OO7-Benchmark bietet JUSTITIA einige interessante Erweiterungen. Eine der wichtigsten ist dabei die Berücksichtigung von Mehrbenutzer-Szenarien. Dies ist für den Produktiveinsatz eines ODBMSs von großem Interesse, denn schließlich erfordern so gut wie alle ernsthaften Datenbank-Applikationen parallele Zugriffe auf gemeinsame Datenbestände. Ein weiterer Schwerpunkt von JUSTITIA liegt auf strukturverändernden Operationen wie Einfügen, Löschen, Vergrößern und Verkleinern von Objekten. Als Folge solcher Operationen kann es bei schlechter Datenbankorganisation zu Speicherverschnitt und langen Zugriffszeiten kommen. Andere Benchmarks verfolgen dagegen meist einen „Schnappschußansatz", bei dem die Meßläufe direkt nach dem Erzeugen der Testdatenbank erfolgen. Die Reorganisationsfähigkeit des Datenbanksystems bei strukturverändernden Zugriffen bleibt dabei oftmals außerhalb der Betrachtung.

Neben der Abdeckung solcher funktionalen Erweiterungen versucht JUSTITIA auch, die DBMS-spezifische Implementierung des Benchmarks zu systematisieren und im Vergleich zu früheren Arbeiten zu vereinfachen. Die Implementierung ist aufgeteilt in systemunabhängige und systemabhängige Klassen. Die systemunabhängigen Klassen können bei der Portierung des Benchmarks auf ein neues ODBMS unverändert übernommen werden. Sie enthalten keine direkten Datenbankzugriffe, sondern realisieren Dienste und Zugriffsfunktionen, die für alle ODBMSe in gleicher Weise implementiert werden können. Darüber hinaus stellen sie eine einheitliche Schnittstelle bereit, welche an die systemabhängigen Klassen vererbt wird. Die Aufgabe bei der Portierung von JUSTITIA auf ein neues ODBMS besteht lediglich darin, die Dienste dieser Schnittstelle in den systemabhängigen Klassen zu reimplementieren.

Datenbankschema   Die Testdatenbank besteht aus Instanzen von vier Objektklassen mit unterschiedlichen Eigenschaften (Bild 7.5):

- *Objekte statischer Größe* (SO) beinhalten ein unstrukturiertes Datenfeld einer festen, zum Übersetzungszeitpunkt bekannten Länge.

- *Objekte dynamischer Größe* (DO) enthalten ein unstrukturiertes Datenfeld dynamischer Länge. Die Länge wird über Benchmark-Parameter erst zur Laufzeit festgelegt.

- *Komplexe Objekte* (CO) enthalten einen Graphen primitiver Objekte.

- *Primitive Objekte* (PO) sind stets Teil eines (einzigen) COs. Sie können nicht eigenständig existieren. POs verfügen über ein Attribut einstellbarer Länge und über ein Feld von Verweisen auf andere POs innerhalb des COs. Die Länge dieses Feldes ist ein Benchmark-Parameter.

Bild 7.5:
Schema im JUSTITIA-
Benchmark

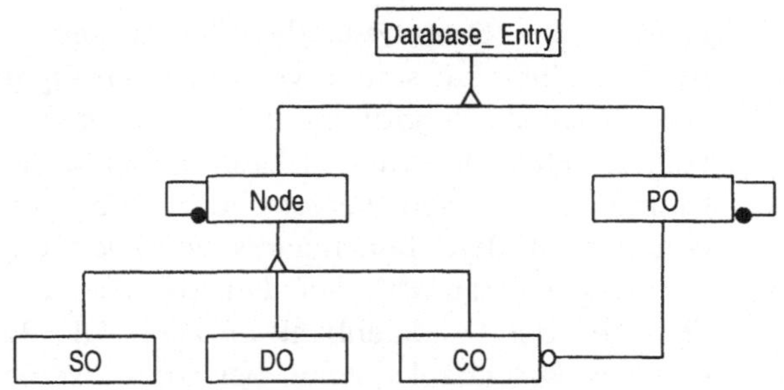

SO, DO und CO erben von der abstrakten Klasse Node neben einem Zeitstempel für den Zeitpunkt der letzten Änderung auch die Fähigkeit, auf eine Menge von Node-Objekten zu verweisen. In der Testdatenbank werden mittels solcher Verweise hierarchische Objektstrukturen gebildet. Die Basisklasse Database_Entry definiert ein Attribut, das einen datenbankweit eindeutigen Identifikator darstellt. Da alle Klassen mit persistenten Instanzen direkt oder indirekt von Database_Entry abgeleitet werden, verfügen sämtliche Objekte in der Datenbank über einen solchen Identifikator.

Datenbank

Die Testdatenbank ist in disjunkte Sektionen unterteilt, die jeweils eine Menge von logisch zusammengehörigen Node-Objekten zusammenfassen. Sektionen modellieren private oder gemeinsame Benutzer-Arbeitsbereiche in der Datenbank. In den Mehrbenutzer-Szenarien werden sie implizit nebenläufigen Prozessen zugeordnet.

Vor den Testläufen wird die Grundfüllung der Datenbank in Abhängigkeit der eingestellten Benchmark-Parameter generiert. Relevante Parameter sind dabei u.a. die Anzahl der Sektionen, die Anzahl und Größe der Instanzen der jeweiligen Klassen, die Art ihrer Anordnung innerhalb der Sektionen und die Anzahl der Verweise zwischen den Objekten.

Operationen

Die Basisoperationen des JUSTITIA werden als simple-read, simple-write, extended-read und extended-write bezeichnet. Jede dieser Basisoperationen traversiert eine Sektion und führt auf den darin enthaltenen Objekten bestimmte, zum Teil klassenspezifisch definierte Aktionen aus (Tab. 7.2).

Die interessantesten Zugriffsprofile von JUSTITIA verbergen sich indes hinter den sogenannten „höheren" Operationen. Dazu zählen auch, wie eingangs erwähnt, Szenarien für Mehrbenutzerbetrieb und strukturverändernde Operationen.

Tab. 7.2:
Basisoperationen von
JUSTITIA

Basisoperation	Aktion
`simple-read`	Lesen des Zeitstempels
`simple-write`	Aktualisierung des Zeitstempels
`extended-read`	Lesen des Zeitstempels und zusätzlich bei
	CO: Lesen des ersten Verweises jedes PO
	DO und SO: Ermittlung der Häufigkeit eines zufällig ausgewählten Zeichens im Datenfeld
`extended-write`	Aktualisierung des Zeitstempels und zusätzlich bei
	CO: Variieren der Anzahl der POs durch Einfügen oder Löschen einzelner POs
	DO: Löschen und Erzeugen des Datenfeldes
	SO: Ersetzung jedes Zeichens des Datenfeldes durch ein zufällig ausgewähltes neues Zeichen

Szenario:
Mehrbenutzerbetrieb

In den Mehrbenutzer-Szenarien werden n identische Prozesse auf ebensoviele Client-Rechner verteilt. Alle Prozesse führen dieselbe Basisoperation aus und greifen dabei auf einen gemeinsamen Datenbank-Server zu. Man unterscheidet zwei Unterszenarien: *„Multi Section"* und *„Single Section"*. Bei ersterem arbeitet jeder Prozeß exklusiv auf seiner eigenen Sektion der Datenbank. Es entstehen dabei keine logischen Zugriffskonflikte. Bei Systemen, die nur eine grobe Sperrgranularität unterstützen, kann es u.U. aber dennoch auf physischer Ebene zu gegenseitiger Behinderung der Prozesse kommen. Beim zweiten Unterszenario bearbeiten alle Prozesse dieselbe Sektion. Bei der Auswertung von Basisoperationen mit Updates (`simple-write` und `extended-write`) ist zu beachten, daß ein Teil der gemessenen Ausführungsdauern durch Wartezeiten, die bei der Auflösung von Zugriffskonflikten entstehen, bedingt ist.

Szenario:
Strukturverändernde
Operationen

Ein weiteres Szenario zielt darauf ab, die Strukturerhaltungsfähigkeit der Systeme zu testen. Es soll dabei untersucht werden, ob und ggf. wie stark sich die Ausführungsdauer der Basisoperationen als Folge von strukturverändernden Operationen verlangsamt. Dazu werden drei Meßläufe pro Basisoperation durchgeführt (Bild 7.6). Zunächst wird eine Testdatenbank generiert und die Ausführungsdauer der Basisoperation sowie die Größe der Datenbank gemessen (M1). Im zweiten Schritt wird eine Folge von verzahnten Einfüge- und Löschoperationen abgearbeitet, die jedoch den Datenbestand semantisch nicht verändert. Daraufhin wird der Meßlauf wiederholt (M2). Der dritte Meßlauf, M3, erfolgt nach einer Reorganisation der Datenbank, für die üblicherweise ein zum ODBMS mitgeliefertes Werkzeug zur Verfügung steht.

Bild 7.6:
Test der Strukturerhaltungsfähigkeit

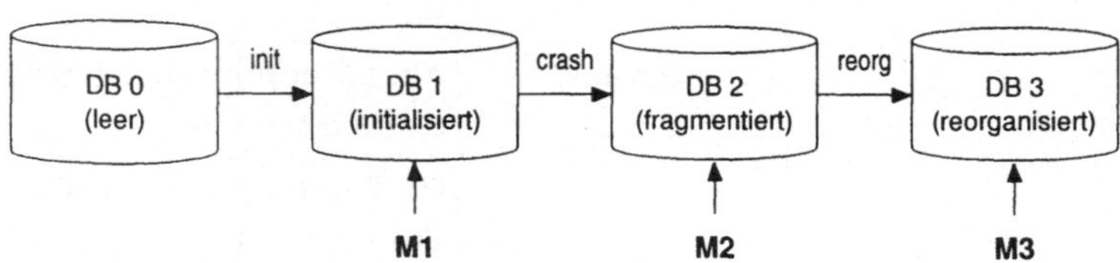

Ergebnisse

Am FZI wurde JUSTITIA im Rahmen einer ODBMS-Evaluierung eingesetzt. Dabei ging es um die Auswahl eines Systems, das sich als Datenhaltungskomponente für ein CAD-System zum Entwurf schiffbaulicher Stahlstrukturen eignet. Die Resultate dieser Evaluierung mit Ergebnissen für Objectivity/DB, ObjectStore, OBST (ein am FZI entwickelter ODBMS-Prototyp), ONTOS DB und Versant sind in einer umfangreichen Studie zusammengefaßt [AASW94a]. Die Meßergebnisse entstanden dabei unter Verwendung zweier Parametersätze, die die Datenstrukturen und Zugriffsprofile des CAD-Systems charakterisieren.

Fazit

Zweifellos hat JUSTITIA einige Punkte wie Mehrbenutzerbetrieb und strukturverändernde Operationen aufgegriffen, die im Produktiveinsatz eines ODBMSs eine sehr wichtige Rolle spielen. Darüber hinaus gibt er wertvolle Anregungen für die Entwicklung eigener Benchmarks wie z.B. die Trennung von systemunabhängigen und systemabhängigen Klassen. Die Studie bietet einen guten Überblick über das Leistungsvermögen einiger der bekanntesten ODBMS-Produkte. Die Quelltexte der Benchmark-Implementierungen sind leider nicht frei verfügbar.

7.3   Entwicklung und Durchführung von Benchmarks

Dieser Abschnitt zeigt, warum es trotz der oben vorgestellten Arbeiten notwendig sein kann, eigene Benchmarks durchzuführen. Die anschließende Diskussion gibt Hinweise, wie man dabei vorgehen kann und ohne Umwege zu brauchbaren Benchmarks und Meßergebnissen kommt.

7.3.1   Wann sind eigene Benchmarks sinnvoll?

Sicherlich ist es der einfachste, schnellste und kostengünstigste Weg, veröffentlichte Benchmarks und deren Resultate heranzuziehen, um die Performance von Datenbanksystemen zu beurteilen. Ob sich ein veröffentlichter Benchmark allerdings bei der Auswahl eines ODBMSs für eine konkrete Anwendung nutzen läßt, hängt von drei Punkten ab:

1.   Ist der Benchmark repräsentativ für die eigene Anwendung?

2.   Ist die Durchführung des Benchmarks „fair" verlaufen, d.h., standen beispielsweise für alle Systeme die gleiche Menge an Ressourcen zur Verfügung?

3.   Sind aussagekräftige und aktuelle Meßergebnisse für die relevanten ODBMSe und Plattformen verfügbar?

Sind alle diese Voraussetzungen erfüllt, so können die Meßergebnisse direkt verwendet werden. Falls nur die Punkte 1 und 2 zutreffen und die Quelltexte der Benchmark-Programme zugänglich sind, bietet es sich an, die Meßläufe unter Verwendung dieser Programme in der eigenen Umgebung nachzufahren. Wenn der Benchmark zwar repräsentativ erscheint, aber keine „faire" Durchführung gegeben ist, besteht die Möglichkeit, auf der Grundlage der Benchmark-Spezifikation eine eigene Implementierung zu erstellen und damit Messungen durchzuführen. Eine Reimplementierung des Benchmarks unter Verwendung der Spezifikation bietet sich darüber hinaus auch an, wenn keine Quelltexte verfügbar sind. Ist keiner der veröffentlichten Benchmarks für die Anwendung repräsentativ ist, dann sollte ein neuer, anwendungsorientierter Benchmark entwickelt werden. Bild 7.7 zeigt diese Punkte im Überblick. Die nachfolgende Beschreibung geht näher auf jeden Punkt ein.

Kein noch so umfassender Benchmark kann das „beste" oder das „schnellste" ODBMS für alle Anwendungsbereiche ermitteln. Jedes ODBMS hat besondere Stärken und Schwächen, die je nach den Charakteristika der Anwendung mehr oder weniger stark zur Geltung kommen. Die Applikationen und die Plattformen, auf denen sie laufen, sind zu unterschiedlich und das Spektrum ihrer Anforderungen zu groß, um allgemeingültige Aussagen zu ermöglichen.

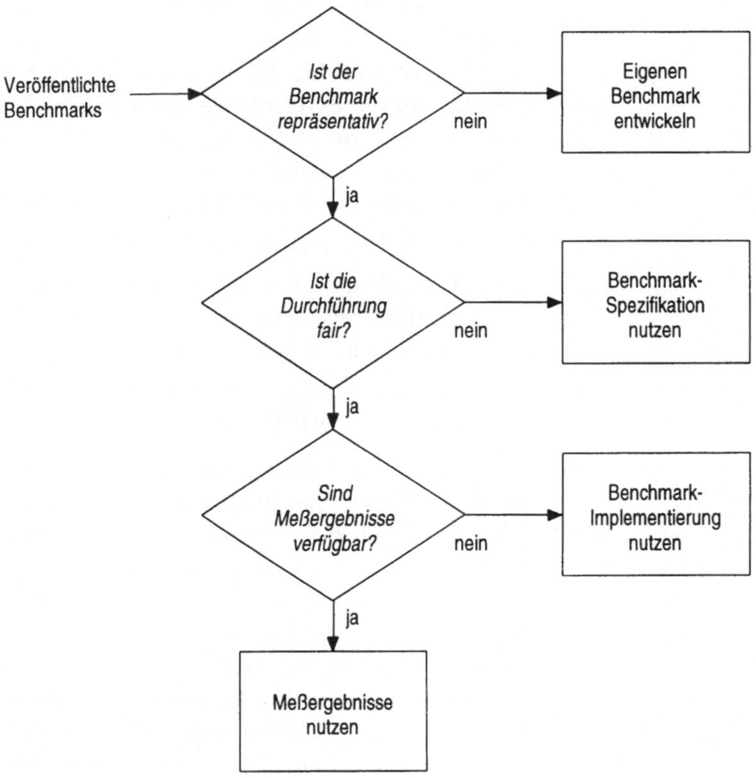

Ist der Benchmark repräsentativ?

Bevor man sich bei der ODBMS-Auswahl auf einen der vorhandenen Benchmarks verläßt, sollte man zunächst klären, ob er wirklich für die eigene Anwendung repräsentativ ist:

- *Sind die grundlegenden Datenstrukturen und Zugriffsmuster des Benchmarks auf die eigene Anwendung übertragbar?*

Wichtige Unterschiede können z.B. in der Größe und Struktur der Datenbank oder in der relativen Häufigkeit lesender und ändernder Zugriffe liegen. Schon geringe Abweichungen können große Auswirkungen auf die Performance haben. Hinzu kommt der „Sogeffekt" von einschlägigen Benchmarks auf die Weiterentwicklung der ODBMSe: Je bekannter ein Benchmark ist, desto größer ist der Anreiz für den Hersteller, spezielle Algorithmen in sein Produkt zu integrieren, die genau auf diesen Benchmark abgestimmt sind und bessere Meßergebnisse garantieren. Eine solch einseitige Optimierung bringt allerdings nur für eine eingeschränkte Klasse von Anwendungen wirkliche Performance-Gewinne.

In der Vergangenheit konnte man diesen Effekt im Bereich relationaler Datenbanksysteme gut beobachten. Dort wurden manche Systeme einseitig auf den Wisconsin-Benchmark hin optimiert; in realen Anwendungen blieben spürbare Verbesserungen allerdings oft genug aus.

- *Deckt der Benchmark alle wesentlichen Aspekte der Anwendung ab?*

  Möglicherweise stellt die Anwendung weitergehende Anforderungen, die der Benchmark nicht berücksichtigt. Dies kann der Fall sein bei Punkten wie Mehrbenutzerbetrieb, hohe Spitzenlasten, kontinuierliche Lasten über lange Zeiträume, strukturverändernde Operationen (z.B. Erzeugen und Löschen von Objekten, Verändern der Objektgröße), verteilte Transaktionen, entfernter Zugriff in Weitverkehrsnetzen, heterogene Datenbank-Server und Clients, sehr hohe Zuverlässigkeits- und Verfügbarkeitsanforderungen usw.

- *Gibt es eine exakte Benchmark-Spezifikation?*

  Falls keine präzise Spezifikation vorliegt, ist es letztlich unmöglich abzuschätzen, ob der Benchmark die Belange der Anwendung vollständig abdeckt. Eine mehrdeutige Spezifikation läßt darüber hinaus großen Spielraum bei der Implementierung und macht es unwahrscheinlich, daß faire und vergleichbare Implementierungen für verschiedene Systeme entstehen.

Ein Benchmark, der diese Punkte nicht erfüllt, ist zur Auswahl eines ODBMSs für die fragliche Anwendung nicht geeignet.

Ist die Durchführung fair?

Wenn die Antworten positiv ausfallen, sollte als nächstes die Benchmark-Durchführung betrachtet werden. Voraussetzung für eine faire Durchführung ist auf jeden Fall, daß jedem getesten ODBMS die gleiche Menge an Ressourcen zur Verfügung stehen. Im einzelnen sind folgende Aspekte von Bedeutung:

- *Sind die Implementierungen für die verschiedenen Systeme vergleichbar?*

  Gelegentlich schneidet gerade dasjenige System, das an derselben Institution wie der Benchmark entwickelt wurde, am besten ab. Dies mag daran liegen, daß die Entwickler über Expertenwissen zum eigenen System verfügen, welches unbewußt in die Implementierung einfließt. Bei den übrigen Systemen sind die Programmierer dagegen meist Anfänger und müssen deren effizienten Einsatz erst im Verlauf des Benchmark-Projekts erlernen.

Für jedes getestete System sollte für die Implementierung etwa der gleiche Aufwand vorgesehen werden. Falls beispielsweise umfangreiche Anfragen bei einem System mit der eingebauten Anfragesprache, bei einem anderen mit prozedural ausformulierten Programmstücken realisiert wurden, so ist diese Forderung wahrscheinlich nicht erfüllt: Die erstere Variante dürfte deutlich weniger Aufwand verursacht haben als das prozedurale Äquivalent.

Falls die Quelltexte des Benchmarks öffentlich zugänglich sind, kann man im Rahmen einer Code-Inspektion abschätzen, ob die Implementierungen bezüglich ihres Aufwands vergleichbar sind. Andernfalls muß man dem Benchmark-Team blind vertrauen.

- *Werden die Möglichkeiten des ODBMSs beim physischen Datenbank-Design und Tuning ausgeschöpft?*

Das physische Datenbank-Design umfaßt Aspekte wie z.B. das Einrichten von Zugriffsindexen und das Aufteilen der persistenten Objekte auf Datenbanken, Segmente, Container, Cluster oder Seiten. Mit einem geschickten physischen Datenbank-Design lassen sich die Antwortzeiten im Vergleich zu einem naiven Design oft um Größenordnungen verbessern. Tuning-Maßnahmen wie z.B. das Einstellen einer günstigen Client-Cache-Größe können ebenfalls zu einer höheren Performance führen.

Leider werden diese Punkte in den veröffentlichten Benchmarks oft stark vernachlässigt. Meist wird eine einfache, naheliegende Lösung gewählt, welche das Potential der Systeme nicht annähernd ausschöpft. Beim OO7-Benchmark wird dieser Ansatz damit begründet, daß ein durchschnittlicher Anwendungsprogrammierer diese Features ohnehin nicht versteht und deswegen auch nicht sinnvoll einsetzen kann. Diese Behauptung ist tatsächlich ziemlich fragwürdig. Abgesehen davon, daß jeder Anwendungsprogrammierer mit hinreichenden C++- oder Smalltalk-Kenntnissen nach entsprechender Schulung durchaus in der Lage ist, moderne ODBMSe zu beherrschen, ist in vielen Anwendungen geschicktes Datenbank-Tuning zwingend erforderlich, um die gewünschte Performance zu erreichen. Beispiele sind interaktive Anwendungen, bei denen kurze Antwortzeiten entscheidend für die Akzeptanz sind, oder Anwendungen im technisch-wissenschaftlichen Bereich, in denen Meßdaten in schneller Folge erfaßt und abgespeichert werden müssen. Wenn die eigene Anwendung performance-kritisch ist, kommt man an einem guten physischen Datenbank-Design und grundlegenden Tuning-Maßnahmen nicht vorbei.

Sind aussagekräftige Meßergebnisse verfügbar?

Wenn man die Benchmark-Ergebnisse zum Vergleich der Produkte heranziehen möchte, stellen sich einige weitere Fragen:

- *Sind Ergebnisse für die relevanten Produkte in ihren aktuellen Versionen erhältlich?*

  Bei der Vielzahl der derzeit angebotenen Produkte müssen sich die Benchmark-Teams zwangsläufig darauf beschränken, eine Auswahl von Systemen zu evaluieren. Darüber hinaus ist die „Verfallszeit" von Benchmark-Ergebnissen angesichts der kurzen Versionszyklen auf dem ODBMS-Markt recht niedrig, insbesondere da neue Produktversionen häufig erhebliche Performanceverbesserungen oder Funktionalitätshübe aufweisen.

- *Wurden die Messungen auf einer Systemkonfiguration (Prozessor, Speicherausbau, Betriebssystem, Netzwerk usw.) durchgeführt, die mit dem Anwendungsumfeld vergleichbar ist?*

  Die Ergebnisse zu den oben vorgestellten Benchmarks wurden jeweils nur mit einer Rechnerkonfiguration ermittelt und sind nicht unbedingt auf andere Konfigurationen übertragbar. Beispielsweise kann ein System, das in einer LAN-Umgebung sehr performant arbeitet, für den Einsatz in einem Weitverkehrsnetz wegen unbefriedigender Antwortzeiten ungeeignet sein.

- *Gibt es Hilfen zur Interpretation der Ergebnisse?*

  Leider fehlen häufig aussagekräftige Analysen. Tatsächlich besteht bei der Auswertung von Benchmarks ein grundsätzliches Dilemma. Auf der einen Seite ist man versucht, die Einzelergebnisse zu wenigen Zahlen, vielleicht sogar zu einer einzigen Zahl, zu aggregieren, um ein einfaches Maß für den direkten Vergleich der Systeme zu gewinnen. Auf der anderen Seite erlaubt eine differenzierte Aufstellung von Einzelergebnissen natürlich wesentlich detailliertere Aussagen, wenn auch der Vergleich schwieriger wird. Der OO7-Benchmark schlägt letzteren Weg ein, bietet aber leider keine Hilfestellung bei der Interpretation der Einzelergebnisse. Die ODBMS-Anbieter lieferten nach Veröffentlichung der Benchmark-Resultate eine eigene, stark subjektive Interpretation, bei der ihr jeweiliges Produkt den OO7 „gewonnen" hat.

Wenn keine brauchbaren Meßergebnisse vorliegen, aber die Implementierungen verfügbar sind, bietet es sich an, den Benchmark in der eigenen Umgebung ablaufen zu lassen.

Sollten insgesamt Benchmarks aus der Literatur bei der Auswahl eines ODBMSs keine ausreichenden Entscheidungshilfen bieten, die eigene Anwendung jedoch hohe Anforderungen an die Performance stellt, ist es ratsam, einen eigenen, maßgeschneiderten Benchmark zu entwickeln. Neben der Gewißheit, daß darin alle wesentlichen Anforderungen der Anwendung berücksichtigt werden, erhält man bei der Durchführung des Benchmarks auch Erfahrung im Umgang mit ODBMSen, die bei der Applikationsentwicklung nutzbringend umgesetzt werden kann.

7.3.2 Vorgehensweise

Der beste Benchmark für eine Anwendung ist die Anwendung selbst. Die Implementierung der gesamten Anwendung, noch dazu auf u.U. mehreren Datenbanksystemen, wäre aber viel zu aufwendig. Deshalb ist es sinnvoll, zur Evaluierung der Leistungsfähigkeit von Datenbanksystemen überschaubare Testprogramme zu entwickeln, in denen von allen unnötigen Details abstrahiert wird. Bild 7.8 zeigt die grundsätzliche Vorgehensweise bei der Entwicklung eines anwendungsorientierten ODBMS-Benchmarks.

Schritt 1:
Analyse der
Anforderungen

Unabdingbare Voraussetzung für die Entwicklung eines aussagekräftigen, anwendungsorientierten Benchmarks ist ein gutes Verständnis der Anwendung. In der Praxis wird dies oft nicht ausreichend berücksichtigt. Man neigt dazu, möglichst schnell Testprogramme zu schreiben, ohne sich vorher wirklich über die Charakteristika der Anwendung klar zu werden. Die auf diese Weise gewonnenen Ergebnisse sind wenig hilfreich, da sie keine verläßlichen Aussagen über die Performance des ODBMSs in der Applikation zulassen. Der erste Schritt bei der Entwicklung eines Benchmarks sollte deshalb eine gründliche Analyse der Anforderungen der Anwendung an das Datenbanksystem sein. Dabei stehen – im Gegensatz zur Vorauswahl und funktionalen Evaluierung – die performance-relevanten Aspekte (z.B. Datenstrukturen, Zugriffsmuster) im Vordergrund.

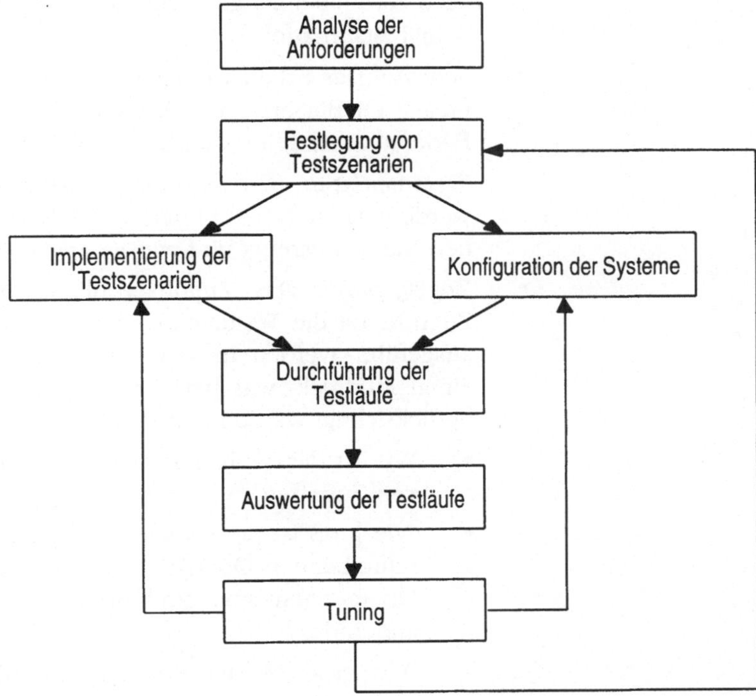

Bild 7.8:
Entwicklung eines
Benchmarks

Schritt 2:
Festlegung von
Testszenarien

Ausgehend von den Ergebnissen der Anforderungsanalyse werden im nächsten Schritt Testszenarien entwickelt. Ein Testszenario ist ein vereinfachtes Modell der Anwendung bezüglich bestimmter Anforderungen und bildet die Grundlage für die folgende Implementierung.

Jede Anforderung aus der Anforderungsanalyse muß von mindestens einem Testszenario abgedeckt werden. Häufig wird man für einen Teil der Anforderungen sogar mehr als ein Testszenario entwerfen und sich in den Testszenarien jeweils auf einzelne Aspekte der Anforderung konzentrieren.

Manchmal kann es sinnvoll sein, unterschiedliche Anforderungen innerhalb eines gemeinsamen Testszenarios zu untersuchen. Im Normalfall ist es allerdings empfehlenswert, sich auf eine Anforderung je Testszenario zu beschränken, um die Komplexität in Grenzen zu halten.

Damit die Testszenarien überschaubar und mit vertretbarem Aufwand implementierbar bleiben, sollte man darin von allen Aspekten abstrahieren, die nicht direkt mit den kritischen Anforderungen zusammenhängen. Die nachfolgenden Punkte gehören zu einem Testszenario:

- *Schema:* Das Schema enthält – noch unabhängig von konkreten ODBMSen – die Klassen, die im Testszenario von Bedeutung sind, ihre Attribute und Beziehungen.

- *Testdatenbank:* Größe und Struktur der Testdatenbank werden dadurch beeinflußt, wieviele Instanzen der einzelnen Klassen erzeugt und wie sie angeordnet werden sollen.

- *Zugriffsprofil:* Das Zugriffsprofil beschreibt die Art der Zugriffe auf die Testdatenbank, die innerhalb des Szenarios ausgeführt werden müssen. Die folgenden Punkte geben einen Eindruck, was bei der Festlegung des Zugriffsprofils berücksichtigt werden muß:

  - Wie ist das Verhältnis von navigierenden zu assoziativen Zugriffen?

  - Wie groß ist die relative Häufigkeit von lesenden und schreibenden Operationen? Wieviele der schreibenden Operationen sind strukturerhaltend bzw. strukturverändernd?

  - Wie groß ist die Datenmenge, die innerhalb einer Transaktion bearbeitet wird?

  - Ist bei den Zugriffen lokales Verhalten zu erwarten, d.h. wird innerhalb einer Transaktion mehrfach auf dieselben Objekte zugegriffen? Sind die Charakteristika von Kalt- oder Warmstart gegeben?

- *Last:* Zur Charakterisierung der Last, die das Datenbanksystem im Testszenario bearbeiten muß, gehören u.a. folgende Aspekte:

  - Greifen mehrere Benutzer oder Prozesse gleichzeitig auf die Datenbank zu? Wenn ja, arbeiten sie auf disjunkten oder gemeinsamen Bereichen der Datenbank?

  - Ist die Last zeitlich gleichmäßig verteilt oder gibt es zu bestimmten Zeitpunkten hohe Spitzenlasten?

  - Arbeitet die Anwendung im 24x7-Betrieb und muß das ODBMS diesen Modus ebenfalls unterstützen?

- *Randbedingungen:* Aus der Laufzeitumgebung der Anwendung können Einschränkungen resultieren, die im Testszenario berücksichtigt werden müssen. Bei Echtzeitanwendungen wird man z.B. großen Wert darauf legen, daß die Antwortzeiten bestimmte Obergrenzen nicht überschreiten.

- *Meßgrößen:* Es muß definiert werden, welche Größen beim späteren Testlauf gemessen werden sollen. Beispiele für typische Meßgrößen sind Antwortzeiten für Operationen oder Transaktionen, Transaktionsdurchsätze (abgeschlossene Transaktionen pro Zeiteinheit) und die Datenbankgröße nach bestimmten Operationen.

Die Testszenarien können in einzelnen Punkten durchaus übereinstimmen. Ein gemeinsames Schema ist oftmals die Grundlage für mehrere Testszenarien, die sich hinsichtlich des Zugriffsprofils oder der Meßgrößen unterscheiden.

Schritt 3:
Implementierung der
Testszenarien

Der nächste Schritt besteht aus der Implementierung der Testszenarien. Selbstverständlich müssen die Entwickler über ausreichende Kenntnisse der zu evaluierenden ODBMSe verfügen. Ohne dieses Wissen mag die Implementierung zwar auch gelingen, aber die auf dieser Basis gewonnenen Meßergebnisse werden kaum Erkenntnisse über das wirkliche Leistungsvermögen der ODBMSe bringen. Es ist deshalb empfehlenswert, vor und während der Implementierungsphase den Rat der Hersteller einzuholen. Sie kennen ihre Produkte am besten und geben in der Regel gerne Tips, welche Features wie und in welchen Situationen eingesetzt werden sollten.

Zunächst wird das Schema des Testszenarios auf das jeweilige Objektmodell des ODBMSs umgesetzt. Die Systeme bieten zwar teilweise unterschiedliche Modellierungsmittel (Mehrfachvererbung ist z.B. nicht immer möglich, mengenwertige Attribute werden bei manchen Systemen nicht oder nur eingeschränkt unterstützt usw.), aber im wesentlichen handelt es sich dabei lediglich um eine syntaktische Anpassung.

Die eigentliche Implementierung beginnt mit der Codierung der Zugriffsprofile aus den Testszenarien. Trotz des ODMG-Standards kommt man heute nicht darum herum, für jedes zu testende System eine eigene Implementierung zu erstellen. Dies liegt einerseits daran, daß der Standard noch nicht in allen Produkten vollständig realisiert worden ist. Zum anderen umfaßt er nicht alle Funktionsbereiche von ODBMSen. Trotzdem sollte soweit wie möglich portabler Code geschrieben werden, damit alle interessanten Produkte mit möglichst geringem Aufwand untersucht werden können. Ein gutes Hilfsmittel sind dabei abstrakte Protokollklassen. Dieser Ansatz wurde bereits im JUSTITIA-Benchmark erfolgreich angewendet.

Zusätzlich zu einem hohen Maß an Portabilität sollte bei der Implementierung auch Flexibilität und Parametrisierbarkeit angestrebt werden. Eine Benchmark-Implementierung, die durch Belegung von (Compile- oder Laufzeit-) Parametern flexibel an unterschiedliche Gegebenheiten anpaßbar ist, kann oftmals mehrere Zugriffsprofile und Testszenarien abdecken. Gute Beispiele dafür sind die Implementierungen des OO7- und JUSTITIA-Benchmarks.

Auf jeden Fall müssen die Codierungen für die verschiedenen Systeme hinsichtlich des Implementierungsaufwands und des Bedarfs an Laufzeitressourcen vergleichbar sein. Diese Regel wurde, wie oben geschildert, im OO7-Benchmark verletzt: Im Vergleich zu den deklarativ formulierten Queries erforderten die prozeduralen Varianten erheblich höheren Programmieraufwand.

Neben den Zugriffsprofilen muß auch eine Testumgebung realisiert werden. Typische Funktionen der Testumgebung sind:

- Generieren von Initialdatenbanken

- Steuern der Last

- Erfassen der Meßwerte

- Protokollieren der Meßwerte

Schritt 4: Konfiguration der Systeme

Parallel zur Implementierung kann bereits das Konfigurieren der Systeme stattfinden. Die gewählte Systemkonfiguration sollte mit der späteren Ablaufumgebung der Anwendung weitgehend identisch sein, damit die Meßergebnisse Rückschlüsse auf die Performance der ODBMSe in der Anwendung erlauben. Voraussetzung für einen fairen Vergleich der ODBMSe ist, daß die Konfiguration für die Systeme möglichst gleiche Bedingungen bietet und dieselbe Menge an Ressourcen bereitstellt.

Schritt 5: Durchführung der Testläufe

Anschließend können die Testläufe durchgeführt werden. Dies läßt sich weitgehend durch Kommandoskripten automatisieren. Während der Testläufe müssen Behinderungen durch andere Prozesse und Benutzer ausgeschaltet werden, damit die Meßergebnisse nicht verfälscht werden. Falls die Systemkonfiguration mehrere Rechner vorsieht (z.B. Datenbank-Server und Client auf verschiedenen Rechnern), muß die Netzbelastung durch andere Rechner minimiert werden. Wenn möglich, sollten sich die Testrechner in einem isolierten Segment des Netzwerks befinden. Falls für die Testläufe nur ein Rechner benötigt wird, kann es sinnvoll sein, ihn während der Testläufe vom Netzwerk abzukoppeln.

Die Testläufe sollten darüber hinaus mehrfach wiederholt werden, um verläßliche Mittelwerte der Meßgrößen bilden zu können.

Schritt 6:
Auswertung der
Testläufe

Bei der Auswertung der Testläufe werden die gewonnenen Meßwerte aggregiert. Zur Verarbeitung der Protokolle aus den Testläufen eignen sich u.U. Skriptsprachen wie *awk* [AKW88] oder *perl* [WSP96]. Zur graphischen Aufbereitung der Meßwerte bieten sich Tabellenkalkulationsprogramme und diverse Graphiktools an, die zum Teil auch als Public-Domain- oder Shareware-Versionen erhältlich sind (z.B. *gnuplot*).

Auf der Basis der Meßwerte kann nun die Performance der getesteten ODBMSe verglichen werden. Die Auswertung kann bereits einen eindeutigen Hinweis geben, für welches System in der Anwendung die beste Performance zu erwarten ist. Möglicherweise deutet sich aber auch an, daß kein System die erforderliche Performance bietet. Die Ursache dafür ist unter Umständen, daß die Benchmark-Implementierungen das Potential der Systeme nicht in ausreichendem Maße ausschöpfen. Um dies herauszufinden, kann man im nächsten Schritt Tuning-Maßnahmen ergreifen und das physische Datenbank-Design verbessern.

Schritt 7:
Tuning

Mit geschickten Tuning-Maßnahmen lassen sich die Antwortzeiten und Durchsätze beträchtlich verbessern. Dies gilt vor allem bei mittleren und großen Datenbanken (also solchen, deren Größe die üblichen Hauptspeichergrößen überschreitet). Tuning-Maßnahmen bedeuten eine Änderung der Konfiguration (z.B. Cache-Größe erhöhen), der Implementierung (z.B. Anfragen ausprogrammieren) oder des Testszenarios (z.B. Anzahl der Objekte, die innerhalb einer Transaktion bearbeitet werden, reduzieren). Daraus resultieren die in Bild 7.8 aufgezeigten Rückkopplungen.

7.3.3   Tuning

Unter dem Begriff Tuning wird hier jede Form von Leistungssteigerung verstanden, die zur Verbesserung der Performance von Datenbankapplikationen bzgl. konkreter Datenbanksysteme beiträgt. Die Verbesserung der ODBMS-Leistung besitzt gerade bei performance-kritischen Anwendungen hohe Relevanz. Falls für die Applikation bestimmte Durchsatzzahlen (z.B. Einfügen von 10000 Objekten je Sekunde, 10 Transaktionen je Sekunde) oder zeitliche Obergrenzen für bestimmte Operationen zu erbringen sind, müssen leistungssteigernde Maßnahmen ergriffen werden, um den Anforderungen zu genügen. Werkzeuge zum Monitoring (vgl. Abschnitt 6.8.3) sind hilfreich, um Engpässe zu analysieren.

Tuning ist für alle Datenbanksysteme eine komplizierte Angelegenheit, die viel Systemwissen auch über Realisierungs- und Architekturdetails erfordert. Natürlich bietet jedes ODBMS zu diesem Zweck einen mehr oder weniger umfangreichen Satz an „Stellschrauben". Die folgende Diskussion kann insofern nur von konkreten Systemen abstrahieren und die Grundprinzipien einer Performancesteigerung aufzeigen. Auch ist zu beachten, daß Tuningmaßnahmen in ihrer jeweiligen systemabhängigen, syntaktischen Form nicht unmittelbar von einem DBMS auf ein anderes übertragbar sind. Ebenso kann sich ihre Wirksamkeit von System zu System ändern. Tuningmaßnahmen können hinsichtlich einer Portierbarkeit daher kontraproduktiv sein.

Ebenen des Tunings

Ein Tuning für ODBMS-Applikationen ist prinzipiell auf mehreren Ebenen möglich.

1. Zunächst einmal können die vom DBMS benötigten Betriebssystemressourcen wie Dateien (zur Speicherung der Datenbanken) oder Shared Memory (zur Prozeßkommunikation) skaliert werden. Einstellungen erfolgen auf der *Betriebssystemseite*.

2. Jedes *objektorientierte DBMS* bietet darüber hinaus Möglichkeiten, systeminterne Größen wie Puffergrößen zu variieren.

3. Letztendlich ist es die *Applikation*, die durch gezielten und effektiven Einsatz der ODBMS-Konzepte die Performance maßgeblich prägt. Die Verwendung von Indexen zur Zugriffsbeschleunigung bei assoziativen Anfragen ist ein Beispiel dafür.

Diese drei Aspekte finden sich auch in Bild 7.8 wieder. Bei der Auswertung der Meßergebnisse eines Benchmarks können sich – bei unbefriedigenden Ergebnissen – Rückkopplungen ergeben, die zur neuen Konfiguration der DBMSe (Punkt 1 und 2) bzw. zur Modifikation der Testimplementierungen (Punkt 3) führen.

Das Optimierungspotential – aber leider auch der erforderliche Aufwand zur Durchführung der Optimierungen – nimmt mit jedem Punkt zu, so daß hier die Punkte 2 und 3 schwerpunktmäßig behandelt werden. Punkt 1 spielt eine eher untergeordnete Rolle und kommt insbesondere für die letzte Feinabstimmung in Frage, um wenige Millisekunden zu gewinnen.

Es ist zu beachten, daß nicht alle Tuningmaßnahmen notwendigerweise auch ausgenutzt werden müssen; mitunter reichen einige grundlegende Überlegungen bereits aus, um die Performance erheblich steigern zu können. Nur bei ganz zeitkritischen Anforderungen wird in der Regel ein Tuning bis ins letzte Detail erforderlich sein. Zudem können die einzelnen Tuningmaßnahmen nicht nur isoliert, sondern müssen auch in ihrem Zusammenspiel mit ihren jeweiligen Wechselwirkungen betrachtet werden.

Tuning auf Betriebssystemebene

Speicherungsform

Am einfachsten zu beeinflussen ist die Speicherung der Datenbank. Viele ODBMSe bieten zu diesem Zweck die Wahl zwischen Plattenpartitionen („Raw Devices") und normalen Dateisystemen an. Dateisysteme sind nicht speziell hinsichtlich einer Verwendung durch Datenbanksysteme optimiert, sondern haben eine Vielzahl an Bedürfnissen unterschiedlichster Art zu befriedigen. Die direkte Verwendung von Plattenpartitionen kann bei manchen Systemen Vorteile bringen, da auf dieser Basis eine auf das ODBMS abgestimmte Funktionalität wesentlich besser bereitgestellt werden kann.

Parallele
Plattensysteme

Als weiterer Schritt kann das Vorhandensein mehrerer Plattensysteme ausgenutzt werden, um beispielsweise Nutzdaten und systeminterne Daten wie Journal-Dateien zu verteilen. Beim Schreiben und Lesen kann das DBMS somit die Plattensysteme parallel beauftragen. Natürlich kann aus analogen Erwägungen auch eine Datenbank auf mehrere Plattensysteme verteilt werden.

Größe des
Dateisystempuffers

Bei Verwendung von Dateisystemen ist die Größe der Dateisystempuffer von Relevanz, um Lese- und Schreiboperationen auf Platte zu beschleunigen. Liest ein DBMS Daten, so wird der Dateisystempuffer mit Daten gefüllt, in der Regel in einer gröberen Einheit, als das System angefordert hat. Nachfolgende DBMS-Zugriffe finden folglich Daten bereits im Puffer vor. Speichert ein DBMS Daten in der Datenbank, so puffert das Betriebssystem zunächst die Daten im Dateisystempuffer, und erst wenn dieser gefüllt ist, erfolgt das Durchschreiben auf Platte. Je kleiner der Puffer ist, umso häufiger erfolgen kostspielige Plattenzugriffe. Zu große Puffer können andererseits der Anwendung den Speicher wegnehmen, so daß die Gefahr besteht, daß zu häufig Teile des Hauptspeichers vom Betriebssystem auf Platte ausgelagert werden.

Weitere Maßnahmen sind sehr speziell und erfordern zudem detaillierte Kenntnisse des DBMSs und des Zusammenspiels mit dem Betriebssystem.

Tuning auf ODBMS-Ebene

Jedes ODBMS hat eine Vielzahl an Parametern, die systeminterne Verwaltungseinheiten wie Cachegrößen einstellbar machen. Häufig lassen sich diese Systemparameter außerhalb des Applikationscodes beeinflussen. Dadurch ist ein Austesten der Applikation mit unterschiedlichen Parametern auf einfache Weise möglich. Einige Größen können auch im laufenden Betrieb geändert werden, ohne das DBMS herunterzufahren. Anders ist es, wenn die Einstellgrößen einer in der Applikation aufzurufenden DBMS-Initialisierungsroutine als Parameter zu übergeben sind; dann muß die Applikation entsprechend parametrisiert werden. Die einzustellenden Parameter variieren von System zu System und sind größtenteils von der jeweiligen Architektur, Objekt- oder Seiten-Server, abhängig.

Größe des
Client-Caches

Ein wichtiger Parameter aller ODBMSe ist die Größe des Client-Caches. Zur Besonderheit der objektorientierten DBMSe gehört es, die Kapazität der Client-Rechner zu nutzen, um so den Datenbank-Server zu entlasten. Als Folge davon übernimmt der Client viele Zugriffsoperationen, während der Server ihm die Daten zum Beispiel in Form von Seiten im Client-Cache zur Verfügung stellt. Auf den ersten Blick erscheint ein großer Cache als Allheilmittel. Nichtsdestoweniger sollte der Cache nicht überdimensioniert sein, da ansonsten häufig Teile des Caches aus dem Hauptspeicher ausgelagert werden müssen, so daß die Wirkung des Client-Caches ins Negative umschlagen kann. Hier gilt es, einen guten Kompromiß zu finden, der an die Anzahl der zu einem Zeitpunkt benötigten Objekte angepaßt und mit der Anzahl sonstiger vorhandener Prozesse abgestimmt ist.

Seitengröße

Die Größe der Übertragungseinheiten zwischen Server und Client ist ein weiterer Parameter, der zum Tuning verwendet werden kann. Bei Seiten-Servern kann die Größe der logischen Seiten (als Vielfaches einer Betriebssystemseite) eingestellt werden. Im Prinzip sind auch andere logische Datenbankeinheiten wie Segmente oder Container als Übertragungseinheiten denkbar. Werden häufig große Menge zusammengespeicherter Daten benötigt, dann sind große Einheiten vorteilhafter.

Dimensionierung
von Dateien

Die physische Speicherung der Datenbanken erfolgt normalerweise in Dateien. Eine Datenbank entspricht einer Datei; mitunter werden aber auch Teile von Datenbanken (Segmente, Container etc.) in einer eigenen Datei gespeichert. Ist eine Datei vollständig gefüllt, so muß das Betriebssystem damit beauftragt werden, sie zu vergrößern. Da dies eine kostspielige Aktion ist, ist es sinnvoller, die Datenbanken in ihrer erwarteten Maximalgröße vorab zu bemessen, um Dateierweiterungen zu reduzieren. Auch kann die Wachstumsrate, zu der die Datei erweitert werden soll, vorgegeben werden. Die Grenze zwischen ODBMS- und Applikationstuning ist nicht genau zu ziehen, da die Einstellung der Parameter zum Teil in der Applikation, zum Teil aber auch als Datenbankparameter erfolgen kann.

"Flush" der Journale

Aus Benutzersicht wird erwartet, daß alle Änderungen unmittelbar in die Datenbank übernommen werden. Ein derartiges Update-in-Place hat den gravierenden Nachteil, daß die Applikation durch langsame Plattenzugriffe bis zur endgültigen Änderungsdurchführung ("Flush") blockiert ist. DBMSe verwenden aus Schutz vor Datenverlusten intern Journal-Dateien, in denen alle Änderungen protokolliert werden. Da das Beschreiben der Journale weniger aufwendig ist als das direkte Zurückschreiben der Änderungen in die Datenbank, ist es sinnvoll, zunächst einmal nur das Journal zu pflegen. Das ODBMS kann den aktuellen Datenbestand anhand des Journals später zu einem ihm genehmen Zeitpunkt rekonstruieren. Dieser Zeitpunkt ist mitunter durch die Anzahl Transaktionen, in Abhängigkeit der Journalgröße oder als expliziter Funktionsaufruf angebbar. Ein expliziter Aufruf ist immer dann angeraten, wenn zeitkritische Transaktionen bevorstehen, um so zu verhindern, daß während dieser Transaktion ein vom System gesteuertes, zeitaufwendiges Flush erfolgt.

Skalierung der Prozesse

Die Software objektorientierter DBMSe verteilt sich häufig auf mehrere Prozesse. Den Prozessen ist zum Teil eine verständliche Funktionalität zugeordnet. Beispielsweise kann es einen Lock-Server geben, der Sperren verwaltet. Manche Systeme erlauben, die Anzahl der Prozesse zu skalieren. So kann im Einbenutzerbetrieb auf den Lock-Server verzichtet werden, da es keine konfliktierenden Zugriffe zu verwalten gibt. Auch kann mitunter bei ausschließlicher Verwendung von lokalen Datenbanken auf demselben Rechner anstelle einer Client-Server-Version eine Ein-Prozeß-Version ausgewählt werden, bei der Anwendung und DBMS zu einem Programm zusammengebunden werden. Der Datentransfer und die Prozeßkommunikation können somit eingespart werden.

Tuning auf Applikationsebene

Die Performance von ODBMS-Applikationen kann ganz erheblich durch einen gezielten Einsatz der Datenbankkonzepte und einer dem System angemessenen Modellierung gesteigert werden.

Wahl der
Modellierungsmittel

Grundsätzlich sollte ein Datenbankschema so entworfen werden, daß die Vorteile der ODBMSe zum Tragen kommen. Das heißt, der Zugriff sollte größtenteils über Relationships traversierend erfolgen und weniger assoziative Suchen beinhalten.

Bei der Schemaerstellung sollte auch darauf geachtet werden, den Verwaltungsaufwand für Objekte, insbesondere den dadurch verursachten Speicherbedarf, niedrig zu halten: Weniger Speicherbedarf bedeutet in der Regel auch schnellere Zugriffe, da Objekte kleiner werden und speziell bei Seiten-Servern weniger Seitentransporte erforderlich werden. Hierzu bieten sich mehrere Möglichkeiten.

Spezielle Formen
von Relationships

Beziehungen werden in ODBMSen über Objektidentifikatoren realisiert: Ein Objekt enthält die Identifikatoren der in Beziehung stehenden Objekte. Verweist eine Beziehung auf ein Objekt in derselben Datenbank oder derselben logischen Gruppe (wie Container, Cluster etc.), so ist nicht der vollständige Objektidentifikator erforderlich; im Identifikator „codierte" Angaben über die Datenbank oder Gruppe können wegfallen. Einige Systeme erlauben daher, den Speicherbedarf für Relationships zu verringern, indem sie für lokale Beziehungen speicherreduzierte OID-Formen anbieten.

Unidirektionale Relationships benötigen weniger Speicherplatz als bidirektionale, da nur eine Richtung verwaltet werden muß. Dennoch ist eine sorgfältige Wahl geboten, da unidirektionale Relationships weniger Flexibilität hinsichtlich des Zugriffs bieten und das Traversieren entgegen der Richtung sehr inperformant wird.

„Manuelle"
Relationships

Auch kann es vorteilhaft sein, anstelle kollektionswertiger Relationships die Beziehungen als Arrays fester Größe im Programm zu verwalten, die dann die Referenzen der verwiesenen Objekte aufnehmen. Das setzt natürlich voraus, daß die maximale Anzahl der Beziehungen bekannt ist. Die Beziehungen werden dann unmittelbarer Bestandteil der Objekte, während das DBMS sie ansonsten vom Objekt getrennt, evtl. auf anderen Seiten ablegt. Auch kann gegebenenfalls auf 1-zu-1-Beziehungen verzichtet werden; das in Beziehung stehende Objekt kann ebenso gut als

Struktur eingebettet werden, wenn es nicht über andere Relationships referenziert wird.

Verzicht auf dynamische Objektanteile

Das Vergrößern von Objekten ist immer kritisch, da der ursprüngliche Platz in der Datenbank eventuell nicht mehr ausreicht, um das Objekt wieder aufzunehmen, und ein anderer Speicherplatz für das Objekt gesucht werden muß. Es empfiehlt sich daher, für dynamische Objektanteile wie Arrays eine Maximalgröße an Platz vorab zu reservieren, um dem Problem einer Objektverschiebung aus dem Weg zu gehen.

Assoziative Anfragen

Assoziative Anfragen erlauben dem Anwendungsprogrammierer, Datenbankzugriffe in kompakter Form zu formulieren. Selbstverständlich hängt die Performance von der Güte des Anfrageoptimierers ab. Da Anfragen nicht unbedingt die primäre Stärke von ODBMSen sind, kann es mitunter sinnvoller sein, Anfragen von Hand zu programmieren.

Spezielle Anfrage-Formen

Anfragen werden häufig auf dem Client abgearbeitet, was erfordert, daß die betroffenen Typ-Extents zum Client gebracht werden müssen. Demzufolge ist es vorteilhaft, die Anzahl der Transfers zu reduzieren. Eine Möglichkeit besteht darin, sich nicht die gesamte Ergebnismenge berechnen zu lassen. Manche DBMSe bieten spezielle Anfrageformen wie „Pick" oder „Exists" an, die genau ein Objekt aufsuchen bzw. auf Existenz eines Objekts prüfen. Weiß man, daß das Ergebnis nur aus einem einzelnen Objekt besteht, so kann das DBMS bei Verwendung von „Pick" die Suche nach dem ersten Auffinden abbrechen. Analoges gilt für Existenz-Abfragen. Gibt es derartige Möglichkeiten nicht, so kann es sinnvoll sein, den Zugriff mit einem expliziten Suchabbruch auszuprogrammieren.

Voranalysierte Anfragen

Voranalysierte oder sogar vorübersetzte Anfragen bieten Vorteile, wenn es häufig vorkommende Anfragemuster gibt, die mehrfach, evtl. auch mit unterschiedlichen Parametern aufgerufen werden. Der Aufwand für Analyse und teilweise Zugriffsplanerstellung erfolgt dann nur einmal.

Persistente Namen

Persistente Namen lassen sich gezielt einsetzen, um häufig aufzusuchende Objekte zugreifbar zu machen. Anstatt jeweils eine assoziative Suche nach dem Objekt zu starten, kann das Objekt direkt über seinen Namen angesprochen werden. Hält sich die Anzahl der Namen in Grenzen, so kann der Objektzugriff über einen definierten Namen einen erheblichen Zeitvorteil bringen.

Indexe

Assoziative Anfragen lassen sich durch Verwendung von Indexen beschleunigen. Indexe werden in der Regel über einem Attribut, einer Menge von Attributen und mitunter auch Relationships definiert. Existiert beispielsweise für den Objekttyp `Angestellter` ein Index über dem Attribut `Gehalt`, so werden Anfragen über das Gehalt besonders effizient abgearbeitet, da das DBMS zu jedem Gehalt sehr schnell die Menge der zugehörigen Objekte findet. Indexe können unterschiedliche Repräsentationen besitzen, die jeweils andere Vorzüge aufweisen. B-Baum-Indexe erlauben eine schnelle Bearbeitung von Bereichsanfragen der Art „Alle Angestellten mit einem Gehalt zwischen 3000 und 5000", während Hash-Indexe Vorteile bei Abfragen auf Wertegleichheit haben. Pfadindexe über Relationships unterstützen Anfragen, die Objekte in Beziehung setzen. Mitunter können zu einem Objekttyp mehrere Indexe, über unterschiedliche Attribute oder in verschiedenen Repräsentationen, vereinbart werden, wenn es mehrere oder widersprüchliche Zugriffsprofile gibt.

Indexe rechtfertigen ihren Einsatz erst ab großen Objektmengen und bei hoher Selektivität, d.h., wenn es zu einem indizierten Wert nur wenige Objekte gibt. Beim derzeitigen Entwicklungsstand der ODBMSe ist es auf jedem Fall ratsam, die Wirksamkeit von Indexen praktisch zu überprüfen. Der Einsatz ist sorgfältig abzuwägen, da Indexen ein nicht geringer Zusatzaufwand inhärent ist: Bei Änderungsoperationen müssen die Indexe aktualisiert werden. Bei manchen Datenbanksystemen ist der Verwaltungsaufwand dermaßen groß, daß es vorteilhafter ist, einen Index vor Änderungen zu löschen und dann vor Anfragen wieder einzurichten!

Im Fall von Subtyphierarchien ist es in der Regel günstiger, Indexe für jeden Subtyp einzurichten. Das unterstützt nicht nur einen direkten Zugriff auf den jeweiligen Subtyp. Zugriffe auf alle Elemente eines Obertyps (Gesamtextent) nutzen zumeist auch die subtypspezifischen Indexe. Indexe für die Obertypen bewirken andererseits häufig nur einen effizienten Zugriff auf die Obertyp-Instanzen.

Ein anderer Anwendungsfall für Indexe sind Eindeutigkeitsforderungen (Keys). Müssen die Objekte eines Typs bezüglich eines Attributs eindeutige Werte aufweisen, so kann ein „unique" Index die Kontrolle effizienter als ein Anwendungsprogramm übernehmen.

Je mehr Kenntnisse man über die internen Abläufe des DBMSs hat und sich auch Gedanken um physische Aspekte macht, um so mehr Optimierungspotential ist zu entdecken. So kann mitunter die Speicherung der Indexverwaltung beeinflußt werden, indem ein Index gezielt in vom Extent getrennte Speicherbereiche abgelegt wird, um so eine Streuung der Indexdaten über mehrere Seiten zu verhindern.

Clustering

ODBMSe sind immer dann besonders schnell, wenn sich die benötigten Objekte im Cache befinden. Dann erfolgt der Zugriff in Hauptspeichergeschwindigkeit. Müssen die Objekte erst vom Server angefordert und übertragen werden, so dauert der Zugriff erheblich länger. Folglich sollte der Datentransfer zwischen Server und Client bzw. zwischen Server und Hintergrundspeicher weitgehend reduziert werden. Ein günstiges Clustering trägt zur Reduktion beider Formen des Transfers bei.

Bei Seiten-Servern wird die Anzahl der Transfers verringert, wenn eine physische Seite bereits viele Objekte enthält, die von der Applikation benötigt werden. Eine entsprechende Gruppierung der Objekte läßt sich in vielen ODBMSen über Clustering-Direktiven einstellen, indem der Speicherungsort explizit angebbar ist, z.B. durch Angabe logischer Einheiten wie Container, Cluster und Segmente. Clustering muß immer gemäß den erwarteten Zugriffen erfolgen. Zum Beispiel ist es wahrscheinlich, daß zu einem Produkt auch häufig Informationen über das Handbuch und die Software benötigt wird. In diesem Fall bietet es sich an, zu jedem `Produkt`-Objekt die in Beziehung stehenden `Handbuch`- und `Software`-Objekte in unmittelbarer physischer Nähe zu speichern. Erfolgen jedoch des öfteren assoziative, aber nicht Index-unterstützte Zugriffe auf `Produkt`, so kann es sinnvoller sein, alle Produkte zusammenhängend abzulegen, damit die Suche nur wenige Plattenzugriffe erfordert. Die Verwendung eines Indexes erlaubt einen direkten Zugriff auf Objekte, so daß wiederum der ersten Alternative des Clustering der Vorzug zu geben ist. Es wird offenkundig, daß die einzelnen Tuningmaßnahmen immer in ihrem Zusammenspiel zu betrachten sind.

Objektgruppe

Objekt-Server erfordern eine andere Steuerung, da hier ohnehin immer Objekte zwischen Server und Clients transportiert werden, die Anwendung folglich nur das angeforderte Objekt bekommt. Dennoch kann der Kommunikationsaufwand reduziert werden, indem die Anzahl der Objekttransporte verringert wird; der Umfang der Transporte spielt dabei eine eher untergeordnete Rolle. Objektgruppen bieten dazu die Möglichkeit, eine Gruppe in der Anwendung zusammenzustellen und zu speichern. Umgekehrt kann das Ergebnis einer assoziativen Anfrage oder einer

Traversierung entlang einer mehrwertigen Beziehung als Objektgruppe aus der Datenbank geholt werden (Group Fetch).

Bei ODBMSen, die ihre Anfragen auf dem Server auswerten, ist darauf zu achten, daß die Leseoperationen vor Schreiboperationen stattfinden. Andernfalls müssen die im Client-Cache geänderten Objekte wieder zurück zum Server transportiert werden, damit dieser die Anfrage auf dem aktuellen Datenbestand ausführen kann.

Ersetzungsstrategien im Cache

Ersetzungsstrategien kommen ins Spiel, wenn der Cache vollständig mit Daten gefüllt ist. Das ODBMS muß dann Daten zurück in die Datenbank überspielen, um Platz zu schaffen. Welche Daten verdrängt werden, kann häufig über Strategien wie LRU (Least Recently Used) oder FIFO (First In, First Out) gesteuert werden. Die Strategie sollte so gewählt sein, daß die häufig oder wiederholt benötigten Daten nicht aus dem Cache ausgelagert werden. Um Auslagerungen zu verhindern, gibt es auch applikationsseitige Maßnahmen wie „Pin" (Objekt im Cache halten) und „Unpin" (explizite Freigabe nicht mehr benötigter Objekte vom Benutzer), die dem DBMS Entscheidungshilfen geben.

Wahl der Transaktionen

Transaktionen bieten ein großes Potential an Tuningmaßnahmen. Die Performance von Transaktionen wird zunächst einmal durch ihre Größe bestimmt. Transaktionen sollten nicht zu „klein" gewählt werden, da bei den ODBMSen der Zeitaufwand für das Commit relativ hoch ist. Das liegt daran, daß zum einen alle Änderungen in die Datenbank übernommen bzw. in der Journal-Datei protokolliert, und zum anderen alle Sperren wieder freigegeben werden. Spezielle Formen des Commit reduzieren den Aufwand dafür. So wird häufig ein „Commit-and-Hold" angeboten, das Änderungen zwar durchführt, die Sperren aber nicht freigibt. Ein erneutes Anfordern der Sperren entfällt also.

Parallelität

Ein Punkt, der in der bisherigen Diskussion vernachlässigt wurde, ist der Performancegewinn, der aus einem erhöhten Parallelbetrieb von Applikationen resultiert. Das ODBMS kann hier Unterstützung bieten, indem es parallele Zugriffe auf die Datenbank geschickt koordiniert und die Prozesse sich möglichst wenig gegenseitig blockieren läßt. Der primäre Ansatzpunkt hierfür liegt im effizienten Einsatz der Transaktionskonzepte und der Sperrverwaltung.

Spezielle Transaktionskonzepte

Besondere Transaktionskonzepte wie das „viele Leser, ein Schreiber"-Prinzip oder optimistische Sperrverfahren sind potentielle Kandidaten. Auch die Sperrgranularität beeinflußt die Parallelität, da kleine Sperreinheiten weniger Konflikte herbeiführen und insbesondere „False Waits" vermeiden. Aber auch bei großen Einheiten wie Seiten kann ein geschicktes Clustering Sperrkonflikte vermeiden.

Wartezeiten

Ein langes Warten auf vergebene Sperren läßt sich dadurch reduzieren, indem Wartezeiten eingestellt werden. Das ist insbesondere dann sinnvoll, wenn es im Prinzip mehrere „ähnliche" Objekte gibt, von denen nur eins benötigt wird; kann man das erste dieser Objekte nicht sperren, so weicht man auf ein anderes aus.

Vermeidung von Verklemmungen

Performanceverluste resultieren auch daraus, daß Verklemmungen auftreten, die zum Zurücksetzen und folglich zur wiederholten Ausführung von Transaktionen führen. Man kann die Applikationsprogrammierung so weit treiben, daß die Transaktionen von Hand synchronisiert werden und Deadlocks nicht auftreten können. Der dafür erforderliche Aufwand ist auf jedem Fall mit dem Nutzen abzuwägen.

Einbenutzerbetrieb

Letztendlich kann die Transaktionssteuerung mitunter ganz ausgeschaltet werden, z.B. wenn die Anwendung ohnehin nur im Einbenutzerbetrieb gefahren wird.

8 Produkte

Der Markt für objektorientierte Datenbanksysteme hat in den letzten Jahren eine rasante Entwicklung erfahren. Inzwischen werden mehr als ein Dutzend verschiedene Systeme angeboten, die sich hinsichtlich Leistungsmerkmale und Performance stark unterscheiden. Die Mehrheit der Produkte kommt aus den USA. Daneben sind aber auch einige europäische Anbieter auf dem Markt vertreten.

Die folgenden Abschnitte geben eine kurze Übersicht über einige weit verbreitete, kommerzielle ODBMSe. Im einzelnen sind dies die Systeme GemStone, O_2, Objectivity/DB, ObjectStore, POET und Versant. Die Hersteller dieser Systeme planen für die nächste Zeit eine ODMG-konforme Implementierung bzw. haben die Schnittstellen des Standards bereits teilweise realisiert.

Die nachfolgenden Systembeschreibungen geben einen Eindruck von den charakteristischen Eigenschaften der Produkte, wobei sich die Informationen zu den einzelnen Produkten auf die aktuellen Versionen zum Zeitpunkt der Drucklegung beziehen. Auf Aspekte, die sich erfahrungsgemäß sehr schnell ändern, wie z.B. unterstützte Plattformen, wird nicht eingegangen.

Weitergehende Produktinformationen sind von den Herstellern erhältlich. Anhang D.1 enthält die Anschriften der Hersteller und Vertriebspartner dieser und einiger weiterer Produkte.

8.1 GemStone

Mit *GemStone* kam 1987 eines der ersten kommerziellen ODBMSe auf den Markt. Der Hersteller des Systems ist *GemStone Systems, Inc.* mit Firmensitz in den USA.

Die besondere Zielsetzung von GemStone liegt in der Entwicklung von unternehmensweiten, objektorientierten Applikationen. Mit Hilfe von GemStone läßt sich eine Drei-Schichten-Architektur aufbauen, bei der das ODBMS als Verbindungsglied zwischen den objektorientierten Applikationen und den Unternehmensdatenbeständen dient. GemStone wird deshalb vom Hersteller auch als *Object Application Server* bezeichnet. Neben der Speicherung von Daten im ODBMS selbst ermöglicht der Object Application Server mittels Gateways den transparenten Zugriff auf (auch bereits existierende) relationale Datenbestände.

Zur Entwicklung von ODBMS-Applikationen bietet GemStone eine eigene, Smalltalk-basierte Datendefinitions- und Manipulationssprache namens *GemStone Smalltalk*. Daneben verfügt Gem-Stone über Schnittstellen zu Visual Works (ParcPlace\Smalltalk), Visual Age (IBM Smalltalk) und Visual Smalltalk (Smalltalk/V), und über Sprachschnittstellen für C++ und C. Die verschiedenen Sprachschnittstellen sind interoperabel, so daß die Objekte einer Datenbank von allen Schnittstellen aus zugreifbar sind. D.h., ein Objekt, das in C++ erzeugt wurde, kann von einer Applikation in GemStone Smalltalk gelesen werden und umgekehrt.

GemStone Smalltalk ist eine vollständige, objektorientierte Programmiersprache, die um die typischen Konzepte einer Datenbanksprache erweitert wurde. Das Objektmodell von GemStone Smalltalk liegt in Form einer umfangreichen Klassenhierarchie vor, die neben den üblichen Smalltalk-Klassendefinitionen auch Klassen für die Transaktionssteuerung, für Indexe, für Autorisierung und andere Datenbankfunktionen umfaßt. Die Klassenhierarchie ist erweiterbar, so daß applikationsspezifische Klassendefinitionen direkt aus den vordefinierten Klassen abgeleitet werden können. Neben den Standarddatentypen für Zahlen, Datumsangaben und Zeichenketten beinhaltet die Klassenhierarchie u.a. auch Klassen für verschiedene Kollektionstypen wie `Array`, `Set` und `Dictionary`. Die Klassenhierarchie sieht an vielen Stellen Subklassen mit speziellem Verhalten vor, wie z.B. `HashDictionary` für ein über Hash-Verfahren realisiertes Dictionary.

Zusammen mit der GemStone Smalltalk-Schnittstelle wird eine Reihe von Programmierwerkzeugen geliefert, u.a. ein Schema-Editor, ein Datenbank-Browser, Debugging-Tools und ein Werkzeug zur Benutzerverwaltung.

GemStone läßt sich als verteiltes System in einem heterogenen Netzwerk betreiben. Hauptkomponenten der GemStone-Architektur sind das *Object Repository*, in dem die persistenten Objekte gespeichert werden, und die miteinander kooperierenden Gem- und Stone-Prozesse. *Gems*, die Object Manager-Prozesse, stellen die Schnittstelle zu den Benutzer-Applikationen dar. Sie sind für den Zugriff auf die im Repository gespeicherten Objekte und für die Ausführung von GemStone Smalltalk-Methoden zuständig. Eine Benutzer-Applikation kann mit einem oder mehreren Gem-Prozessen verbunden sein. *Stones*, auch Repository Monitor-Prozesse genannt, synchronisieren die Datenbankzugriffe im Mehrbenutzerbetrieb und verwalten die Systemressourcen. Sie übernehmen u.a. die Transaktions- und Sperrverwaltung, sind für die Vergabe von Objektidentifikatoren zuständig und führen Recovery-Maßnahmen durch. Jeder Datenbank ist genau ein Stone-Prozeß zugeordnet. GemStone-Datenbanken können physikalisch auf mehrere Host-Rechner verteilt werden.

Zur Synchronisierung konkurrierender Zugriffe im Mehrbenutzerbetrieb unterstützt GemStone sowohl ein optimistisches als auch ein pessimistisches Verfahren. Beim pessimistischen Verfahren müssen die Sperren explizit vom Benutzer angefordert werden. Der Zugriffsschutz wird über verschiedene Verfahren sichergestellt. Eine Login-Autorisierung mittels Paßwort verhindert unberechtigte Zugriffe auf das Object Repository. Zusätzlich ist in GemStone jedes Objekt in der Datenbank einem Autorisierungsobjekt, auch *Segment* genannt, zugeordnet. Segmente definieren Zugriffsrechte, wobei für alle Objekte, die einem Segment zugeordnet sind, dieselben Zugriffsrechte gelten. Bestimmte GemStone Smalltalk-Methoden, wie z.B. `shutDown` dürfen außerdem nur von solchen Benutzern ausgeführt werden, die über entsprechende Privilegien verfügen.

Zur Datensicherung wird von GemStone eine Reihe von Werkzeugen zur Verfügung gestellt. Falls das System aufgrund von schwerwiegenden Systemfehlern angehalten werden muß, helfen Backups, einen aktuellen, konsistenten Datenbankzustand zu rekonstruieren. Mit vollständigen Backups wird ein „Schnappschuß" der gesamten Datenbank angelegt, inkrementelle Backups schreiben alle Änderungen seit dem letzten Backup mit. Der Backup-Prozeß erfolgt online und ist für die laufenden Applikationen nicht sichtbar. Werden sehr hohe Anforderungen an die Datensicherheit gestellt, kann in GemStone mit replizierten Datenbeständen gearbeitet werden. Die replizierten Daten werden vom System automatisch aktuell gehalten, so daß im Falle eines schweren Hardware-Fehlers auf den Originaldaten sofort auf die Kopie umgeschaltet werden kann.

8.2   O$_2$

Das O_2-Datenbanksystem ist aus einem Forschungsprototyp hervorgegangen, der von 1986 bis 1990 von dem Altair Forschungskonsortium in Frankreich entwickelt wurde. Seit 1991 wird das System von der Firma O_2 *Technology*, deren Zentrale sich in Versailles, Frankreich befindet, weiterentwickelt und vertrieben.

Zielsetzung der Hersteller war es, ein Datenbanksystem zu konzipieren, das mit ausgefeilten objektorientierten Eigenschaften ausgestattet ist und auch für große Datenbanken (größer als 10 GB) mit einer Vielzahl von konkurrierenden Benutzern eingesetzt werden kann. O_2 läßt sich als Single-Server/Single-Client- oder als Single-Server/Multi-Clients-Architektur konfigurieren. Die Besonderheiten von O_2 liegen in seinem orthogonalen Typsystem, dem ausgereiften Persistenzkonzept und der mächtigen Anfragesprache. Für spätere Systemversionen sind auch Workgroup-Computing-Mechanismen wie CheckIn/-CheckOut, lange Transaktionen etc. geplant.

O_2 verfügt über eine eigene Datenbanksprache, O_2C genannt. O_2C orientiert sich im wesentlichen an der Programmiersprache C, angereichert um das O_2-Typsystem und einige von C++ übernommene objektorientierte Konzepte. Mit Hilfe der Typkonstruktoren `set()`, `list()`, `unique set()` und `tuple()` können im O_2-Typsystem beliebig komplexe Typen definiert werden. Neben den üblichen atomaren Typen wie `integer`, `boolean`, `string` etc. verfügt O_2 auch über einen Typ zur Darstellung von BLOBs (Binary Large Objects). Schnittstellen zu C und C++ werden in Form von Klassenbibliotheken angeboten. Die Klassenbibliotheken sorgen für die Umsetzung der C- bzw. C++-Klassen auf das datenbankintern verwendete O_2C-Format.

Die Persistenz von Objekten wird in O_2 über „persistence by reachability" realisiert. Beliebige Objekte können durch persistente Variablen mit einem Namen versehen werden und dienen damit als Einstiegspunkte in die Datenbank. Alle benannten Objekte und alle von einem benannten Objekt aus erreichbaren Objekte werden persistent in der Datenbank abgelegt. Mit Ausnahme der persistenten Variablen braucht der Programmierer also nicht explizit festzulegen, welche Objekte persistent sind und welche nicht. Transiente Objekte können jederzeit zu persistenten Objekten gemacht werden und umgekehrt. Sobald ein Objekt von keinem anderen Objekt mehr referenziert wird, wird es gelöscht. Ein *Garbage Collector* sorgt intern für die Reorganisation des Speichers.

Der Kern des O_2-Datenbanksystems ist die *O_2Engine*, die aus drei Schichten besteht:

- Die oberste Schicht ist der *Schema Manager*, mit dem Klassen und Schemata verwaltet werden. Der Schema Manager ist verantwortlich für das Erzeugen, Ändern und Löschen von Klassen, Methoden und globalen Namen, und für die Überprüfung der Konsistenz eines Schemas.

- Die mittlere Schicht ist der *Object Manager*, der u.a. Objekte und Indexe verwaltet, für die Zustellung von Nachrichten zuständig ist, das Persistenzkonzept sicherstellt und Clustering-Strategien implementiert.

- Die unterste Schicht ist der *Disk Manager* zur Verwaltung des Hintergrundspeichers.

Bild 8.1:
Die O_2 Tool-
Architektur

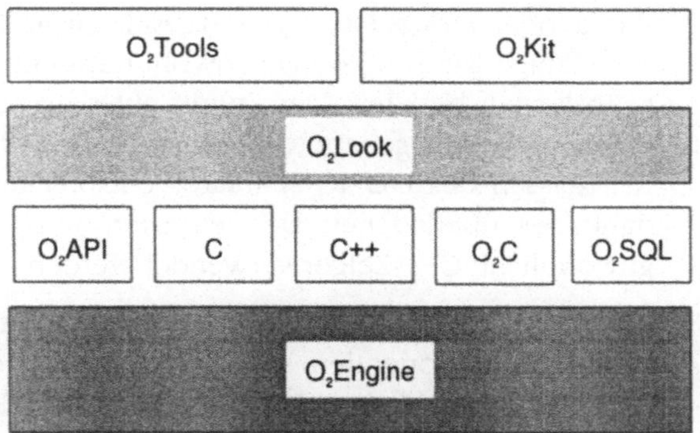

Die verschiedenen Programmierschnittstellen und Tools, die zu O_2 erhältlich sind, bauen auf der O_2Engine auf (vgl. Bild 8.1). ODBMS-Applikationen können mit den Sprachschnittstellen für O_2C, C und C++ entwickelt werden; mit *O_2API* steht zusätzlich ein primitives API (Application Programming Interface) zur Verfügung. *O_2SQL* ist eine SQL-artige Anfragesprache, mit der mächtige Anfragen auf komplex strukturierten Objekten formuliert werden können. Die Anfragesprache von O_2 war Vorbild für die OQL des ODMG-Standards. O_2SQL kann sowohl als ad-hoc-Anfragesprache als auch innerhalb der Sprachschnittstellen verwendet werden.

Mit *O_2Look* verfügt der Applikationsprogrammierer über einen Motif-basierten, objektorientierten GUI-Generator, der voll mit dem Datenbanksystem integriert ist und mit dem in kurzer Zeit eindrucksvolle Oberflächen geschaffen werden können. *O_2Tools* ist eine graphische Entwicklungsumgebung, die u.a. einen Browser und Editor für Datenbankobjekte enthält, eine Komponente zur Formulierung von Anfragen, und einen Debugger für O_2-Applikationen. *O_2Kit* schließlich ist eine Sammlung von wiederverwendbaren Komponenten, d.h. von vordefinierten Klassen und Objekten.

8.3   Objectivity/DB

Hersteller von *Objectivity/DB* ist die Firma *Objectivity, Inc.* aus den USA. Die erste Version von Objectivity/DB erschien 1990 auf dem Markt.

Objectivity/DB besitzt Schnittstellen zu Smalltalk, C und C++. Die Smalltalk-Schnittstelle ist bereits kompatibel zum ODMG-Standard. In der C++-Variante werden persistenzfähige Klassen direkt oder indirekt von der Basisklasse ooObj abgeleitet. Persistenzfähige Klassen können sowohl transiente als auch persistente Instanzen besitzen. Der Zugriff auf persistente Objekte erfolgt generell über sogenannte *Handle*-Klassen, die weitgehend den Ref-Klassen des ODMG-Standards entsprechen. Handles können dank des überladenen Dereferenzierungsoperators ähnlich wie gewöhnliche C++-Zeiger verwendet werden.

Die Datendefinitionssprache zur Beschreibung von persistenzfähigen Klassen orientiert sich an der Syntax der jeweiligen Programmiersprache, also C++ oder Smalltalk. Über die wichtigsten Konstrukte dieser Sprachen hinaus beinhaltet das Objektmodell sinnvolle Erweiterungen, wie z.B. die vordefinierten Klassen ooVArray (dynamisches Feld), ooString (Zeichenkette fester Länge), ooVString (Zeichenkette dynamischer Länge) und ooMap (Dictionary). Des weiteren gibt es ein- und mehrwertige Relationships, deren referentielle Integrität vom System gewährleistet wird. Über Relationships können einige Arten von Objektzugriffen (wie das Löschen oder Sperren) auf die referenzierten Objekte propagiert werden. Mit diesem Hilfsmittel kann die Bearbeitung von komplexen (zusammengesetzten) Objekten vereinfacht werden.

Objectivity/DB unterstützt MROW-Transaktionen (Multiple Readers, One Writer), die im Vergleich zum herkömmlichen Transaktionsmodell einen höheren Grad an Parallelarbeit in nebenläufigen Datenbankapplikationen bieten. Während ein Prozeß ein Objekt innerhalb einer MROW-Transaktion modifiziert, steht es anderen Prozessen weiterhin für lesende Zugriffe zur Verfügung.

Die Architektur orientiert sich am Client/Server-Modell, wobei zwei Server-Kategorien unterschieden werden. Ein zentraler Lock-Server, der genau einmal im Netzwerk existiert, koordiniert die Zugriffe der Datenbank-Clients. Er registriert die Datenbankzugriffe und verwaltet die erforderlichen Sperren. Die Sperrgranularität ist dabei ein *Container*, d.h. eine Menge von Objekten. Auf jedem Rechner, auf dem Datenbanken abgespeichert werden, ist ein Daten-Server dafür verantwortlich, die Zugriffswünsche der Clients zu empfangen und die benötigten Daten an den richtigen Client zu übertragen. Die kleinste Übertragungseinheit zwischen Daten-Server und Client ist eine Seite. Als Alternative zu den Daten-Servern kann auch NFS (*Network File System*) verwendet werden. Dank eines plattformunabhängigen internen Datenbankformats gewährleistet Objectivity/DB in jedem Fall volle Interoperabilität in heterogenen Umgebungen.

Ein separat erhältliches Produkt, *Objectivity/Partitions*, reduziert die Abhängigkeit vom zentralen Lock-Server und erhöht die Verfügbarkeit des Gesamtsystems. Objectivity/Partitions ermöglicht es, autonome Gruppen von Datenbanken zu bilden. Jede dieser autonomen Gruppen verfügt über einen eigenen Lock-Server. Im normalen Betrieb ist der Zugriff auf alle Datenbanken in allen Gruppen möglich. Wenn die Verbindung zu den Rechnern einer Gruppe abbricht, können zwar deren Datenbanken nicht mehr angesprochen werden, aber auf den Datenbanken der restlichen Gruppen ist die Weiterarbeit uneingeschränkt möglich. Objectivity/Partitions ist aufgrund dieser Eigenschaft u.a. sehr gut für den Einsatz in Weitverkehrsnetzen geeignet, bei denen die Verbindungen aus technischen oder finanziellen Gründen nicht ständig aufrecht erhalten werden können.

Die Query-Komponente von Objectivity/DB ermöglicht assoziative Anfragen, die in einer proprietären Anfragesprache ausgedrückt werden. Die Query-Auswertung kann durch Indexierung der angesprochenen Attribute beschleunigt werden. Daneben bietet der Hersteller mit *Objectivity/SQL++* ein weiteres, interessantes Zusatzprodukt an, das den Zugriff auf Objectivity-Datenbanken über SQL ermöglicht. Dabei steht der volle Funktionsumfang von ANSI SQL-89 und ANSI SQL-92 (*Entry Level* und teilweise *Intermediate Level*) zur Verfügung. Zusätzlich existieren einige objektorientierte Erweiterungen zur Nutzung von Objectivity-Features, die von ANSI SQL nicht unterstützt werden.

Objectivity/SQL++ beinhaltet eine interaktive Schnittstelle, über die ad-hoc-Anfragen abgesetzt werden können, und eine Programmierschnittstelle.

Objectivity/DB wird mit einigen Werkzeugen wie Online-Backup/Restore, einem Defragmentierer und einem Datenbank-Browser geliefert.

8.4   ObjectStore

ObjectStore ist ein Produkt der 1988 gegründeten Firma *Object Design, Inc.*, die in mehreren Ländern, darunter auch Deutschland, mit eigenen Niederlassungen vertreten ist. Release 1.0 von ObjectStore kam im Oktober 1990 auf den Markt. Das System verfügt derzeit über Sprachschnittstellen zu C++, C und Smalltalk.

In ObjectStore ist Persistenz eine zu den Datentypen orthogonale Eigenschaft. Grundsätzlich sind alle Datentypen persistenzfähig, d.h., es können sowohl transiente als auch persistente Instanzen angelegt werden. Eine persistenzfähige Basisklasse ist dazu nicht erforderlich. Somit ist es möglich, nicht nur Instanzen von Klassen, sondern auch einzelne Werte der Basisdatentypen wie int oder char in einer Datenbank abzuspeichern.

Transiente und persistente Objekte können mit ein und denselben Sprachkonstrukten und Funktionen manipuliert werden. Dadurch wird vermieden, daß der Anwendungsprogrammierer unterschiedliche Schnittstellen für die Behandlung von transienten und persistenten Objekte erlernen und beherrschen muß. Die Vorteile liegen im niedrigen Einarbeitungsaufwand und der guten Wartbarkeit der Anwendungsprogramme. Darüber hinaus vereinfacht sich auch die Übernahme und Migration von bestehenden C++-Quelltexten, in denen Persistenz bislang ohne Datenbankunterstützung realisiert wurde.

Die Eigenschaft, ob ein Objekt persistent oder transient sein soll, wird zum Erzeugungszeitpunkt festgelegt. Die weiteren Zugriffe, einschließlich der Löschoperation, erfordern keine syntaktische Unterscheidung zwischen persistenten und transienten Objekten mehr.

Grundsätzlich kann das vollständige Typsystem der Programmiersprache verwendet werden, um persistenzfähige Klassen zu definieren. Weitergehende Modellierungsmittel stehen in Form von Kollektionen (Array, Bag, Dictionary, List und Set) und bidirektionalen Beziehungen, deren referentielle Integrität vom

System gewährleistet wird, zur Verfügung. Auf den Kollektionen sind komplexe Queries möglich, die mit einer proprietären Anfragesprache formuliert werden.

Die Architektur von ObjectStore verfolgt einen interessanten Ansatz, der auf einer direkten Abbildung von Hauptspeicherseiten auf Seiten des Hintergrundspeichers beruht (*Virtual Memory Mapping Architecture*). ObjectStore arbeitet in gewisser Hinsicht ähnlich wie Betriebssysteme mit virtueller Speicherverwaltung. Der virtuelle Speicher stellt bei diesen Betriebssystemen eine Erweiterung des physischen Hauptspeichers dar. Das Betriebssystem sorgt dafür, daß jederzeit die gerade benötigten Teile des virtuellen Adreßraums im physischen Hauptspeicher zur Verfügung stehen. Dazu müssen Seiten des Hauptspeichers auf den Hintergrundspeicher ausgelagert und bei Bedarf wieder geladen werden.

ObjectStore erweitert den virtuellen Adreßraum in analoger Weise auf einen sehr großen, persistenten Adreßraum mit einer maximalen Größe von 2^{89} Bytes (Bild 8.2). Dabei werden dieselben Hardware-Mechanismen ausgenutzt, die auch von der Speicherverwaltung des Betriebssystems verwendet werden. Wenn ein persistentes Objekt angesprochen wird, das sich noch nicht im virtuellen Hauptspeicher befindet, generiert das Betriebssystem eine Unterbrechung (*Memory Fault*). ObjectStore fängt diese Unterbrechung ab und überträgt die Seite des persistenten Adreßraums, auf der das benötigte Objekt liegt, in den virtuellen Speicher. Weitere Zugriffe auf das Objekt erfordern keine Aktionen von ObjectStore mehr und erfolgen mit der üblichen, hohen Geschwindigkeit von Zugriffen auf den virtuellen Hauptspeicher.

Bild 8.2:
Virtual Memory
Mapping Architecture

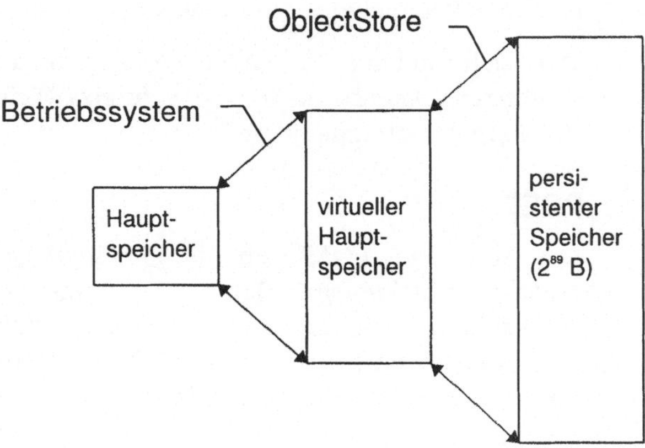

ObjectStore eignet sich für Standalone-Systeme ebenso wie für den Einsatz in LANs. In verteilten Umgebungen wird volle Heterogenität bezüglich der Plattformen und Compiler unterstützt.

ObjectStore ist nach dem Client/Server-Prinzip aufgebaut. Ein Client kann innerhalb einer Transaktion Daten von mehreren Servern bearbeiten. Auf jedem Client-Rechner wird ein Object-Store-Prozeß, der sogenannte Cache-Manager, gestartet. Er verwaltet den Client-Cache aller Applikationen, die auf dem Rechner ablaufen. Der Client-Cache reduziert die Häufigkeit der Kommunikation mit den Datenbankservern. Eine Besonderheit ist dabei, daß der Cache Daten über Transaktionsgrenzen hinweg speichert. Bei vielen anderen Systemen wird der Cache-Inhalt am Transaktionsende gelöscht, wenn die Sperren auf diesen Objekten aufgegeben werden müssen. Wird dann in einer Folgetransaktion wieder auf diese Objekte zugegriffen, müssen sie erneut vom Server geholt werden. ObjectStore hält dagegen den Cache-Inhalt über Transaktionsgrenzen aufrecht, ohne jedoch die Sperren beizubehalten. Ein spezielles Callback-Protokoll garantiert die Konsistenz der Client-Caches.

Die Datensicherung wird durch zwei mächtige Werkzeuge unterstützt. Mit *osbackup* kann eine Datenbank im laufenden Betrieb gesichert werden, ohne die Applikationen zu behindern. Wahlweise kann eine vollständige oder inkrementelle Sicherung gemacht werden. Bei einem Plattendefekt läßt sich der Datenbankinhalt zum Zeitpunkt der letzten Sicherung restaurieren. Seit Release 4.0 ist das sogenannte *Archive Logging* implementiert. Dabei werden parallel zum laufenden Betrieb *Archive Logs* erzeugt, die die Änderungen der Datenbank beschreiben. Mit ihrer Hilfe kann nach einem Plattendefekt der Zustand nach dem letzten erfolgreichen Commit wiederhergestellt werden.

Der Lieferumfang beinhaltet darüber hinaus Werkzeuge wie *osbrowser* (Datenbank-Browser), *ossevol* (Schemaevolution) und *oscompact* (Defragmentierer).

8.5   POET

Das Akronyom *POET* steht für *Persistent Objects and Extended Database Technology*. Dahinter verbirgt sich eines der nach Stückzahlen meistverkauften ODBMSe. POET ist ein Produkt eines deutschen Anbieters, der *POET Software GmbH* aus Hamburg. Gegründet wurde die Firma 1984 unter dem Namen BKS

Software. Nach der Markteinführung von POET im Jahr 1991 erfolgte schließlich die Umbenennung in POET Software GmbH. Die Wurzeln des Systems liegen im PC-Bereich. Darüber hinaus ist POET seit einigen Jahren auf zahlreichen weiteren Plattformen verfügbar. POET Software zeichnet sich durch eine interessante Preisstaffelung aus, die Anwendern einen preisgünstigen Einstieg in die ODBMS-Welt erlaubt. So ist z.B. die Einzelplatzlizenz für PCs unter Microsoft Windows bereits für einen geringen Betrag erhältlich.

Persistenzfähige Klassen müssen mit dem Schlüsselwort `persistent` gekennzeichnet werden. Die Instanzen dieser Klassen sind nicht automatisch persistent. Neue Objekte werden zunächst grundsätzlich transient angelegt. Um ein Objekt persistent zu machen, muß ihm eine Datenbank zugewiesen werden. Anschließend kann es mittels eines weiteren Methodenaufrufs in dieser Datenbank dauerhaft abgespeichert werden. Im übrigen können persistente und transiente Objekte weitgehend gleich behandelt werden.

Bei POET handelt es sich um ein C++-basiertes System, das gut auf diese Programmiersprache abgestimmt ist. Bei der Definition von persistenzfähigen Klassen kann ein großer Teil des Typsystems von C++ angewandt werden. Eine sinnvolle Erweiterung sind mehrwertige Beziehungen zwischen Objekten. Damit lassen sich auch „abhängige" Objekte modellieren, die beim Löschen des übergeordneten Objekts mitgelöscht werden sollen. Natürlich können alle C++-Basisdatentypen sowie selbstdefinierte Klassen bei der Definition von persistenzfähigen Klassen benutzt werden. Darüber hinaus stehen einige nützliche, vordefinierte Klassen wie `PtString` (für Zeichenketten), `PtDate` (Datum), `PtTime` (Uhrzeit) und `PtBlob` (Binary Large Object, unstrukturiertes Datenfeld) zur Verfügung.

Die Query-Komponente erlaubt mächtige, assoziative Anfragen auf Extensionen. Anfragen können mit Hilfe von C++-Funktionen und einer Anfragesprache formuliert werden. Letztere orientiert sich an der OQL des ODMG-Standards.

POET unterstützt Mehrbenutzer-Applikationen, erlaubt es aber auch, Applikationen im Einbenutzer-Modus ablaufen zu lassen. Die Architektur beruht auf dem Client/Server-Modell. Der Server ist ein Objekt-Server, d.h. es werden Objekte, und nicht etwa Seiten, zwischen Server und Client ausgetauscht. In einem Netzwerk können mehrere Servers und Clients zusammenarbeiten. Sie können ohne weiteres auf unterschiedlichen Hardware-

und Betriebssystem-Plattformen ablaufen. Dank eines einheitlichen internen Datenbankformats ist Interoperabilität zwischen allen Plattformen gewährleistet.

Für Mehrbenutzer-Anwendungen sind die Workgroup-Features von Interesse. POET bietet in diesem Bereich u.a. *Change Notifications*, die auf der Granularität von Objekten arbeiten. Eine Applikation kann dabei dem System z.B. mitteilen, daß sie stets benachrichtigt werden soll, wenn ein bestimmtes Objekt geändert wird. Ein weiteres, nützliches Leistungsmerkmal sind *Workspaces*, die in Verbindung mit den Operationen *CheckOut* und *CheckIn* private Arbeitsbereiche realisieren.

Eine Stärke von POET ist die gelungene Integration mit wichtigen Industriestandards aus dem PC-Bereich. POET verfügt neben einer ODBC-Schnittstelle auch einen Anschluß an Microsoft's *OLE 2.0 (Object Linking and Embedding)*. OLE gestattet den Austausch von Objekten zwischen Applikationen über ein einheitliches Protokoll. Mit diesem Hilfsmittel läßt sich beispielsweise eine Anwendung realisieren, bei der eine Excel-Tabelle mit Daten aus einer POET-Datenbank versorgt wird.

POET umfaßt einige nützliche Entwicklungs- und Administrationswerkzeuge. Die Datensicherung wird durch ein Online-Backup-Tool unterstützt.

8.6   Versant

Das objektorientierte Datenbanksystem *Versant* ist seit 1990 auf dem Markt. Das System wird von der Firma *Versant Object Technology* entwickelt und vertrieben, die 1988 gegründet wurde und ihren Firmensitz in Menlo Park, Kalifornien hat. Versant wurde von Anfang an als Datenbanksystem für den Mehrbenutzerbetrieb in verteilten, heterogenen Umgebungen konzipiert. Die Multi-Clients/Multi-Servers-Architektur läßt sich auf allen gängigen Unix- und PC-Plattformen installieren und bietet spezielle Systemfunktionen zur Unterstützung von kooperierenden Entwicklergruppen. Das *Language Interface* liefert Schnittstellen für C, C++, Smalltalk und Java.

Die Architektur des Systems wird vom Hersteller als „balancierte Client/Server-Architektur" bezeichnet. Anders als in clientzentrierten ODBMS-Architekturen werden in Versant Datenbankoperationen gleichmäßig auf Client und Server verteilt ausgeführt. Der Server übernimmt die Rolle eines Objekt-Servers, d.h. die Übertragungseinheit zwischen Server und Client sind Objekte. Neben einem Objekt-Cache auf der Clientseite gibt es einen Seiten-Cache auf der Serverseite, mit dem Plattenzugriffe minimiert werden. Aufgrund der Systemarchitektur kann die Bearbeitung von assoziativen Anfragen direkt auf dem Server ausgeführt werden. Bei komplexen Anfragen hat das eine erhebliche Reduzierung der über das Netz zu transportierenden Datenmengen zur Folge. Die Sperrgranularität bei Versant sind ebenfalls Objekte anstelle von Seiten oder anderen größeren Einheiten. Sperren auf Objektebene sind von großem Vorteil bei Anwendungen, die durch viele parallele Zugriffe geprägt sind. Denn mit Objekten als Sperreinheit können keine „false waits" oder „false deadlocks" auftreten, bei denen sich konkurrierende Benutzer unnötigerweise gegenseitig behindern.

Versant verwendet rein logische Objektidentifikatoren (LOIDs). Datenbankobjekte lassen sich damit problemlos im Speicher verschieben und zwischen den Rechnern migrieren, z.B. um dynamische Lastverteilungsverfahren zu realisieren. Die systemweit eindeutigen 64 Bit-LOIDs werden nach dem Löschen eines Objekts nicht wieder verwendet. Persistente Datenbankobjekte müssen in Versant von der Basisklasse PObject abgeleitet werden. Mit der Klasse PObject erben alle Datenbankklassen eine Methode dirty(), die bei ändernden Zugriffen auf Objekte aufgerufen werden muß. Nur wenn geänderte Objekte als „dirty" markiert wurden, werden die Änderungen bei Transaktionsende persistent durchgeschrieben.

Versant verfügt über ein breites Spektrum von Transaktionsmechanismen. Neben normalen und geschachtelten Transaktionen bietet das System Checkpoints und Savepoints an. Mit einem Checkpoint Commit können Änderungen persistent gespeichert werden, ohne die erworbenen Objektsperren wieder freizugeben. Savepoints sind Sicherungspunkte innerhalb einer Transaktion, mit denen auf frühere Bearbeitungszustände zurückgesetzt werden kann. Ab Version 4.0 wird von Versant zusätzlich zu einem pessimistischen Sperrverfahren auch ein optimistisches Verfahren angeboten. Das Two-Phase-Commit-Protokoll von Versant erlaubt den transaktionsgesicherten Zugriff auf mehrere Datenbanken (auch verteilte Transaktionen genannt).

Für den Einsatz von Versant in verteilten Entwicklungsgruppen steht eine Reihe von Konzepten zur Verfügung: gemeinsame Gruppendatenbanken und private Datenbanken, Check-In/CheckOut-Mechanismen, lange Transaktionen und verschiedene Versionierungsmöglichkeiten. Darüber hinaus beinhaltet

Versant auch eine sogenannte *Event Notification,* die mit Trigger-mechanismen in relationalen DBMSen vergleichbar ist. Beim Eintreten von bestimmten Ereignissen, wie z.B. dem Löschen eines Objekts, können benutzerdefinierbare Aktionen angesto-ßen werden. Mit Hilfe dieses Mechanismus lassen sich bei-spielsweise kritische Datenbankoperationen protokollieren oder asynchron replizierte Datenbanken aktuell halten.

Zusammen mit dem ODBMS ist eine umfangreiche Sammlung von Tools erhältlich. Eine Reihe von graphischen DB-Tools, u.a. ein Datenbank-Browser, sowie Werkzeuge zur Performance-messung und zum Online Self Tuning erleichtern die Admini-stration des Systems. Administrative Datenbanktätigkeiten wie Recovery, Backup oder Schema-Evolution können online ausge-führt werden (24x7-Betrieb).

Hohen Anforderungen an die Verfügbarkeit des Datenbank-systems kann durch den Einsatz des *Versant FT Servers* begegnet werden. Der FT Server ist ein fehlertoleranter Datenbankserver, d.h. ein Server, mit dem synchron zwei identische Datenbanken verwaltet werden, so daß im Fehlerfall sofort auf die Kopie des aktuellen Datenbankzustandes umgeschaltet werden kann. Nach dem erfolgreichen Recovery wird die ausgefallene Datenbank automatisch resynchronisiert.

Fallstudien

Zum Abschluß des Buches werden zwei Fallstudien zur Auswahl und Bewertung von objektorientierten Datenbanksystemen vorgestellt. Mit ihrer Hilfe soll die in den vorhergehenden Kapiteln beschriebene Vorgehensweise zur Evaluierung von ODBMSen veranschaulicht werden. Die beiden Fallstudien haben ihren Ursprung in Projekten aus der Industrie, in denen ODBMSe zum Einsatz kamen. Aus Platzgründen kann an dieser Stelle nur ein Überblick über diese Projekte gegeben werden.

Die erste Fallstudie ist im Anwendungsgebiet Anlagenengineering angesiedelt. Ihr Schwerpunkt liegt auf den Evaluierungsphasen Vorauswahl und funktionale Evaluierung.

Die zweite Fallstudie enstand innerhalb eines Entwicklungsprojekts in der Telekommunikation. Sie konzentriert sich auf die praktische Evaluierung eines ODBMSs mit Benchmarks.

9.1 Anlagenengineering

Anlagenengineering beinhaltet die Erstellung einer Großanlage wie z.B. eines Kraftwerks oder einer Papierfabrik von den ersten konzeptionellen Grundlagen bis hin zum Bau der Anlage und ihrer Inbetriebnahme. Die Erstellung der Anlage wird dabei in verschiedene Teilprozesse unterteilt, von denen im folgenden die sogenannte „Anlagenabwicklung" betrachtet werden soll. In der Anlagenabwicklung werden alle Tätigkeiten und Verantwortlichkeiten für die Erstellung einer Anlage bestimmt. Inhalt dieses Teilprozesses ist also nicht die Erstellung der Anlage selbst, sondern die Beschaffung und Vorverarbeitung der für die eigentliche Entwicklungsarbeit notwendigen Informationen. Die Anlagenabwicklung erstreckt sich von der Angebotsbearbeitung bis zum Service. Grundlage für die in diesem Teilprozeß durchzuführenden Arbeiten ist ein Gesamtanlagenmodell, in dem sämtliche Eigenschaften der zu erstellenden Anlage beschrieben werden.

Zunächst wird, in der Regel in Zusammenarbeit mit dem Kunden, ein erster Entwurf des Gesamtanlagenmodells erarbeitet, in dem u.a. das leit- und prozeßtechnische Verhalten der Anlage

beschrieben wird. Dieses Modell wird im Laufe des Engineering-
prozesses schrittweise verfeinert und z.B. um realisierungstechni-
sche Details ergänzt. Während der Montage und Inbetriebsetzung dient das erstellte Anlagenmodell zu Testzwecken. Für
den Service bietet das Modell Hilfen zur Fehlerdiagnose und zur
Erstellung von Wartungsplänen.

9.1.1   Ausgangssituation

In einem Projekt aus dem Bereich Anlagenengineering sollte der
Teilprozeß der Anlagenabwicklung verbessert werden. Zu diesem Zweck war geplant, die in den verschiedenen Phasen
eingesetzten Werkzeuge zu vereinheitlichen und den Werkzeugen ein gemeinsames Datenbanksystem zugrunde zu legen.
Dabei sollten zum Teil schon vorhandene Werkzeuge weiter
genutzt werden, für bestimmte Phasen mußten aber auch neue
Werkzeuge entwickelt werden.

Es war beabsichtigt, die neuen Werkzeuge objektorientiert zu
entwerfen. Um die Durchgängigkeit von den in der Applikation
bearbeiteten Objekten der realen Welt bis zu den in der Datenbank gespeicherten Daten zu gewährleisten, sollte der ganzen
Werkzeugkette ein objektorientiertes Datenbanksystem zugrunde
gelegt werden.

Da das Datenbanksystem die Entwicklung der Werkzeuge wesentlich beeinflussen würde, wurde beschlossen, der Entscheidung für ein bestimmtes ODBMS eine gründliche Evaluierung
vorangehen zu lassen. Die Auswahlkriterien ergaben sich im
wesentlichen aus der im folgenden grob skizzierten Aufgabenstellung sowie weiterer technischen und konzeptionellen Randbedingungen:

- Die Anlagenabwicklung wird üblicherweise sowohl
  „Inhouse" in einem heterogenen Rechnerverbund als auch
  beim Kunden, losgelöst aus diesem Verbund mit Laptop-
  Computern, vorgenommen. So soll es dem Projektierer z.B.
  in der Phase der Angebotserstellung möglich sein, das Anlagenmodell zusammen mit dem Kunden „vor Ort" zu spezifizieren. Das spezifizierte Modell wird dann wieder dem
  zentralen Datenbestand zugeführt und mit den dort vorhandenen Daten verknüpft. Die weitere Verfeinerung des Anlagenmodells geschieht dann wiederum sowohl Inhouse auf
  Basis dieser Erstaufnahme als auch extern beim Kunden.
  Diese Tätigkeiten finden zum Teil parallel statt, so daß die
  unter Umständen gleichzeitig geänderten Daten wieder zu-

sammengeführt werden müssen. Änderungen, die sich während der Montage und Inbetriebsetzung ergeben, müssen ebenfalls integriert werden können. Bei der Verfeinerung des Anlagenmodells wird die Anlage in Teilanlagen zerlegt. Diese Teilkomplexe werden verschiedenen Mitarbeitern zur Bearbeitung zugeteilt. Diese Zerlegung ist in den meisten Fällen nicht disjunkt, so daß verschiedene Mitarbeiter auf den gleichen Daten arbeiten. Die auszuführenden Tätigkeiten sind sehr komplex, daher benötigen die Ingenieure Daten auch über längere Zeiträume.

- Wesentliche technische Randbedingungen, die die Auswahl beeinflußten, resultierten aus der Erfahrung der Entwickler mit bestimmten Programmiersprachen, Entwicklungsumgebungen und Hardware-Plattformen.

- Weitere Anforderungen an das auszuwählende Datenbanksystem ergaben sich aus der Tatsache, daß verschiedene der zu entwickelnden Werkzeuge interaktiv mit dem Datenbanksystem arbeiten können sollten. Dazu ist es notwendig, daß größere Objektgeflechte in kurzer Zeit in der Datenbank gefunden und ausgegeben werden können.

Im folgenden wird beschrieben, wie bei der Auswahl des ODBMS vorgegangen wurde.

9.1.2   **Auswahlverfahren**

Das Auswahlverfahren für das einzusetzende objektorientierte Datenbanksystem orientierte sich an der in Kapitel 4 beschriebenen Vorgehensweise.

Zunächst wurde ein Anforderungskatalog spezifiziert, in dem die Kriterien festgelegt wurden, die für das auszuwählende System ausschlaggebend sein sollten.

In einer Vorauswahl wurden anhand von selektiven k.o.-Kriterien aus der ganzen Palette der auf dem Markt verfügbaren ODBMSe zwei ausgewählt, die für eine genauere Untersuchung geeignet erschienen. Diese beiden vorausgewählten Systeme wurden dann einer funktionalen Evaluierung unterzogen. Auch hier wurde wiederum der Anforderungskatalog zugrunde gelegt. Zusätzlich erwies es sich dabei zum Teil als nötig, nicht nur theoretische Untersuchungen durchzuführen, sondern an einigen Stellen auch Probeimplementierungen vorzunehmen.

Eigene Benchmarks mußten im Laufe dieses Projektes nicht entwickelt werden. Es wurden einige Testszenarien aus dem

OO7-Benchmark herangezogen und für die in Frage kommenden ODBMSe implementiert. Dies bot sich in Übereinstimmung mit Kapitel 7.3 an, weil der OO7-Benchmark Strukturen und Zugriffsmuster verwendet, die sich in vergleichbarer Form in den geplanten Werkzeugen wiederfinden.

Die Abbildung der Aufgabenstellung und der Randbedingungen auf einen Anforderungskatalog und die Umsetzung dieses Kriterienkataloges in den Phasen der Vorauswahl und der funktionalen Evaluierung sind Gegenstand der folgenden Abschnitte.

9.1.2.1   Vorauswahl

Der vollständige Anforderungskatalog umfaßte im oben beschriebenen Projekt ca. 25 Kriterien. Sieben davon wurden als so entscheidend eingestuft, daß die Nichterfüllung einer dieser Anforderungen zum Ausschluß des betreffenden ODBMS führen sollte. Um besonders schnell zu Ergebnissen zu gelangen, wurden in der Vorauswahl nur k.o.-Kriterien berücksichtigt,. Die wichtigsten dieser k.o.-Kriterien waren die Sprachanbindung, die Unterstützung verschiedener Hardware- und Betriebssystem-Plattformen, die Objektmigration zwischen heterogenen Rechnern sowie die Unterstützung von Workgroup Computing. Weitere Kriterien betrafen die Behandlung komplexer Objekte, Möglichkeiten zur Schemaevolution und die Kompatibilität zu anderen ODBMSen.

Zum Zeitpunkt der Durchführung des Anlagenengineering-Projektes waren elf kommerzielle ODBMS-Produkte auf dem Markt verfügbar. Diese wurden anhand der vier wichtigsten k.o.-Kriterien des Anforderungskataloges gesichtet:

- *Sprachanbindung:* Aufgrund der vorhandenen Kenntnisse der Entwickler sollte ein C++-basiertes ODBMS zum Einsatz kommen. Auf Smalltalk- oder Lisp-basierte ODBMSe mit einer zusätzlichen C++-Schnittstelle wurde bewußt verzichtet, da diese zum damaligen Zeitpunkt wesentliche Eigenschaften von C++ wie Mehrfachvererbung oder parametrisierte Typen nicht oder nur unzureichend unterstützten.

  Durch dieses Kriterium konnten fünf der elf zu betrachtenden ODBMSe aus der Auswahl genommen werden.

- *Unterstützung verschiedener Hardware- und Betriebssystem-Plattformen:* Bei diesem Kriterium gab es zwei Gesichtspunkte, die zu berücksichtigen waren. Zum einen sollten die vorhandenen UNIX-Rechner von Sun und HP soweit als möglich eingesetzt werden. Die Verfügbarkeit auf diesen Plattformen stellte für keines der verbliebenen ODBMSe ein Problem dar.

Zum anderen war aus der Aufgabenstellung bekannt, daß die zu entwickelnden Werkzeuge auch auf Laptops zum Einsatz kommen sollten. Als Betriebssystem wurde hier MS/DOS mit Windows oder Windows NT gefordert. Diese Anforderung stellte ein echtes k.o.-Kriterium dar, das zum damaligen Zeitpunkt weitere ODBMSe aus dem Rennen warf.

- *Objektmigration zwischen heterogenen Rechnern:* An der Verfeinerung des Anlagenmodells arbeiten in der Regel zahlreiche Ingenieure an mehreren, teilweise weit voneinander entfernten Standorten. Dabei findet man keine homogene Rechner- und Software-Landschaft vor, sondern eine Vielzahl unterschiedlicher Systeme. Bedingt durch die enge Form der Zusammenarbeit, müssen die Ingenieure häufig Daten miteinander austauschen. Das ODBMS muß folglich in der Lage sein, Objekte auf verschiedene Rechner zu verteilen, und es müssen Objekte zwischen heterogenen Rechnern ausgetauscht werden können, wobei die Spannbreite von PCs bis hin zu High-end UNIX-Workstations reicht.

  An dieser Stelle ergab sich das Problem, daß zum damaligen Zeitpunkt keines der verbliebenen ODBMSe in der Lage war, PCs in einen heterogenen Verbund mit einzubeziehen. Die einzige Möglichkeit zur Lösung des Problems war, direkten Kontakt zu den Herstellern aufzunehmen und abzuklären, wann mit entsprechenden Erweiterungen der ODBMSe zu rechnen sei. Dabei mußten natürlich auch die ODBMSe wieder mit einbezogen werden, die zum Evaluierungszeitpunkt wegen der Nichtverfügbarkeit auf bestimmten Plattformen ausgeschieden waren.

- *Workgroup Computing:* Wie aus der Aufgabenstellung deutlich wird, ist die Anlagenabwicklung eine stark vernetzte Aufgabe, bei der viele Ingenieure parallel auf denselben Daten arbeiten müssen. Das auszuwählende ODBMS muß also über Möglichkeiten verfügen, die einzelnen Tätigkeiten zu koordinieren und zu synchronisieren. Da die Ingenieure die zu bearbeitenden Daten häufig über längere Zeiträume benötigen, muß das ODBMS auch lange Transaktionen zur Verfügung stellen. Bei der Zerlegung der Anlage in verschiedene Teilanlagen entstehen Überlappungen, die bewirken, daß sich Änderungen in einem Teilbereich auf andere auswirken können. Damit sich die betroffenen Mitarbeiter gegenseitig von solchen überlappenden Änderungen informieren können, ist es notwendig, daß das ODBMS über Change-Notification-Mechanismen verfügt.

Mit den Einschränkungen, die sich aus den fehlenden Objektmigrationsmöglichkeiten in heterogenen Umgebungen bei den ODBMSen ergaben, verblieben nach der Vorauswahl zwei Systeme, die einer genaueren funktionalen Evaluierung unterzogen wurden.

9.1.2.2   Funktionale Evaluierung

In der Phase der funktionalen Evaluierung wurden die Kriterien des Anforderungskataloges bei beiden ODBMSen anhand der Handbücher genauer untersucht. Dazu gehörten unter anderem Zugriffsschutz, assoziative Anfragemöglichkeiten, die Möglichkeiten, vorhandene Klassenbibliotheken einbinden zu können und die Frage, inwieweit die beiden ODBMSe die Arbeit von Entwicklerteams unterstützen. Während sich die drei erstgenannten Punkte ohne weiteres theoretisch evaluieren ließen, ergaben sich beim letzten Kriterium einige Besonderheiten. Dieser Punkt wird deshalb im folgenden genauer beleuchtet.

Zunächst wurden die in diesem Zusammenhang stehenden Eigenschaften der beiden untersuchten ODBMSe gegenübergestellt. Eine wesentliche Erfahrung dabei war, daß beide ODBMSe zwar Eigenschaften anboten, die CheckIn/CheckOut, Versionierung, lange Transaktion oder Change Notification hießen, die Funktionalität der Konzepte sich aber deutlich voneinander unterschied. So wurden z.B. in dem einen ODBMS CheckIn/CheckOut-Mechanismen mit persistenten Sperren gleichgesetzt. Das zweite ODBMS bot nicht nur einen CheckIn/CheckOut-Mechanismus an, sondern zusätzlich auch eigenes Konzept für private Datenbanken. Im ersten ODBMS konnten sowohl CheckIn/CheckOut-Mechanismen als auch Versionierungskonzepte in ihrer Funktionalität für sich genommen genutzt werden, das zweite ODBMS kannte CheckIn/CheckOut demgegenüber nur in Verbindung mit der Versionierung.

Dies erschwerte den Vergleich der beiden ODBMSe, da, wie aus dem Beispiel ersichtlich ist, in einem ODBMS Eigenschaften getrennt voneinander nutzbar waren, während sie in dem anderen ODBMS untrennbar zusammengehörten. Darüber hinaus boten beide ODBMSe über das geforderte Minimum hinaus weitere Eigenschaften an, die im jeweils anderen ODBMS gar nicht oder zum Teil ebenfalls mit einer unterschiedlichen Funktionalität belegt vorhanden waren.

Ein theoretischer Vergleich der beiden ODBMSe war aufgrund dieser Tatsachen nur schwer möglich. Deshalb wurde beschlossen, die theoretische Evaluierung in den Punkten CheckIn/CheckOut-Mechanismen und Versionierung um eine Probeimplementierung zu erweitern. Aus Kostengründen wurde dabei ein möglichst einfaches Testszenario gewählt, das aber dennoch die Grundprinzipien der Werkzeuge widerspiegelte. Es sollte im wesentlichen dazu dienen, praktische Erfahrungen mit den Eigenschaften und Konzepten der beiden ODBMSe zu gewinnen, um sie dann bewerten und gegebenenfalls auf das eigene komplexe Szenario anwenden zu können.

Der Datenbankinhalt des Testszenarios bestand aus einer Menge von gleichartigen Objekten, die zu einer Baumstruktur verbunden waren. In dem Baum war der Überschaubarkeit halber der Verzweigungsgrad, d.h. die Anzahl der an einem Vaterknoten hängenden Söhne, mit 3 und seine Tiefe mit 2 festgelegt, wie in Bild 9.1 dargestellt. Drei Teilbäume dienten als Grunddatenbestand.

Bild 9.1:
Baum und Teilbäume

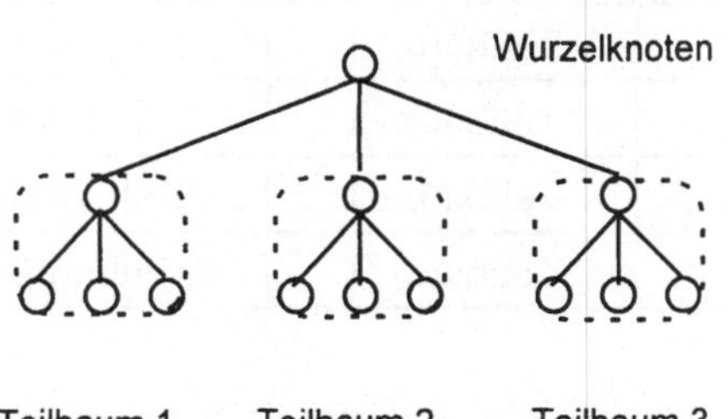

Folgendes einfaches Testszenario wurde zugrundegelegt: Zwei verschiedene Benutzer A und B greifen auf den gemeinsamen Datenbestand zu. Teilbäume des Gesamtbaumes werden in private Arbeitsbereiche (PAb-A und PAb-B) ausgecheckt, die Objekte modifiziert und wieder eingecheckt. Dabei bezeichnet der Begriff „privater Arbeitsbereich" einen Teilbereich der gemeinsamen Datenbank, der zur ausschließlichen Bearbeitung durch einen Benutzer zur Verfügung steht.

Dieser Test wurde sowohl mit versionierten als auch mit nicht versionierten Objekten durchgeführt. Zusätzlich wurde noch

unterschieden, ob die von Benutzer A und Benutzer B ausgecheckten Teilbäume disjunkt sind oder nicht.

Bild 9.2:
CheckOut von
Teilbäumen

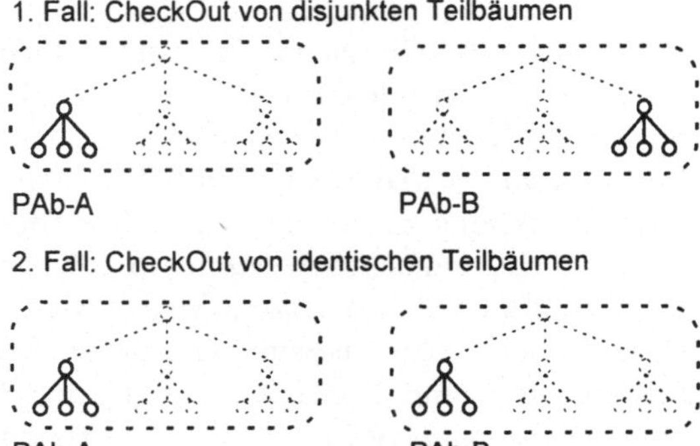

Daraus ergaben sich vier verschiedene Testfälle, anhand derer
die Eigenschaften der beiden Systeme untersucht werden konnten.

Tab. 9.1:
Testfälle

Testfall Nr.	von Benutzer A ausgecheckter Teilbaum	von Benutzer B ausgecheckter Teilbaum	Versionierung
1	Teilbaum 1	Teilbaum 3	nein
2	Teilbaum 1	Teilbaum 1	nein
3	Teilbaum 1	Teilbaum 3	ja
4	Teilbaum 1	Teilbaum 1	ja

Zunächst wurde protokolliert, welche Probleme sich bei der
Implementierung der Testfälle ergaben und welchen Aufwand es
erforderte, diese Probleme zu lösen. Dann wurden die einzelnen
Testfälle durchgespielt. Dies lieferte wichtige Erkenntnisse über
das Verhalten der beiden ODBMSe:

- Bei der Implementierung der Testfälle für das erste ODBMS
  ergab sich die Schwierigkeit, daß das ODBMS keine privaten Datenbanken kannte. Deren Nachbildung ließ sich mit
  Hilfe von Basiseigenschaften des ODBMSs realisieren, erforderte aber zusätzlichen Einarbeitungs- und Implementierungsaufwand. Demgegenüber erwiesen sich die vom
  zweiten ODBMS zur Verfügung gestellten Konzepte zum
  Workgroup Computing als ausreichend. Es stellte sich al-

lerdings heraus, daß eine der benutzten Systemfunktionen fehlerhaft arbeitete. Deshalb ergab sich auch hier ein höherer Implementierungsaufwand als erwartet.

- In den ersten beiden Testfällen verhielten sich beide ODBMSe erwartungsgemäß. In Testfall 1 wurden die mittels CheckOut in den privaten Arbeitsbereich ausgelagerten Objekte dort entsprechend ihrer ursprünglichen Beziehungen zu Bäumen verknüpft und konnten geändert und mittels CheckIn wieder in den gemeinsamen Datenbestand übergeben werden. Dort befand sich nach Ausführung des Testlaufes genau *ein* modifizierter Gesamtbaum. Im zweiten Testfall wurde bei beiden ODBMSen beim Zugriff von Benutzer B die Sperre auf den von Benutzer A ausgecheckten Objekten erkannt und die Ausführung abgebrochen.

- Die wichtigsten Erkenntnisse aus den beiden letzten Testfällen bezogen sich auf die Verfolgung der Beziehungen innerhalb des Baumes, der nach der Durchführung der Testläufe im gemeinsamen Datenbestand vorlag. Neben dem ursprünglichen Baum enstanden auch Versionen der bearbeiteten Teilbäume (in Testfall 4 zwei neue Versionen von Teilbaum 1). In dem einen der beiden ODBMSe konnte nur innerhalb derselben Version von Knoten navigiert werden. Der Wechsel von einer Version zur anderen war also nur an einem Knoten möglich, es konnten keine Beziehungen zwischen Knoten verschiedener Versionen eingerichtet werden. In diesem ODBMS wurde automatisch die aktuelle Version zur Default-Version gemacht. Beim zweiten ODBMS mußte demgegenüber die Default-Version „per Hand" gesetzt werden; es erlaubte dafür aber das Verknüpfen beliebiger Knoten, also auch von Knoten unterschiedlicher Versionen.

Insgesamt ergab sich, daß sich das Versionierungsmodell des zweiten ODBMSs besser für die zu implementierende Anwendung eignet.

9.1.3   Resümee

Die dreistufige Vorgehensweise bei der Auswahl des ODBMSs erwies sich in diesem Projekt als eine äußerst effektive Methode.

In der Vorauswahl konnten in kurzer Zeit viele ODBMSe aus der Auswahl genommen werden, da sie geforderte k.o.-Kriterien nicht erfüllen konnten. Der pro ODBMS einzusetzende Zeitaufwand variierte allerdings stark in Abhängigkeit von der Güte des zur Verfügung stehenden Materials. Ebenso entscheidend war die Bereitschaft der Hersteller bzw. Vertreiber zur Zusammenarbeit, was sich insbesondere bei der Untersuchung der Möglichkeiten zur Objektmigration bemerkbar machte.

Die funktionale Evaluierung erwies sich als aufwendiger als vorher eingeplant. Dies resultierte im wesentlichen daraus, daß für die Untersuchung der Versionierungs- und CheckIn/Check-Out-Mechanismen Probeimplementierungen vorgenommen werden mußten, die ursprünglich nicht vorgesehen waren. Allerdings konnten hier wertvolle Erfahrungen im Umgang mit den beiden ODBMSen im allgemeinen und mit den untersuchten Eigenschaften im besonderen gewonnen werden. Zudem lieferte die Probeimplementierung eine wichtige Entscheidungsgrundlage für bzw. gegen eines der beiden ODBMSe. Die gesammelten Erfahrungen konnten darüber hinaus direkt in das Design eines der geplanten Werkzeuge einfließen, so daß der höhere Aufwand insgesamt keine größeren Kosten verursachte.

Insgesamt konnte am Ende der Evaluierungstätigkeiten ein ODBMS benannt werden, das für die gestellte Aufgabe das geeignete war.

9.2 Telekommunikation

Das Anwendungsgebiet der Telekommunikation (TK) zeichnet sich durch ein hohes Innovationstempo aus. Die Deregulierung der Telekommunikationsmärkte erschließt den Anbietern von TK-Geräten einerseits zahlreiche neue Möglichkeiten, die verschärfte Konkurrenzsituation führt aber andererseits zu einem starken Kostendruck. Mit immer kürzeren Durchlaufzeiten müssen immer komplexere und leistungsfähigere Produkte entwickelt werden. Dabei wird der Software-Anteil in diesen Produkten stetig größer.

Der TK-Bereich ist mittlerweile zu einem der wichtigsten Einsatzgebiete von objektorientierten Datenbanksystemen geworden. Bereits heute sind dort an zahlreichen Stellen ODBMSe im täglichen Einsatz, und zwar sowohl als Komponenten von Tools, die den internen Entwicklungsprozeß unterstützen, als auch als Bestandteile von kommerziellen Produkten.

9.2.1 Ausgangssituation

In einem TK-Projekt sollte die Software für ein Netzmanagementsystem erstellt werden. Die Aufgabe dieses Systems besteht darin, den Zustand von Netzknoten (z.B. von Vermittlungsrechnern) zu erfassen und dem Anwender in einer übersichtlichen, graphischen Bedienoberfläche zu präsentieren. Anwender des Systems sind in erster Linie Operateure, die auf der Basis dieser Darstellung die Möglichkeit haben sollen, Kommandos an die Netzknoten zu senden, z.B. um Wartungsarbeiten auszuführen.

Damit jederzeit ein effizienter und komfortabler Zugriff auf die Zustandsinformation der Netzknoten möglich ist, hat man sich dazu entschlossen, sie in einer Datenbank im Netzmanagementsystem abzulegen. Der Netzknoten liefert Meldungen, wenn sich sein Zustand ändert (Statusmeldungen) oder wenn bestimmte Fehlersituationen eintreten (Alarmmeldungen). Das Netzmanagementsystem soll diese Meldungen empfangen und daraufhin die Datenbank entsprechend aktualisieren. Gleichzeitig können ein oder mehrere Anwender über das Netzmanagementsystem den Zustand der Netzknoten abfragen.

Zur adäquaten Repräsentation des Zustands eines Netzknotens sind zahlreiche komplexe Datenstrukturen erforderlich. ODBMSe versprechen in dieser Situation zwei wichtige Vorteile gegenüber RDBMSen, nämlich

- wesentlich kürzere Antwortzeiten bei navigierenden Zugriffen und

- höhere Produktivität bei der Implementierung der Software, da kein Code für die Abbildung der Strukturen auf flache Tabellen geschrieben und getestet werden muß.

Diese Erwägungen legen den Einsatz eines ODBMSs nahe. Dagegen spricht auf den ersten Blick allerdings, daß die meisten ODBMSe noch nicht so lange auf dem Markt sind wie ihre relationalen Konkurrenten und ihnen deshalb gelegentlich eine geringere Stabilität im Produktiveinsatz unterstellt wird. Da hier das ODBMS eine wesentliche Komponente des Produkts sein soll, müssen besonders hohe Anforderungen an die Stabilität und Verfügbarkeit gestellt werden.

Aufgrund von strategischen Erwägungen wurde vor Projektbeginn bereits eine Vorentscheidung für ein bestimmtes ODBMS getroffen. Deshalb erübrigte sich eine Vorauswahl im Sinne von Kapitel 5. In einer praktischen Evaluierung sollte nun erprobt werden, ob das ausgewählte System den Anforderungen der Anwendung gerecht würde.

9.2.2 Anforderungsanalyse

Die Anwendung stellt zweifellos hohe Anforderungen an das ODBMS:

1. *24x7-Betrieb:* Der Netzknoten arbeitet kontinuierlich im 24x7-Betrieb, d.h. er ist 24 Stunden pro Tag und sieben Tage pro Woche in Betrieb. Somit muß auch das Netzmanagementsystem und mit ihm das ODBMS diese Betriebsart unterstützen. Daraus ergibt sich u.a. die Bedingung, daß Backups der Datenbank im laufenden Betrieb möglich sein müssen (Online-Backup, im Gegensatz zu Offline-Backup, bei dem der Datenbank-Server nicht für andere Zugriffe zur Verfügung steht).

2. *Mehrbenutzerbetrieb:* Da potentiell viele Anwender gleichzeitig auf die Datenbank zugreifen, muß das ODBMS bei steigenden parallelen Lasten gut skalieren, um allen Anwendern akzeptable Antwortzeiten bieten zu können. Das ODBMS muß trotz zeitgleich stattfindender Zugriffe durch die Anwender darüber hinaus eine hinreichende Performance aufweisen, um die asynchron auftretenden Status- und Alarmmeldungen zu verarbeiten. Selbst wenn solche Meldungen in rascher Folge auftreten, müssen alle erforderlichen Änderungen prompt in die Datenbank eingetragen werden.

3. *Spitzenlasten:* Das ODBMS muß unter hohen Spitzenlasten zuverlässig arbeiten, die z.B. dann entstehen können, wenn ein Defekt im Netzknoten vorliegt und innerhalb kurzer Zeit zahlreiche Alarmmeldungen ausgelöst werden, oder wenn sehr viele Benutzer gleichzeitig auf die Datenbank zugreifen.

4. *Hohe Lebensdauer der Datenbank:* Die Lebensdauer der Datenbank entspricht der Einsatzdauer des Netzmanagementsystems und liegt damit in der Größenordnung von mehreren Jahren. Die Datenbank bleibt über die ganze Einsatzdauer des Systems hinweg erhalten, wobei häufige Einfüge-, Änderungs- und Löschoperationen stattfinden. In einem solchen Zugriffsprofil ist generell damit zu rechnen, daß im Lauf der Zeit Speicherverschnitt entsteht, der zu einem Ansteigen der Antwortzeiten führt. In der Anwendung sind dennoch konstant kurze Antwortzeiten über die gesamte Lebensdauer des Systems gefordert. Das untersuchte Produkt bietet zwar ein Werkzeug, mit dem Datenbanken reorganisiert werden können, um bessere Speicherausnut-

zung und effizientere interne Datenstrukturen herzustellen. Es führt allerdings die Reorganisation innerhalb einer regulären Transaktion durch und sperrt damit große Teile der Datenbank. Laufende Applikationen können dadurch stark behindert werden. Als Konsequenz des 24x7-Betriebs steht kein Zeitraum zur Verfügung, in dem die Datenbank abgekoppelt vom laufenden Betrieb reorganisiert werden könnte. Das bedeutet, daß das Reorganisationswerkzeug nicht benutzt werden kann.

Der erste Punkt stellt in erster Linie eine Anforderung an die Funktionalität des ODBMSs dar, die sich durch Studium der Produktblätter und in Gesprächen mit dem Anbieter klären läßt. Zu den übrigen Punkten wurde eine praktische Evaluierung durchgeführt, da sie in keinem der bis dahin veröffentlichten Benchmarks hinreichend berücksichtigt sind.

Der nachfolgende Abschnitt gibt einen Überblick über die Arbeiten zu Punkt 4 (hohe Lebensdauer der Datenbank) aus der Anforderungsanalyse. Dabei wird die Vorgehensweise bei der praktischen Evaluierung exemplarisch erläutert. Zu den Punkten Mehrbenutzerzugriffe und Spitzenlasten wurden innerhalb des Projekts weitere Benchmarks entwickelt, auf die jedoch hier aus Platzgründen nicht näher eingegangen werden kann.

9.2.3 Fragmentierung

Im praktischen Einsatz von Datenbanksystemen ist häufig zu beobachten, daß mit zunehmender Lebensdauer einer Datenbank sowohl ihre Größe als auch die Zugriffszeiten ansteigen. Dies gilt selbst dann, wenn die Nutzdatenmenge in der Datenbank konstant bleibt. Ursache dafür ist die *Fragmentierung* der Datenbank, die durch Operationen wie Einfügen, Löschen, Vergrößern und Verkleinern von Objekten entstehen kann. Diese sogenannten strukturverändernden Operationen können dazu führen, daß sich „freie Blöcke", d.h. vom DBMS reservierte, aber nicht genutzte Speicherbereiche, in der Datenbank bilden.

Folgen von Fragmentierung

Als Folge davon kann es zu einigen nachteiligen Effekten kommen:

- *Erhöhter Platzbedarf:* Da fragmentierte Datenbanken zusätzlich zu den Nutzdaten freie Blöcke enthalten, belegen sie mehr Platz auf der Festplatte als unfragmentierte Datenbanken mit gleicher Nutzdatenmenge.

- *Erhöhte Zugriffszeiten:* Beim Zugriff auf ein Objekt lädt der Datenbank-Server das entsprechende Objekt von der Festplatte, sofern es sich nicht bereits im (Client- oder Server-) Cache befindet. Die Einheiten für Plattenspeicherzugriffe sind jedoch nicht Objekte, sondern Seiten oder Folgen von Seiten. Wenn eine Seite von der Festplatte geholt wird, kommt damit nicht nur das angeforderte Objekt, sondern auch eine Menge weiterer, auf derselben Seite abgespeicherter Objekte in den Cache. Anschließende Zugriffe auf diese Objekte erfordern keine weiteren Plattenzugriffe, wodurch sich die Zugriffszeit drastisch reduziert. Wenn die Datenbank dagegen stark fragmentiert ist, befinden sich weniger Objekte auf den einzelnen Seiten. Somit gelangen pro Seitenzugriff weniger Objekte in den Cache, und es sind häufigere Plattenzugriffe notwendig.

- *Mehraufwand beim Einfügen von Objekten:* In der Regel benutzt das ODBMS vorrangig freie Blöcke, wenn neue Objekte in die Datenbank eingefügt werden. Erst wenn keine freien Blöcke mehr vorhanden sind, sollte die Datenbank vergrößert werden. Die Lage und Größe der freien Blöcke ist üblicherweise in einer Hilfsdatenstruktur abgelegt. Beim Einfügen eines Objekts wird ein ausreichend großer freier Block gesucht; im Erfolgsfall wird der freie Block aufgefüllt und die Hilfsdatenstruktur aktualisiert. Je nach Organisation der Hilfsdatenstruktur kann sich dieser Suchvorgang bei hoher Fragmentierung in Form niedrigerer Performance auswirken.

- *Mehraufwand beim Löschen von Objekten:* Beim Löschen eines Objekts entsteht ein neuer freier Block in der Datenbank. Die Hilfsdatenstruktur muß entsprechend aktualisiert werden. Dabei ist es wünschenswert, daß das Datenbanksystem versucht, benachbarte freie Blocke zu einem größeren zusammenzufassen. Dies macht ein Durchsuchen der Hilfsdatenstruktur erforderlich, was bei zunehmender Fragmentierung mehr Zeit in Anspruch nehmen kann.

Beispiel

Bei dem verwendeten ODBMS wirkt sich vor allem letzterer Punkt stark aus. Dies läßt sich mit einem sehr einfachen Testprogramm gut beobachten. Ausgehend von einer Datenbank, die aus einer homogenen Liste von Objekten einer Klasse besteht, wird jedes zweite Objekt (bzgl. der Reihenfolge der Objekterzeugung) gelöscht. Dadurch wird die Datenbank immer stärker fragmentiert. Die Fragmentierung einer Datenbank kann auf verschiedene Arten definiert werden. In diesem Beispiel wird eine einfache, relativ leicht zu messende Größe verwendet. Als Fragmentierung einer Datenbank x wird definiert:

Definition: Fragmentierung

Fragmentierung(x) := FreieBlöcke(x) / Größe(x)

Dabei sei *FreieBlöcke(x)* die Summe der Größen aller freien Blöcke in x und *Größe(x)* die Gesamtgröße von x einschließlich aller freien Blöcke.

In dem Testprogramm wird zunächst eine Datenbank mit 524.288 (2^{19}) Objekten angelegt. Anschließend werden in einer Transaktion 1.000 Objekte gelöscht (jedes zweite von 2.000 benachbarten Objekten) und die Dauer der Transaktion gemessen. Diese Transaktion wird wiederholt, bis das Ende der Liste erreicht ist. Die mittlere Zeitdauer für das Löschen eines Objekts ergibt sich aus der Transaktionsdauer. Bild 9.3 zeigt diese Zeitdauer in Abhängigkeit von der Fragmentierung für zwei verschiedene Versionen des ODBMSs (V1 und V2). Beide Kurven verlaufen im wesentlichen linear wachsend. Bei der Version V1 steigt die Zeitdauer mit zunehmender Fragmentierung verhältnismäßig stark an. Schon bei einer Fragmentierung von 0,1 dauert eine Löschoperation etwa fünfmal länger als bei der unfragmentierten Datenbank. Bei der Nachfolgeversion V2 wurde offensichtlich die Hilfsdatenstruktur zur Verwaltung der freien Blöcke optimiert; die Kurve steigt deutlich langsamer an.

Bild 9.3:
Dauer der
Löschoperation

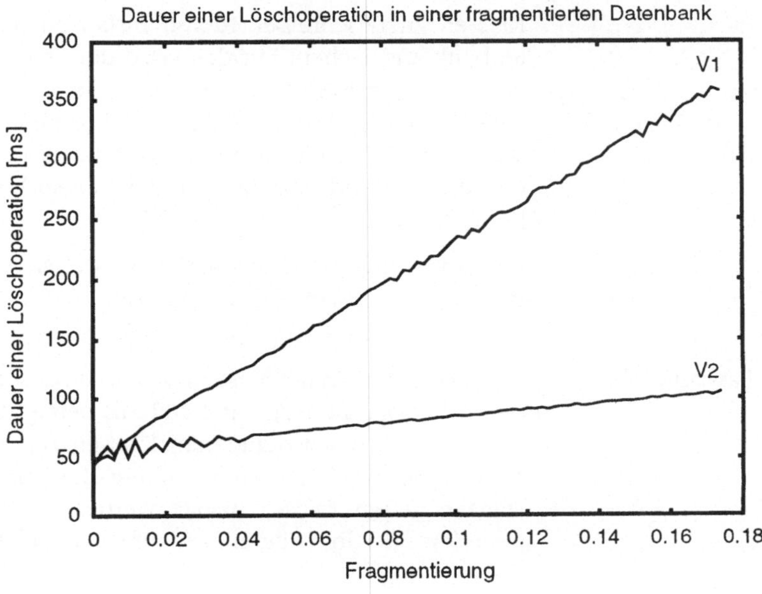

Das alternierende Löschen des Testprogramms erweist sich als sehr ungünstig für das ODBMS. Das Ergebnis ist nicht beliebig auf andere Zugriffsprofile übertragbar, aber es gibt wertvolle Hinweise auf die interne Arbeitsweise des ODBMSs. Die Hilfsdatenstruktur zur Verwaltung der freien Blöcke ist darin als Binärbaum realisiert. Er entartet im Test mit V1 des ODBMSs zu einer linearen Liste, die bei jedem Löschen eines Objekts vollständig durchlaufen wird (da kein passender Eintrag gefunden wird). Der starke Anstieg der Ausführungsdauer der Löschoperation wird dadurch verständlich, denn in jeder Transaktion nimmt die Tiefe des Baums um 1000 zu. V2 des ODBMSs führt dagegen eine Balancierung des Freispeicherbaums durch, so daß seine Tiefe erheblich langsamer zunimmt. Die weiteren Untersuchungen wurden deshalb nur noch mit V2 durchgeführt.

Testszenario

Die Fragmentierung einer Datenbank kann also einen großen Einfluß auf die Performance des ODBMSs haben. Ein anwendungsnahes Testszenario sollte nun die Frage klären, ob bei Einsatz des ODBMSs in der Anwendung mit nennenswerter Fragmentierung zu rechnen ist. Dazu wird der Betrieb der Anwendung über einen Zeitraum von mehreren Tagen simuliert. Bei der Definition des Testszenarios wird großer Wert auf eine geeignete Abstraktion der Anwendung gelegt, um den Implementierungsaufwand in einem überschaubaren Rahmen zu halten.

Datenbankschema

Beim Datenbankschema des Testszenarios genügt es, diejenigen Klassen zu beschreiben, deren Instanzen den Großteil der Datenbank ausmachen. Für den Grad der Fragmentierung ist neben dem Zugriffsprofil in erster Linie die Größe und Anzahl der Objekte in der Datenbank ausschlaggebend. Weitere Faktoren, die erkennbar keine Auswirkungen auf das Ergebnis haben (wie die Attribute und Beziehungen der Klassen), werden nicht weiter berücksichtigt.

Für jede Klasse des Schemas wird definiert, welche Größe (in Bytes) ihre Instanzen haben. Tab. 9.2 zeigt die wichtigsten Klassen und die Größe ihrer Instanzen.

Datenbank

Der Datenbankinhalt besteht zunächst aus einer Primärfüllung, deren Nettogröße insgesamt 100 MB beträgt und sich aus Objekten der im Schema definierten Klassen zusammensetzt. Zu jeder Klasse soll es in der Primärfüllung die gleiche Anzahl von Instanzen geben. Diese Objekte werden zu Beginn des Testlaufs generiert und im weiteren Verlauf der Simulation nie gelöscht.

Objektklasse	Größe [Bytes]	Anzahl pro 24 Stunden
State Change Record	252	1.920
Object Creation/Deletion Record	216	48
AVC	400	48
Alarm Record	500	19.263
TU12CTP	940	1.512
TUG2, TUG3	980	576
VC4TTP	975	24
VC12TTP	950	1.920
D1TTP	1.020	1.920
D2TTP, D3TTP, D4TTP	1.000	624
CC	1.290	48

Darüber hinaus entstehen während des Testlaufs „lebendige" Objekte. Sie werden gemäß dem nachfolgend beschriebenen Zugriffsprofil in die Datenbank eingefügt und nach Erreichen ihrer Lebensdauer wieder gelöscht.

Zugriffsprofil

Das Zugriffsprofil konzentriert sich auf strukturverändernde Operationen. Auch hier beschränkt man sich auf die für die Anwendung relevanten Aspekte. Für das Entstehen von Fragmentierung spielen die lesenden Zugriffe der Anwender keine Rolle. Sie bleiben deshalb außerhalb der Betrachtung des Testszenarios. Entscheidend sind vielmehr die Meldungen des Netzknotens, da sie das Erzeugen und Löschen von Objekten erforderlich machen. Typischerweise haben diese Objekte in der Anwendung eine Lebensdauer zwischen 0 und 24 Stunden. Zum Beispiel wird ein *Alarm Record* erzeugt, wenn auf dem Netzknoten ein Fehler erkannt wird, und gelöscht, wenn dieser Fehler wieder behoben ist. Für das Zugriffsprofil des Testszenarios wird vereinfachend festgelegt, daß die Lebensdauer der neu eingefügten Objekte durch einen Zufallszahlengenerator gesteuert werden soll. Die Lebensdauern liegen dabei für alle Objekte (mit Ausnahme der Objekte der Primärfüllung) zwischen 0 und 24 Stunden. Es wird eine gleichmäßige Verteilung der Lebensdauer in diesem Bereich angenommen.

Das Erzeugen der Objekte erfolgt ebenfalls zufallsgesteuert. Im Mittel entsteht innerhalb von 24 Stunden zu jeder Klasse eine klassenspezifisch definierte Anzahl von Objekten (vgl. Tab. 9.2). Die Zahlen stammen aus einer Abschätzung zum Einsatz des Netzmanagementsystems. Die Erzeugungszeitpunkte der Objekte unterliegen einer gleichmäßigen Verteilung.

Last

Alle Datenbankzugriffe werden während des Testlaufs in einem einzigen Client-Prozeß durchgeführt. Der Testlauf soll mehrere Tage des realen Einsatzes der Anwendung simulieren. Die Last des Testszenarios läßt sich insgesamt als Einbenutzerbetrieb mit kontinuierlichen Zugriffen charakterisieren.

Meßgrößen

Als Ergebnis des Testlaufs ist die zeitliche Entwicklung zweier Meßgrößen von Interesse: die Gesamtgröße aller freien Blöcke in der Datenbank sowie die Anzahl der freien Blöcke.

Konfiguration

Die Ausstattung des Testrechners (z.B. Hauptspeichergröße, Plattenzugriffszeit usw.) und die Konfiguration des Datenbanksystems (z.B. Cache-Größe) sind für die Resultate des Testlaufs nicht relevant, denn es finden keine Zeitmessungen statt. Der Testrechner kann während des Testlaufs ohne weiteres mit zusätzlichen Aufgaben belastet werden; es dürfen lediglich keine anderweitigen Zugriffe auf die Testdatenbank stattfinden.

Implementierung und Testlauf

Mit diesen Angaben kann das Testszenario implementiert und der Testlauf durchgeführt werden. In regelmäßigen Abständen werden die Meßgrößen erfaßt und protokolliert. Daraus werden zwei Diagramme generiert. Mit einen *awk*-Skript werden dazu die jeweils benötigten Daten aus dem Protokoll extrahiert und so aufbereitet, daß sie von *gnuplot* in ein Diagramm umgesetzt werden können.

Ergebnisse

Das erste Ergebnis der Testläufe ist die zeitliche Entwicklung des freien Speichers in der Datenbank (Bild 9.4). Der freie Speicher steigt in den ersten Tagen verhältnismäßig stark an, bewegt sich dann aber stets zwischen 800 und 1000 kBytes. Für die Anwendung bedeutet dieses Ergebnis, daß durch Fragmentierung kein nennenswerter Mehrbedarf an Plattenkapazität entsteht.

Bild 9.5 zeigt, wieviele freie Blöcke zu jedem Zeitpunkt in der Datenbank enthalten sind. Als Vergleich dazu ist dargestellt, aus wievielen lebendigen Objekten die Datenbank jeweils besteht (d.h., die Objekte der Primärfüllung sind darin nicht enthalten). Die Anzahl der Objekte erreicht im Verlauf von Tag 1 einen Wert von knapp 14000 und verläuft im weiteren praktisch parallel zur Zeitachse. Die Anzahl der freien Blöcke steigt zu Beginn der Simulation an und pendelt sich dann bei knapp 6000 ein.

Bild 9.4:
Freier Speicher

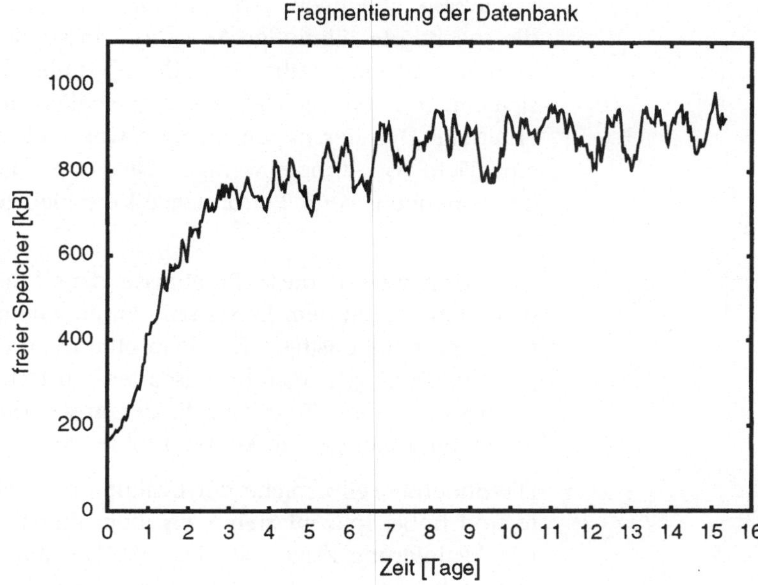

Bild 9.5:
Freie Blöcke

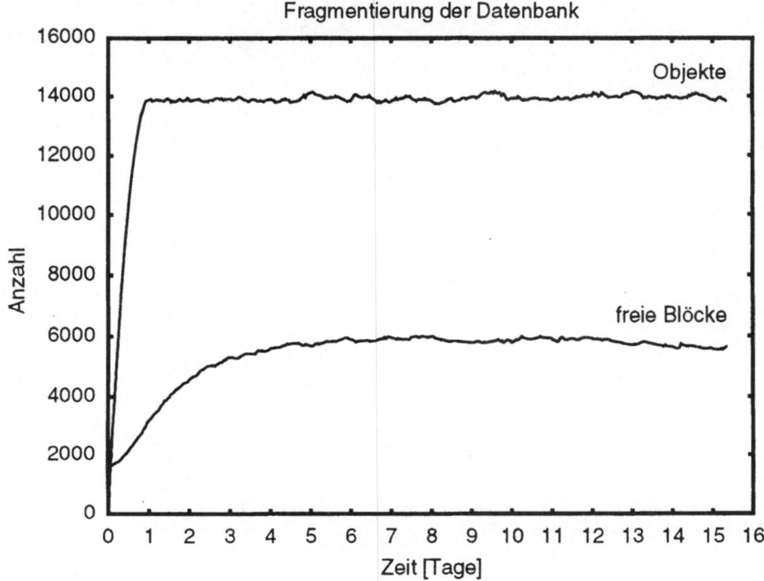

Wie das eingangs erwähnte Testprogramm gezeigt hat, kann die Ausführungsdauer von Datenbankoperationen, vor allem von Löschoperationen, in starkem Maße von der Fragmentierung der

Datenbank abhängen. Dabei ist die Tiefe des Freispeicherbaums die wichtigste Einflußgröße. Das verwendete ODBMS bietet keinen expliziten Aufruf, um diese Größe abzufragen. Sie läßt sich nur indirekt mit Hilfe eines speziellen, mitgelieferten Tools ermitteln. Die Messungen ergaben während der Simulation stets eine Tiefe von 40 oder weniger. Dies ist ein guter Wert, bei dem keine nennenswerte Performance-Verschlechterung zu erwarten ist.

Fazit

Insgesamt weisen diese Ergebnisse darauf hin, daß beim Produktiveinsatz mit dem Entstehen von Fragmentierung zu rechnen ist. In sehr ungünstigen Zugriffsprofilen kann es zu einer kräftigen Erhöhung der Ausführungsdauer von Datenbankoperationen kommen. In dem Zugriffsprofil der Anwendung führt die Fragmentierung dagegen zu keinen Problemen.

Die anderen Teilbereiche der Evaluierung – Mehrbenutzerzugriffe und hohe Spitzenlasten – ergaben ähnlich positive Resultate. Die Evaluierung zeigt, daß das ODBMS hinreichend performant und stabil ist, um als Komponente im Netzmanagementsystem eingesetzt zu werden.

Aus heutiger Sicht werden die positiven Ergebnisse der Evaluierung durch die Erfahrungen aus dem Anwendungseinsatz bestätigt.

Anhang

A   Glossar

24x7-Betrieb (nonstop operation) – Betriebsart, bei der ein System rund um die Uhr („24 Stunden am Tag und sieben Tage pro Woche") ohne Unterbrechung im Einsatz ist. Es gibt dabei keinen definierten Zeitraum, in dem das System abgeschaltet werden kann, z.B. um Wartungsarbeiten zu erledigen. Alle anfallenden Wartungsarbeiten wie →Backup, →Datenbankreorganisation, →Schemaevolution etc. müssen im laufenden Betrieb erledigt werden können.

Abort – Abbruch einer →Transaktion.

ACID-Eigenschaften – Eigenschaften, die durch das Datenbanksystem für eine →Transaktion sicherzustellen sind:
- *Atomarität* (atomicity):
  „Alles-oder-Nichts-Effekt", d.h. entweder alle oder keine der in einer Transaktion angestoßenen Änderungen werden durchgeführt.
- *Konsistenz* (consistency):
  Eine Datenbank ist in einem konsistenten Zustand, wenn alle →Integritätsbedingungen erfüllt sind. Falls die Datenbank vor Beginn der Transaktion konsistent war, ist sie auch nach Abschluß der Transaktion in einem konsistenten Zustand.
- *Isoliertheit* (isolation):
  Gleichzeitig laufende Transaktionen können sich nicht gegenseitig beeinflussen.
- *Dauerhaftigkeit* (durability):
  Nach dem erfolgreichen Beenden einer Transaktion sind die in der Transaktion durchgeführten Änderungen dauerhaft in der Datenbank gespeichert.

Ad-hoc-Zugriff – Es können interaktive Anfragen an die Datenbank gestellt werden, ohne gleich ein Anwendungsprogramm schreiben zu müssen. *Siehe auch* Assoziative Anfrage.

ANSI – American National Standards Institute.

Array – *siehe unter* Feld.

Assoziative Anfrage (query) – Eine assoziative Anfrage erlaubt einen inhaltsbezogenen Zugriff auf Daten. Eine Selektionsbedingung qualifiziert das Ergebnis. Die Formulierung dieser Bedingung erfolgt deskriptiv: Es wird spezifiziert, „was" Bestandteil des Ergebnisses sein soll, nicht aber „wie" das Ergebnis berechnet wird.

Attribut (attribute) – Attribute beschreiben wertebasierte Eigenschaften eines Objekts und legen die interne Struktur des Objekts fest. Attributen ist ein Wertebereich zugeordnet. Als Wertebereiche (Domänen) stehen vordefinierte Datentypen, wie z.B. Integer, Float oder String, sowie benutzerdefinierte Typen zur Verfügung.

Backup – Backup-Werkzeuge geben dem Datenbankadministrator die Möglichkeit, Sicherheitskopien des Datenbankinhalts zu erstellen. Mit den Backup-Werkzeugen lassen sich entweder komplette Backups, d.h. vollständige Kopien der Datenbank, oder inkrementelle Backups, bei denen alle Änderungen seit dem letzten kompletten Backup gespeichert werden, anlegen. Entsprechende Restore-Werkzeuge ermöglichen die Wiederherstellung einer Datenbank anhand des Backups. Bei einem Online-Backup können die Applikationen (im Unterschied zum Offline-Backup) während des Backup-Laufs ohne Behinderung weiterarbeiten.

Bag – *siehe unter* Multimenge.

Benchmark – Verfahren, mit dem das Verhalten eines Systems untersucht werden kann. In der Regel besteht das Ziel von Benchmarks darin, verschiedene Systeme miteinander zu vergleichen. Bei Benchmarks für Datenbanksysteme wird meist deren Performance gemessen.

Beziehung (relationship) – Beziehungen der realen Welt lassen sich in ODBMSen explizit als Relationships zwischen Objekten darstellen. Relationships bieten Traversierungsoperationen, um von einem Objekt zu den in Beziehung stehenden Objekten zu gelangen. Darüber hinaus unterstützen Relationships den für Datenbanken wichtigen Aspekt der Konsistenzsicherung. *Unidirektionale* Beziehungen sind von einem Objekttyp zum anderen gerichtet. *Bidirektionale* Beziehungen verlaufen dagegen in beiden Richtungen, von einem Objekt zum anderen und zurück. Die Art einer Beziehung kann über ihre *Kardinalität* präzisiert werden. Eine

1-zu-1-Kardinalität drückt aus, daß jedes Objekt mit höchstens einem anderen Objekt in Beziehung stehen kann, und umgekehrt. Eine 1-zu-m-Kardinalität ermöglicht einem Objekt, mit mehreren Objekten eines anderen Typs in Beziehung zu stehen. Bei n-zu-m-Beziehungen können mehrere Objekte eines Typs mit verschiedenen Objekten des anderen Typs in Beziehung stehen. 1-zu-1- und n-zu-1-Beziehungen werden als *einwertig* bezeichnet, da sie auf ein Objekt verweisen. 1-zu-m- und n-zu-m-Beziehungen heißen *mehrwertig*; sie verweisen auf eine →Kollektion von Objekten.

Bidirektionale Beziehung (bidirectional relationship) –
Bidirektionale Beziehungen verlaufen in beiden Richtungen, von einem Objekt zum anderen und zurück. Im Gegensatz zu zwei entgegengesetzten Einzelbeziehungen erfolgt dabei eine Synchronisation der Richtungen: Bei jeder Modifikation einer Beziehung wird die gegenläufige Richtung automatisch konsistent gehalten. *Siehe auch* Beziehung.

BLOB – Binary Large Object. Datentyp zur Speicherung von großen, unstrukturierten Informationsmengen, z.B. Multimedia-Daten.

Cache – Puffer, mit dem die Zugriffszeit auf oft benötigte Daten reduziert werden soll. Objektorientierte Datenbanksysteme verfügen über Caches beim Client (Client-Cache) und beim Server (Server-Cache).

Change Notification – Benachrichtigungsverfahren, mit denen Datenbankbenutzer automatisch vom System benachrichtigt werden, sobald bestimmte Änderungen in der Datenbank stattfinden, z.B. wenn Objekte geändert oder gelöscht wurden.

CheckIn/CheckOut – Basis von CheckIn/CheckOut-Verfahren sind öffentliche Datenbanken, die von allen Entwicklern gemeinsam genutzt werden können, und private Arbeitsbereiche, auf die nur von den jeweiligen Besitzer zugegriffen werden kann. Mit Hilfe von CheckOut-Operationen werden Objekte aus der öffentlichen Datenbank in den privaten Arbeitsbereich geholt, mit einem CheckIn werden die Objekte aus dem privaten Arbeitsbereich wieder in die öffentliche Datenbank zurückgeführt. Oft werden Check-

In/CheckOut-Verfahren zusammen mit →Versionierungs-
mechanismen eingesetzt.

Checkpoint Commit – Die innerhalb einer →Transaktion erworbenen →Sperren werden am Ende der Transaktion
nicht freigegeben, sondern beibehalten. Die Objekte bleiben weiterhin im Cache. Damit können Zwischenstände einer längeren Bearbeitung in der Datenbank gesichert werden, ohne die Sperren auf Objekten wieder neu anfordern
zu müssen.

Client/Server-Architektur – Architekturmodell für Softwaresysteme, die in Rechnernetzen eingesetzt werden. Ein oder
mehrere Server stellen Dienste zur Verfügung, die von
Clients in Anspruch genommen werden können. Die meisten relationalen und objektorientierten Datenbanksysteme
basieren auf der Client/Server-Architektur.

Clustering – Mittel zum Gruppieren von Objekten zu logisch
zusammengehörigen Einheiten. Gebräuchliche Begriffe für
diese Einheiten sind bei ODBMSen Container, Segment
oder ganz allgemein Cluster.

Commit – Erfolgreiche Terminierung einer →Transaktion.

Commit-and-Hold – *siehe unter* Checkpoint Commit.

Concurrency Control – *siehe unter* Zugriffssynchronisation.

Concurrent Engineering – *siehe unter* Workgroup Computing.

Datenbankreorganisation – Spezielle Werkzeuge zur Reorganisation einer Datenbank sorgen für die Freigabe von
unbelegten Speicherplätzen, die z.B. durch das Löschen von
Objekten freigeworden sind, und minimieren damit vorhandene →Fragmentierung.

Datenbankschema (database schema) – Eine konkrete Modellierung im →Datenmodell wird als Datenbankschema
bezeichnet. Ein Datenbankschema beschreibt die im DBMS
zu speichernden Daten mit den durch das Datenmodell gegebenen Konzepten.

Datenmodell (data model) – Das Datenmodell eines DBMSs definiert Modellierungskonzepte, mit denen sich der für eine Anwendung relevante Ausschnitt der realen Welt beschreiben läßt. Relationale DBMSe basieren auf dem relationalen Datenmodell, modellieren die Daten also als Relationen (Tabellen). ODBMSe beziehen in das Datenmodell objektorientierte Konzepte wie Objekttypen, Beziehungen und Subtypen mit ein. Insofern spricht man hier auch von einem →Objektmodell.

DBMS – Datenbankmanagementsystem (database management system). Der Begriff „Datenbanksystem" wird in diesem Buch synonym dazu verwendet.

DDL (Data Definition Language) – Die DDL ist eine Sprache zur Definition von →Datenbankschemata, die die Konzepte des →Datenmodells in einer syntaktischen Form reflektiert. Bei ODBMSen wird speziell von einer →ODL, einer Object Definition Language, gesprochen.

Deadlock – *siehe unter* Verklemmung.

DML (Data Manipulation Language) – Sprache zur Manipulation der Daten. In relationalen Datenbanksystemen wird SQL sowohl als Definitions- als auch als Manipulationssprache verwendet. In objektorientierten Datenbanksystemen gibt es normalerweise neben einer →ODL auch eine →OML.

Dynamische Anfrage (dynamic query) – Anfrage, die erst zur Laufzeit ausgewertet wird. Ein häufig verwendetes Prinzip besteht darin, dynamische Anfragen als Zeichenkette zusammenzustellen und einer Funktion zu übergeben. *Siehe auch* Assoziative Anfrage.

Dynamisches Binden (dynamic binding, late binding) – Die Zuordnung eines Methodennamens zu einer Methodenimplementierung erfolgt nicht statisch zur Übersetzungszeit, sondern wird erst zur Laufzeit vorgenommen.

Einfache Vererbung (single inheritance) – Bei der einfachen Vererbung kann es zu einem Objekttyp höchstens einen Obertyp geben. *Siehe auch* Vererbung.

Einkapselung (encapsulation) – Einkapselung bedeutet, daß
die interne Struktur und die Implementierung der Operationen eines Objekts verborgen bleiben. Nach außen hin
sichtbar ist nur die Schnittstelle des Objekts.

Einwertige Beziehung – 1-zu-1- und n-zu-1-Beziehungen
werden als einwertig bezeichnet, da sie auf ein Objekt verweisen. *Siehe auch* Beziehung.

Exception Handling – Exceptions beschreiben (außergewöhnliche) Ereignisse, die bei der Ausführung von Operationen
auftreten können. Innerhalb der Methodenimplementierung
können sie explizit angestoßen werden. Ein Exception-
Handler fängt die Exceptions ab und reagiert darauf.

Extension (extent) – Eine Extension verwaltet die Menge aller
Instanzen eines Objekttyps, einschließlich der Instanzen
seiner Subtypen.

Fanout – Der Fanout eines Objekts ist die Anzahl der von ihm
ausgehenden Beziehungen.

Feld (array) – Felder sind eine Kollektionsform, mit der Einträge direkt angesprochen und manipuliert werden können.
Siehe auch Kollektion.

Fragmentierung (fragmentation) – Als Folge der Ausführung
von →strukturverändernden Operationen können sich „freie
Blöcke", d.h. ungenutzte, aber reservierte Speicherbereiche,
in der internen Repräsentation der Datenbank bilden. Fragmentierung bewirkt i.allg. eine Erhöhung der Zugriffszeiten.
Datenbanksysteme verfügen in der Regel über ein Werkzeug zur →Datenbankreorganisation, mit dem Fragmentierung beseitigt werden kann.

Generalisierung (generalization) – Gemeinsame Eigenschaften von mehreren, bereits existierenden Typen werden in
einem Obertyp zusammengefaßt. *Siehe auch* Vererbung.

Geschachtelte Transaktion (nested transaction) –
Geschachtelte Transaktionen erlauben die Strukturierung
einer →Transaktion in äußere und innere Transaktionen.
Die Terminierung (commit oder abort) einer inneren Trans-
aktion hat keinen Einfluß auf die Terminierung der äußeren
Transaktion. Änderungen, die innerhalb einer inneren

Transaktion durchgeführt wurden, sind aber nur gültig, wenn die äußere Transaktion erfolgreich beendet wird.

GUI – Graphical User Interface.

Index (index) – Assoziative Anfragen lassen sich durch die Verwendung von Indexen beschleunigen. Indexe werden in der Regel über einem →Attribut, einer Menge von Attributen oder mitunter auch →Beziehungen definiert.

Instanz (instance) – Ein Objekt eines bestimmten Typs wird auch als Instanz des Typs bezeichnet.

Integritätsbedingung (integrity constraint) – Integritätsbedingungen definieren, welche Zustände eines Objekts oder einer Menge von Objekten und welche Zustandsübergänge erlaubt sind.

ISO – International Standardization Organization.

Iterator (iterator) – Zur elementweisen Bearbeitung einer →Kollektion werden sogenannte Iteratoren bereitgestellt. Der Iterator fungiert als Positionierzeiger auf die Kollektion.

Journal-Datei (journal file) – Protokolldatei für die innerhalb einer →Transaktion durchgeführten Datenbankänderungen. Anhand des Journals kann im Falle eines →Recovery ein aktueller, konsistenter Datenbankzustand rekonstruiert werden.

Kaltstart (cold start) – Beim Starten einer Datenbankapplikation spricht man von Kaltstart, wenn die →Caches des Datenbanksystems noch keine Daten enthalten, auf die in der Applikation zugegriffen wird.

Kardinalität (cardinality) – Die Art einer Beziehung kann über ihre Kardinalität präzisiert werden. Eine 1-zu-1-Kardinalität drückt aus, daß jedes Objekt mit höchstens einem anderen Objekt in Beziehung stehen kann, und umgekehrt. Eine 1-zu-n-Kardinalität ermöglicht einem Objekt, mit mehreren anderen in Beziehung zu stehen. Bei n-zu-m-Beziehungen können mehrere Objekte eines Typs mit mehreren Objekten des anderen Typs in Beziehung stehen. *Siehe auch* Beziehung.

Klasse (class) – Eine Klasse ist die konkrete Implementierung eines Objekttyps. Zu einem Objekttyp kann es mehrere Klassen (sprich Implementierungen) geben.

Kollektion (collection) – Kollektionen sind „Behälter", die mehrere gleichartige Objekte aufnehmen können. Sie sind typisiert und werden als parametrisierbare Konstrukte angeboten. In ODBMSen üblich sind →Mengen (set), →Multimengen (bag), →Listen (list) und →Felder (array). Je nach Art der Kollektion wird ein Satz an generischen Operationen angeboten.

Komplexes Objekt (complex object) – Ein komplexes Objekt ist ein Objekt, das sich aus Teilobjekten zusammensetzt. Das Objekt bildet zusammen mit den Teilobjekten eine Modellierungseinheit. Jedes Teilobjekt ist über einen eigenen →Objektidentifikator identifizierbar. Sogenannte →propagierende Operationen beziehen sich auf das zusammengesetzte Objekt einschließlich seiner Teilobjekte.

Kooperierende Transaktion (shared transaction) – Mehrere →Transaktionen können an einer kooperierenden Transaktion teilnehmen. Die teilnehmenden Transaktionen sehen die Zwischenergebnisse der anderen Transaktionen, wobei die Benutzer selbst für die Korrektheit der Transaktionen verantwortlich sind.

Lange Transaktion (long transaction) – Transaktion, die Datenbanksitzungen überdauert.

Late Binding – *siehe unter* Dynamisches Binden.

Lesesperre (read lock) – Sperre, die anderen Benutzern das Lesen, aber nicht das Ändern des lesegesperrten Objektes erlaubt. *Siehe auch* Sperren.

Lineare Versionierung (linear versioning) – Jede Version hat höchstens einen Vorgänger und einen Nachfolger. *Siehe auch* Versionierung.

Liste (list) – Listen sind eine spezielle Kollektionsform, die über eine Numerierung verfügt, so daß auf ein beliebiges i-tes Element über seine Positionsnummer i zugegriffen werden kann. Listen besitzen eine Vielzahl an Operationen, die sich die Listenreihenfolge zunutze machen. *Siehe auch* Kollektion.

Mehrfachvererbung — Bei der Mehrfachvererbung kann ein Objekttyp mehrere Obertypen besitzen. *Siehe auch* Vererbung.

Mehrwertige Beziehung — 1-zu-m- und n-zu-m-Beziehungen heißen mehrwertig, da sie auf eine Kollektion von Objekten verweisen. *Siehe auch* Beziehung.

Menge (set) — Mengen enthalten keine Duplikate; jedes Element kommt genau einmal in einer Menge vor. Mengen besitzen die üblichen Mengenoperationen wie Vereinigung, Durchschnitt und Differenz. *Siehe auch* Kollektion.

Methode (method) — Eine Methode ist die Implementierung einer Objektoperation.

Multimenge (bag) — Im Gegensatz zu Mengen kann in einer Multimenge ein Element mehrfach vorkommen. Alle Mengenoperationen wie Vereinigung erhalten somit Duplikate. *Siehe auch* Kollektion.

Nachricht (message) — Objekte kommunizieren miteinander, indem sie Nachrichten austauschen. Das Senden einer Nachricht an ein Objekt entspricht der Aufforderung, eine bestimmte Operation auszuführen.

Navigieren (navigation) — Typisch für objektorientierte Applikationen ist der navigierende Zugriff auf Objekte, bei dem man sich ausgehend von einem Objekt über seine Beziehungen zu anderen Objekten hangelt.

Obertyp (supertype) — Ein Objekttyp kann ein oder mehrere Obertypen haben. Er erbt dann alle Eigenschaften der Obertypen. *Siehe auch* Vererbung.

Objekt (object) — Ein Objekt ist das Abbild einer abstrakten oder konkreten Einheit des Anwendungsbereichs im objektorientierten Modell. Objekte haben Eigenschaften, die ihren *Zustand* und ihr *Verhalten* beschreiben. Der aktuelle Zustand eines Objekts ergibt sich aus den Werten aller →Attribute des Objekts. Das Verhalten eines Objekts wird durch die für das Objekt definierten →Operationen bestimmt.

Objektidentifikator (object identifier) — Ein Objektidentifikator (OID) ist ein systemvergebenes Merkmal, das ein Objekt zu jedem Zeitpunkt von anderen Objekten unterscheidet. Objektidentifikatoren sind unabhängig von Eigenschaften; es kann also Objekte mit absolut identischen Eigenschaften geben, die anhand ihrer OIDen dennoch unterscheidbar sind.

Objektidentität (object identity) — Objekte haben eine Identität unabhängig von ihrem aktuellen Zustand. Objektidentität wird in ODBMSen über eindeutige →Objektidentifikatoren sichergestellt.

Objektmodell (object model) — Ein Objektmodell ist ein objektorientiertes Datenmodell, also ein →Datenmodell, das die Konzepte der Objektorientierung zu Modellierungszwecken beinhaltet.

Objekttyp (object type) — Objekte mit gleichartigen Eigenschaften werden zu einem Objekttyp zusammengefaßt. Ein Objekttyp legt die Objekteigenschaften für alle Objekte dieses Typs fest.

ODBC (Open Database Connectivity) — Von Microsoft definierte, einheitliche Programmierschnittstelle für den Zugriff auf heterogene Datenquellen. ODBC orientiert sich an SQL. Es gibt ODBC-Treiber u.a. für relationale und objektorientierte Datenbanksysteme, aber auch für andere Applikationen wie Tabellenkalkulationen.

ODBMS — Objektorientiertes Datenbankmanagementsystem (object-oriented database management system).

ODL (Object Definition Language) — Die ODL ist die Objektdefinitionssprache des ODMG-Standards, mit der sich Datenbankschemata definieren lassen.

ODMG (Object Database Management Group) — Zusammenschluß von führenden ODBMS-Herstellern mit dem Ziel, einen gemeinsamen Standard für objektorientierte Datenbanksysteme zu definieren. 1993 wurde die erste Version des ODMG-Standards herausgegeben, inzwischen liegt der Standard in der Version ODMG-93, Release 1.2 [Cat95] vor.

OLE (Object Linking and Embedding) – OLE wurde von Microsoft definiert und in den Varianten des Windows-Betriebssystems implementiert. OLE gestattet den Austausch von Objekten zwischen Applikationen über ein einheitliches Protokoll.

OML (Object Manipulation Language) – ODBMSe stellen primitive Grundoperationen generischer Natur zur Manipulation von Objekten, Beziehungen, Kollektionen etc. bereit. Im ODMG-Standard werden diese Operationen als OML bezeichnet.

Operation (operation) – Operationen legen das Verhalten eines Objekts fest. Die Ausführung von Operationen kann den aktuellen Zustand eines Objekts verändern. Die →Signatur einer Operation beschreibt die Eingabeparameter und eventuelle Ergebnisparameter.

OQL (Object Query Language) – Die OQL ist die Anfragesprache des ODMG-Standards, mit der assoziative Anfragen auf Datenbankobjekten formuliert werden können.

Overloading – Eine →Methode kann durch eine andere Methode überladen werden. Die neue Methode hat denselben Namen wie die überladene Methode, sie unterscheidet sich aber in der Art oder Anzahl der Parameter.

Overriding – Mit Overriding wird die Redefinition der von den Obertypen ererbten Eigenschaften bezeichnet. Ein Overriding von Methoden in einem Subtyp ermöglicht die Anpassung einer ererbten Methode an spezielle Eigenschaften des Subtyps. Die Signatur der redefinierten Methode, d.h. ihr Name und ihre Parameter, bleiben dabei unverändert.

Persistenter Name (persistent name) – Benutzerdefinierter Name für ein Objekt, anhand dessen später wieder auf das Objekt zugegriffen werden kann. Persistente Namen sind neben Datenbankanfragen mögliche Einstiegspunkte in eine Datenbank.

Persistente Sperre (persistent lock) – Sperre, die Datenbanksitzungen überdauert.

Persistenz (persistency) – Persistenz ist eine grundsätzliche Eigenschaft eines DBMSs: Daten werden in einer Datenbank dauerhaft gespeichert, so daß zu einem späteren Zeitpunkt wieder auf die Daten zugegriffen werden kann. Die Lebensdauer eines persistenten Datums ist unabhängig von der Lebensdauer des Programms, innerhalb dessen es erzeugt wurde.

Polymorphismus (polymorphism) – Beim Aufruf einer Methode muß der Aufrufer nicht unbedingt wissen, von welchem Typ das aufgerufene Objekt ist. Die Ausführung der Methode hängt vom jeweiligen Objekttyp ab.

Propagierende Operationen (propagating operations) – Propagierende Operationen berücksichtigen die spezielle Semantik von →komplexen Objekten, d.h., Operationen wie Löschen, Kopieren oder Sperren erstrecken sich auf das zusammengesetzte Objekt und auf alle seine Teilobjekte.

Query – *siehe unter* Assoziative Anfrage.

RDBMS – Relationales Datenbankmanagementsystem (relational database management system).

Recovery – Wiederanlauf des Datenbanksystems nach einem schwerwiegenden Hardware- oder Softwarefehler. Aufgabe des Recoverymanagements ist es sicherzustellen, daß die Datenbank nach dem Wiederanlauf wieder in einem konsistenten Zustand ist.

Referentielle Integrität (referential integrity) – Referentielle Integrität bedeutet, daß
1. beim Löschen eines Objekts alle Beziehungen zu diesem Objekt aktualisiert werden, und
2. Änderungen auf einer Seite einer bidirektionalen Beziehung auch auf der inversen Seite vorgenommen werden.

Referenzklasse (reference class) – Referenzklassen bilden die Grundlage jeglicher Manipulation im ODMG-Standard. Die Ref-Klasse kann mit Objekttypen T instantiiert werden. Eine Referenzklasse `Ref<T>` bildet einen „Henkel", mit dem sich Objekte des Typs T ähnlich den Pointern „anfassen" (referenzieren) lassen.

Relationship – *siehe unter* Beziehung.

Rollenname (role name) – Ein Rollenname gibt an, wie eine
→Beziehung von einem Objekttyp aus in Richtung des anderen Objekttyps bezeichnet wird.

Savepoints – Mit Savepoints können →Transaktionen in Zwischenschritte unterteilt werden. Innerhalb einer Transaktion kann dann auf die definierten Sicherungspunkte zurückgesetzt werden.

Schema – *siehe unter* Datenbankschema.

Schemaevolution (schema evolution) – Die Möglichkeit, ein
→Datenbankschema zu ändern oder zu erweitern, auch wenn es bereits eine Datenbank mit Objekten gibt, die nach der alten Schemadefinition erzeugt wurden.

Schemaversionierung (schema versioning) – Von einem
→Datenbankschema können mehrere Versionen existieren.

Schlüssel (key) – Schlüssel bezeichnen Eigenschaften, die (vergleichbar mit dem Schlüsselkonzept relationaler DBMSe) die Objekte eines Typs eindeutig identifizieren. Das DBMS trägt Sorge für die Eindeutigkeit.

Schreibsperre (write lock) – Exklusive Sperre, die allen anderen Benutzern den Zugriff auf das gesperrte Objekt verwehrt. *Siehe auch* Sperren.

Serialisierbarkeit (serializability) – Wenn das Kriterium der Serialisierbarkeit erfüllt ist, verhalten sich →Transaktionen in ihrem Zusammenspiel so, daß sie dasselbe Ergebnis liefern, als wenn sie seriell abgearbeitet werden würden.

Set – *siehe unter* Menge.

Signatur (signature) – Die Signatur einer Operation spezifiziert neben dem Namen der Operation ihre Eingabe- und Ergebnisparameter (jeweils mit Name und Typ). Außerdem lassen sich in der Signatur →Exceptions (Ausnahmesituationen), die während der Operationsausführung auftreten können, und entsprechende Ausnahmebehandlungen spezifizieren.

Sperre (lock) – Sperren werden verwendet, um Konflikte zwischen verschiedenen, gleichzeitig laufenden →Transaktionen zu vermeiden. Abhängig von der Art des Zugriffs können Lesesperren (read lock) oder Schreibsperren (write lock) für ein Objekt angefordert werden.

Spezialisierung (spezialization) – Ausgehend von einem Obertyp werden ein oder mehrere speziellere Subtypen definiert. *Siehe auch* Vererbung.

Sprachschnittstelle (language binding) – Eine Sprachschnittstelle liefert die Umsetzung des Objektmodells eines ODBMSs auf eine Programmiersprache und dient als Schnittstelle für ODBMS-Applikationen. Die derzeit am häufigsten verwendeten Programmiersprachen zur Entwicklung von ODBMS-Applikationen sind C++ und Smalltalk.

SQL – Structured Query Language.

Statische Anfrage (static query) – Statische Anfragen müssen bereits zur Übersetzungszeit feststehen. Sie werden häufig direkt in den Programmcode (als Erweiterung der Programmiersprache) geschrieben. Statische Anfragen können vom DBMS vorübersetzt werden, so daß ihre Ausführung effizienter wird. *Siehe auch* Assoziative Anfrage.

Strukturerhaltende Operationen – Datenbankzugriffe, die keine Veränderung der Struktur der internen Datenbankrepräsentation bewirken. Dazu zählen alle lesenden Zugriffe, aber auch Schreibzugriffe, bei denen lediglich schon vorhandene Objekte modifiziert werden.

Strukturverändernde Operationen – Datenbankzugriffe, die die Struktur der internen Datenbankrepräsentation verändern. Dazu zählen Operationen wie das Einfügen, Löschen, Vergrößern und Verkleinern von Objekten.

Subtyp (subtype) – Neue Objekttypen lassen sich als Subtypen bestehender Typen einführen. Ein Subtyp erbt alle Eigenschaften eines Obertyps. Diese ererbten Eigenschaften lassen sich teilweise redefinieren. *Siehe auch* Vererbung.

Synchronisationsverfahren – Verschiedene Synchronisationsverfahren garantieren die →Serialisierbarkeit von →Transaktionen. Beim *pessimistischen Verfahren* werden →Sperren verwendet, um Zugriffskonflikte zu vermeiden. Innerhalb einer Transaktion muß jedes Objekt, auf das lesend oder schreibend zugegriffen werden soll, mit einer entsprechenden Sperre versehen werden. Das *optimistische Verfahren* arbeitet ohne Sperren. Stattdessen wird am Ende einer Transaktion überprüft, ob Zugriffskonflikte aufgetreten sind. Falls ja, werden eine oder mehrere der betroffenen Transaktionen zurückgesetzt.

Transaktion (transaction) – Folge von Datenbankoperationen, die einen konsistenten Datenbankzustand wieder in einen konsistenten Datenbankzustand überführt. Eine Transaktion kann erfolgreich beendet (commit) oder abgebrochen (abort) werden. *Siehe auch* ACID-Eigenschaften.

Transienz – Transiente Daten sind flüchtig und existieren nur während der Programmdauer. Diese Daten sind typischerweise in Programmvariablen gespeichert und gehen nach Programmende verloren. Daten, die das Ende eines Programmlaufs überleben, heißen hingegen persistent.

Traversieren (traversal) – Traversieren bezeichnet das Hangeln von einem Objekt zu den in Beziehung stehenden Objekten.

Two-Phase-Commit-Protokoll – Ein Protokoll zur Realisierung von Transaktionen, in denen auf verteilte Datenbanken zugegriffen wird.

Typhierarchie (type hierarchie) – Alle Typen, die in einer Vererbungsbeziehung stehen, bilden zusammen eine Typhierarchie. *Siehe auch* Vererbung.

Unidirektionale Beziehung (unidirectional relationship) – Unidirektionale Beziehungen sind von einem Objekttyp zum anderen gerichtet. Beim Zugriff auf die Objekte kann die Beziehung nur in dieser Richtung traversiert werden. *Siehe auch* Beziehung.

Verbund (join) – Verbunde sind ein wichtiges Konzept relationaler DBMSe, um in Anfragen Tabellen über Wertevergleiche miteinander in Beziehung zu setzen.

Vererbung (inheritance) – Mit Hilfe der Vererbung lassen sich neue Objekttypen aus bestehenden Typen ableiten. Die abgeleiteten Typen, auch *Subtypen* genannt, erben alle Eigenschaften des bereits existierenden *Obertyps*. Für die Definition des Subtyps können neue Eigenschaften hinzugefügt oder ererbte Eigenschaften modifiziert werden. Alle Typen, die in einer Vererbungsbeziehung stehen, bilden zusammen eine *Typhierarchie* oder Vererbungshierarchie. Bei der *Spezialisierung* wird die Vererbungshierarchie top-down gebildet. Ausgehend von einem Obertyp werden ein oder mehrere speziellere Subtypen definiert. Bei der *Generalisierung* ist die Vorgehensweise bottom-up. Gemeinsame Eigenschaften von mehreren, bereits existierenden Typen werden in einem Obertyp zusammengefaßt. Wenn ein Objekttyp mehrere Obertypen besitzen kann, spricht man von *Mehrfachvererbung*. Bei der *einfachen Vererbung* kann ein Objekttyp nur von einem Obertyp erben.

Verklemmung (deadlock) — Entsteht, wenn zwei Transaktionen gegenseitig auf die Freigabe von gesperrten Objekten warten.

Versionierung (versioning) — Eine Version ist die Momentaufnahme eines Objekts zu einem bestimmten Zeitpunkt. Versionierung ermöglicht die Erzeugung und Verwaltung von mehreren Versionen desselben Objekts. Alle Versionen eines Objekts bilden zusammen den *Versionsgraphen. Lineare Versionierung* bedeutet, daß jede Version höchstens einen Vorgänger und einen Nachfolger hat. Bei der *verzweigten Versionierung* können zu einer Version mehrere, voneinander unabhängige Nachfolgerversionen angelegt werden.

Versionszusammenführung (version merging) — Die Zusammenführung von verschiedenen Versionen aus verzweigten Versionslinien zu einer neuen Version. *Siehe auch* Versionierung.

Verzweigte Versionierung (branch versioning) — Zu einer Version können mehrere, voneinander unabhängige Nachfolgerversionen angelegt werden. *Siehe auch* Versionierung.

„viele Leser, ein Schreiber"-Prinzip (many readers, one writer) — Option, mit der gleichzeitig zu vielen lesenden Zugriffen auch ein Schreiber auf die Daten zugreifen kann.

Warmstart (warm start) — Beim Start der Applikation enthalten die →Caches des Datenbanksystems bereits Daten, auf die in der Applikation zugegriffen wird.

Werkzeuge (tools) — Programme, die die Entwicklung von Datenbankapplikationen und die Verwaltung von Datenbanken unterstützen. Typische Werkzeuge für DBMSe sind z.B. Schema-Browser, GUI-Builder und Monitoring-Tools.

Workgroup Computing — Arbeitsweise, bei der mehrere Entwickler gleichzeitig an einem Entwurf arbeiten, so daß die Arbeit der verschiedenen Teammitglieder synchronisiert und koordiniert werden muß. Die gemeinsam genutzten Daten werden von den Entwicklern oft über Tage und Wochen bearbeitet.

Zugriffsschutz (security) — Verwaltung und Überprüfung von Zugriffsrechten für Benutzer(gruppen).

Zugriffssynchronisation (concurreny control) — Aufgabe der Zugriffssynchronisation ist es, Konflikte bei gleichzeitigen Zugriffen mehrerer Benutzer zu vermeiden. Basiskonzept der Zugriffssynchronisation ist die →Transaktion.

Zwei-Phasen-Sperrprotokoll (two-phase-locking protocol) Sperrprotokoll, das die →Serialisierbarkeit von Transaktionen gewährleistet. In einer ersten Phase werden alle benötigten →Sperren angefordert, in der zweiten Phase die Sperren wieder freigegeben. Sobald eine Sperre freigegeben wurde, dürfen innerhalb der →Transaktion keine neuen Sperren mehr angefordert werden.

B   Objektorientiertes Beispielschema

Zur graphischen Darstellung eines objektorientierten Datenbank-schemas wird hier eine an OMT [RBP+91] angelehnte Notation verwendet. Die Notation sieht Beschreibungsmittel für Objektty-pen, Vererbung und Beziehungen zwischen Objekttypen (vgl. Bild B.1) vor.

Zu jedem Objekttyp werden sein Name, die Attribute und die Operationen aufgelistet. Vererbung zwischen Obertypen und Subtypen wird durch ein Dreieck beschrieben. Bei Beziehungen zwischen Objekttypen, dargestellt durch einfache Linien, können für eine oder beide Seiten einer Beziehung Rollennamen verge-ben werden. Die Kardinalität einer Beziehungsseite (ein Objekt von Objekttyp 1 steht mit genau einem, mit einem oder keinem, mit beliebig vielen Objekten von Objekttyp 2 in Beziehung) wird durch verschiedene Linienenden gekennzeichnet.

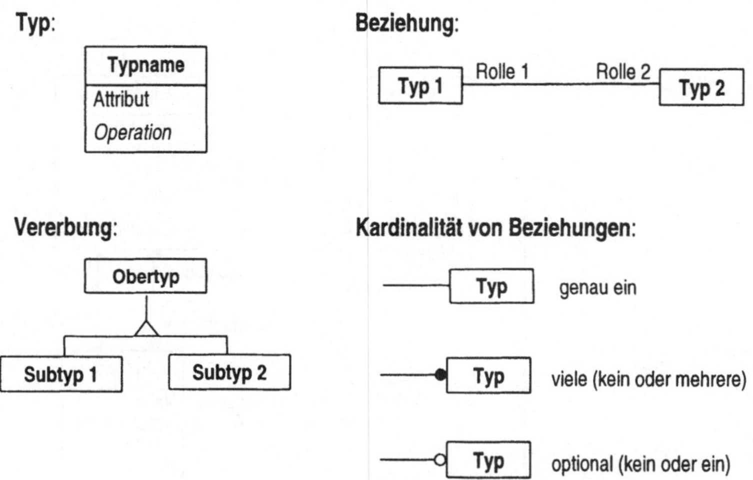

Bild B.1:
Graphische Notation für ein objektorien-tiertes Datenbank-schema

Bild B.2 zeigt das vollständige objektorientierte Datenbanksche-ma der Software-Firma *Macrosoft*.

In der Firma arbeiten eine Reihe von Angestellten und freien Mitarbeitern an verschiedenen Projekten. Gemeinsamkeiten von Angestellten und freien Mitarbeitern sind im Obertyp Mitarbeiter zusammengefaßt. Die Angestellten sind in der Firma fest be-schäftigt, während die freien Mitarbeiter über Entwicklungsver-träge in die Projekte eingebunden sind. Ein Entwicklungsvertrag wird zwischen der Firma als Auftraggeber und dem freien Mitarbeiter als Auftragnehmer abgeschlossen.

In einem Projekt sind einer oder mehrere Angestellte tätig, wobei ein Angestellter durchaus auch an mehreren Projekten gleichzeitig arbeiten kann. Ein Projekt wird von einem Angestellten geleitet, aber nicht jeder Angestellte ist Leiter eines Projekts. Die von der Firma vertriebenen Software-Produkte kommen als Ergebnis von Projekten zustande und bestehen neben dem Sourcecode auch aus einem Handbuch.

Bild B.2:
Objektorientiertes
Beispielschema

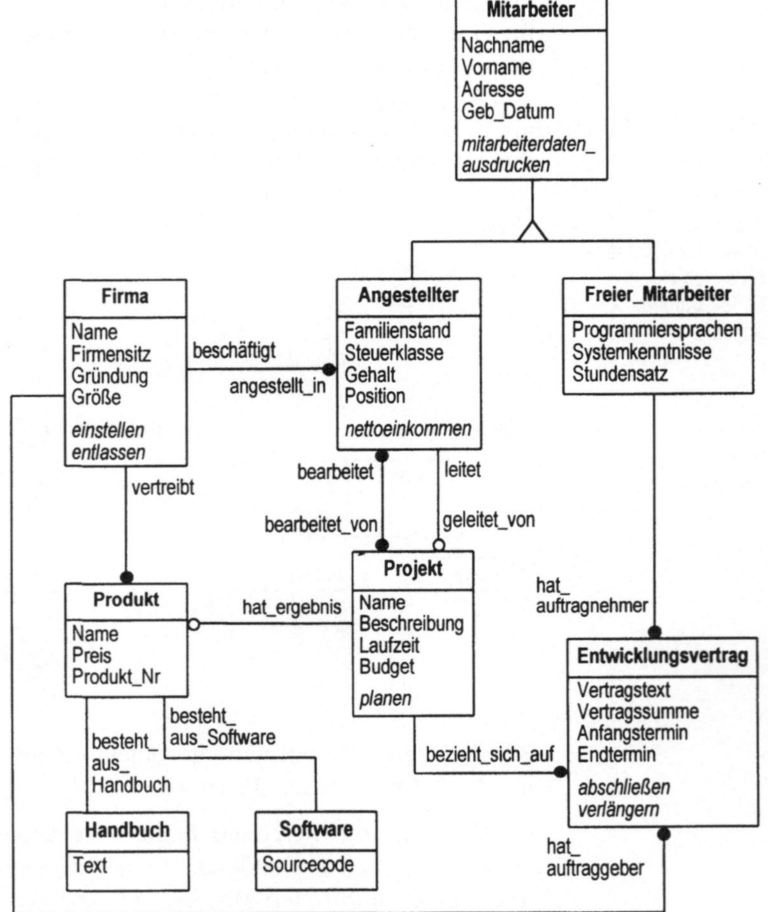

C   Checkliste

1   Herstellerfirma und Produkt

1.1   Marktposition und finanzielle Stabilität

- Seit wann gibt es die Firma und wie hat sie sich seit ihrer Gründung entwickelt?
- In welchen Ländern ist der Hersteller vertreten?
- Über wieviele Mitarbeiter verfügt die Firma?
- Wie hoch ist der Marktanteil des ODBMSs – gemessen an Umsatzzahlen und an verkauften Lizenzen (Laufzeit- und Entwicklungslizenzen)?
- Welche strategischen Allianzen unterhält der Hersteller mit anderen Firmen?

1.2   Preis

- Wie hoch sind die Kosten für Entwicklungs- und Laufzeitlizenzen?
- Wie hoch sind die Kosten für zusätzliche Datenbank-Werkzeuge?
- Was kostet ein Wartungsvertrag?

1.3   Produktplanung und Referenzkunden

- Welche Weiterentwicklungen sind für das ODBMS geplant?
- Über welche Referenzkunden und -projekte verfügt der Hersteller?

1.4   Service und Support

- Gibt es eine Hot-Line für dringende Fragen?
- Welche Service- und Support-Leistungen können vor Ort erbracht werden?
- Wie groß ist die Support-Mannschaft?
- Inwieweit bietet der Hersteller Schulungen an?
- Werden vom Hersteller bzw. der zuständigen Vertriebsfirma auch Consulting-Leistungen erbracht?

1.5   Standards und Zertifizierung

- Welche Standards werden (zukünftig) von dem ODBMS unterstützt?
- Bis zu welchem Zeitpunkt und in welchem Umfang (ODL, OQL, Sprachanbindungen) wird der Hersteller den ODMG-Standard implementiert haben?
- Bietet das ODBMS eine ODBC-Schnittstelle?
- Verfügt der Hersteller über eine Zertifizierung nach ISO 9000?

2   Objektmodell und Objektzugriff

2.1   Objektidentität

- Gibt es zu jedem Objekt einen vom System verwalteten, eindeutigen Objektidentifikator?

2.2   Vordefinierte Basisdatentypen

- Welche atomaren Datentypen (Integer, Character, Boolean,...) bietet das ODBMS an?
- Verfügt das ODBMS auch über strukturierte Datentypen (Date, Time,...)?

2.3   Methoden

- Können neben den Attributen auch die Methoden eines Objekts in der Datenbank abgelegt werden?

2.4   Kollektionen

- Bietet das ODBMS vordefinierte Kollektionen (Set, Bag, List, Array, ...) an?
- Gibt es zu jedem Kollektionstyp einen umfangreichen Satz von Operationen?

2.5   Beziehungen

- Gibt es 1-zu-1-,1-zu-m- und n-zu-m- Beziehungen?
- Unterscheidet das System zwischen uni- und bidirektionalen Beziehungen?
- Wird die referentielle Integrität vom ODBMS sichergestellt?
- Können datenbankübergreifende Beziehungen definiert werden?

2.6   Komplexe Objekte

- Gibt es Möglichkeiten zur Modellierung von komplexen Objekten?
- Unterstützt das ODBMS propagierende Operationen auf komplexen Objekten? Welche Operationen können propagiert werden?

2.7   Vererbung

- Unterstützt das ODBMS Einfach- und Mehrfachvererbung?

2.8   Multimedia-Daten

- Welche Möglichkeiten zur Verwaltung von Multimedia-Daten (Bild, Ton, Text, ...) gibt es?
- Unterstützt das ODBMS BLOBs (Binary Large Objects)?

2.9   Wertdefinierte Schlüssel

- Gibt es die Möglichkeit, zu einem Objekttyp Schlüssel zu definieren?
- Kann sich der Schlüssel aus mehreren Attributen und/oder Beziehungen zusammensetzen?
- Gibt es die Möglichkeit, zu einem Schlüssel Indexe für den schnellen Zugriff anzulegen?

2.10   Persistenz

- Können von einem Objekttyp sowohl persistente als auch transiente Objekte erzeugt werden?
- Ist Persistenz unabhängig vom Typ eines Objekts?

2.11   Objektzugriff

- Gibt es Unterschiede beim Zugriff auf transiente Objekte und persistente Datenbankobjekte?
- Unterstützt das System benutzerdefinierte Objektnamen als Einstiegspunkte in eine Datenbank?
- Kann der Einstieg in eine Datenbank auch über Datenbankanfragen erfolgen?
- Wird die Extension eines Objekttyps (als Suchraum für Datenbankanfragen) automatisch vom ODBMS verwaltet?

3   Schemaevolution

3.1   Schemaänderungen

- Welche Änderungen oder Erweiterungen eines Datenbankschemas erlaubt das ODBMS?
- Können Schemadefinitionen geändert werden, auch wenn bereits Instanzen zu dem Schema existieren?

3.2   Migration der Daten

- Unterstützt das ODBMS bei Schemaänderungen die Migration der Daten?

3.3   Schemaversionierung

- Können zu einem Schema mehrere Versionen verwaltet werden?

4   Architektur

4.1   Plattformen

- Welche Hardware- und Betriebssystemplattformen werden vom ODBMS unterstützt?
- Welche Netzwerkprotokolle werden unterstützt?

4.2   Hardware-Anforderungen

- Welche Mindestanforderungen an Arbeitsspeicher, Swap Space und Plattenspeicher für Client- und Server-Rechner stellt das ODBMS?
- Welcher Hardware-Ausbau wird vom Hersteller als sinnvoll empfohlen?

4.3   Client/Server-Konfiguration

- Welches Architekturmodell (Objekt-Server oder Seiten-Server) liegt dem ODBMS zugrunde?
- Läßt sich das ODBMS als Single-Server/Multi-Clients-System und/oder als Multi-Servers/Multi-Clients-System konfigurieren?
- Bietet das System einen Multi-Threaded-Server?

4.4   Heterogenität

- Lassen sich heterogene Client/Server-Konfigurationen, z.B. UNIX-Server und PCs als Clients, realisieren?
- Unterstützt das ODBMS Interoperabilität in heterogenen Netzen?

4.5 Clustering

- Welche vordefinierten Strategien zum Clustering von Objekten gibt es?

- Läßt sich das Clustering von Objekten benutzerdefiniert einstellen?

4.6 Tuning

- Welche Möglichkeiten zum Tuning auf Betriebssystemebene, auf der Ebene des ODBMSs und auf Applikationsebene gibt es?

4.7 Verteilung

- Unterstützt das ODBMS verteilte Datenbanken, d.h. Datenbanken, die auf mehrere Server verteilt sind?

- Kann auf verteilte Datenbanken vollkommen transparent zugegriffen werden?

- Lassen sich Datenbanken bzw. Datenbankbereiche jederzeit von einem Rechner auf einen anderen Rechner verlagern?

- Unterstützt das ODBMS verteilte Transaktionen, d.h. Transaktionen, in denen auf mehrere, auf unterschiedliche Rechner verteilte Datenbanken zugegriffen wird?

- Unterstützt das ODBMS verteilte Anfragen, d.h. assoziative Anfragen, in denen auf mehrere Datenbanken zugegriffen wird?

- Gibt es die Möglichkeit, vom System verwaltete, replizierte Datenbestände anzulegen?

5 Zugriffssynchronisation

5.1 Atomarität, Konsistenz, Isoliertheit und Dauerhaftigkeit

- Werden die ACID-Eigenschaften einer Transaktion vom ODBMS sichergestellt?

5.2 Weitergehende Transaktionsmechanismen

- Verfügt das ODBMS über weitergehende Transaktionsmechanismen wie Checkpoint Commit, Savepoints, geschachtelte und kooperierende Transaktionen?

5.3   Sperrenverwaltung

- Werden Sperren automatisch vom System gesetzt oder liegt es in der Verantwortung des Benutzers, Sperren zu setzen und wieder freizugeben?
- Hat der Benutzer die Möglichkeit, Sperranforderungen zu parametrisieren?
- Bietet das ODBMS spezielle Unterstützung für „viele Leser, ein Schreiber"-Zugriffe?
- Was ist die Sperrgranularität (Objekte, Seiten, Segmente, Cluster, ...)? Kann die Sperrgranularität vom Benutzer eingestellt werden?

5.4   Synchronisationsverfahren

- Unterstützt das ODBMS ein pessimistisches und/oder ein optimistisches Verfahren?
- Kann der Benutzer die Art des Verfahrens einstellen?

5.5   Recovery

- Welche Recovery-Strategien bietet das ODBMS bei Hardware- und Software-Fehlern?

6   Workgroup Computing

6.1   Versionierung

- Gibt es die Möglichkeit, ein Objekt in mehreren Versionen zu führen?
- Unterstützt das ODBMS lineare und verzweigte Versionierung?
- Bietet das ODBMS Möglichkeiten, auf den Versionsgraphen zuzugreifen?
- Welche Einheiten lassen sich versionieren (Objekte, Objekttypen, Objektmengen, ...)?

6.2   CheckIn/CheckOut

- Bietet das ODBMS die Möglichkeit, öffentliche Datenbanken und private Arbeitsbereiche einzurichten?
- Unterstützt das System CheckIn/CheckOut-Operationen?
- Bietet das ODBMS besondere Unterstützung für lange Transaktionen, d.h. Transaktionen, die sich

über Tage, Wochen oder Monate erstrecken können?

6.3   Change Notification

- Gibt es in dem ODBMS Change-Notification-Mechanismen?

7   Assoziative Anfragen

7.1   Funktionalität

- Sind objektorientierte Modellierungskonzepte wie Vererbung, Beziehungen, Methoden etc. in der Anfragesprache berücksichtigt?
- Beinhaltet die Anfragesprache auch SQL-typische Konzepte, wie aggregierende Funktionen oder wertebasierte Verbunde?
- Gibt es die Möglichkeit, Anfragen sowohl statisch als auch dynamisch zu bilden?

7.2   Schnittstellen

- Gibt es eine interaktive Anfrageschnittstelle?
- Inwieweit kann die Anfragesprache innerhalb der Programmierschnittstellen verwendet werden? Unterscheidet sich die interaktive Anfrageschnittstelle von den Anfragemöglichkeiten innerhalb der Programmierschnittstelle?

7.3   Anfrageoptimierung

- Sieht das ODBMS Möglichkeiten zur Anfrageoptimierung (zur Übersetzungszeit oder zur Laufzeit) vor?
- Können Indexe auf Attributen definiert werden, die bei der Anfragebearbeitung berücksichtigt werden?

8   Sprachschnittstellen

8.1   Sprachschnittstellen

- Welche Sprachschnittstellen (C++, C, Smalltalk, ...) bietet das ODBMS?
- Welche Compiler, Entwicklungsumgebungen etc. werden für die Sprachschnittstellen unterstützt?

8.2   Interoperabilität

– Sind die Sprachschnittstellen interoperabel, d.h.
kann auf eine Datenbank von verschiedenen
Sprachschnittstellen aus zugegriffen werden?

9   Zugriffsschutz

9.1   Zugriffsrechte

– Unterstützt das ODBMS die Verwaltung und Vergabe von Zugriffsrechten für Benutzer(gruppen)?
– Für welche Einheiten (Datenbanken, Datenbankbereiche, Objekte, ...) können Zugriffsrechte definiert
werden?
– Für welche Zugriffsarten (Lesen, Ändern, Erzeugen,
...) lassen sich Rechte vergeben?

9.2   Ver-/Entschlüsselungsverfahren

– Können Datenbankinhalte verschlüsselt werden, um
sie vor unberechtigten Zugriffen von „außen“ zu
schützen?

10   Werkzeuge

10.1   Allgemeine Datenbank-Werkzeuge

– Gibt es einen Schema-Browser, d.h. ein (graphisches) Werkzeug zum Navigieren durch die Schemainformationen?
– Gibt es einen Datenbank-Browser, d.h. ein (graphisches) Werkzeug zum Navigieren durch die Datenbank?
– Gibt es ein Query-Tool, d.h. eine interaktive Anfrageschnittstelle?

10.2   Werkzeuge zur Applikationsentwicklung

– Gibt es ein graphisches Werkzeug zum Schemaentwurf?
– Liefert das ODBMS Werkzeuge zur Testunterstützung?
– Gibt es Werkzeuge zur Generierung von Endbenutzer-Schnittstellen, wie z.B. Report-Generatoren und
GUI (Graphical User Interface)-Builder?

- Läßt sich das ODBMS mit gängigen objektorientierten Entwicklungsumgebungen integrieren?

10.3 *Werkzeuge zur Datenbankadministration*

- Welche Werkzeuge liefert das ODBMS zur Unterstützung der Datenbankadministration (Benutzerverwaltung, Einstellen von Systemparametern, etc.)?
- Gibt es Werkzeuge zum Monitoring des Systems (Performance-Monitoring und Ressourcen-Monitoring)?
- Gibt es Tools zum Backup/Restore einer Datenbank?
- Gibt es Werkzeuge zur Reorganisation einer Datenbank?

11   24x7-Betrieb

11.1 *Werkzeuge im Online-Betrieb*

- Gibt es ein Werkzeug zur Online-Reorganisation der Datenbank?
- Ist Online-Backup/Restore möglich?
- Wird Online-Schemaevolution unterstützt?

11.2 *Ausfallsicherheit*

- Unterstützt das System Techniken, um die Ausfallsicherheit zu erhöhen (z.B. Disk Mirroring)?

D   Übersichten

D.1   Produkte

GemStone

Georg Heeg
Objektorientierte Systeme
Baroper Str. 337
44227 Dortmund
Tel.:   (0231) 97599-0
Fax: (0231) 97599-20
E-Mail: info@heeg.de
WWW: http://www.heeg.de/

GemStone Systems, Inc.
15400 NW Greenbrier Parkway, Suite 280
Beaverton, OR 97006
U.S.A.
Tel.:   +1-503-629-8383
Fax: +1-503-629-8556
E-Mail: info@gemstone.com
WWW: http://www.gemstone.com/

Illustra

Illustra Information Technologies, Inc.
1111 Broadway, 20th Floor
Oakland, CA 94607
U.S.A.
Tel.:   +1-510-652-8000
Fax: +1-510-869-6388
E-Mail: info@illustra.com
WWW: http://www.illustra.com/

Itasca

IBEX Corporation
International Business Park
4 ème blvd, bât. Hera
74160 Archamps
Frankreich
Tel.:   +33 50 31 57 00
Fax: +33 50 31 57 01
E-Mail: ibexcom@iprolink.ch
WWW: http://www.iprolink.ch/ibexcom/

IBEX Object Systems, Inc.
Kickernick Building, Suite 790
430 First Avenue North
Minneapolis, MN 55401-1746
U.S.A.
Tel.:   + 1-612-341-0748

MATISSE

ADB S.A.
Le Dôme
3 rue de la Haye, BP 10919
95731 Roissy Charles de Gaulle Cedex
Frankreich
Tel.:   +33-1-48647273
Fax: +33-1-48643911
E-Mail: info@adb.fr

ADB, Inc.
1 Twin Dolphin Drive
Redwood Shores, CA 94065
U.S.A.
Tel.:   +1-415-610-0367
Fax: +1-415-610-0368
E-Mail: info@adb.com
WWW: http://www.adb.com/

O₂

O₂ Technology Deutschland
c/o NEXUS GmbH
Technologie Park Dortmund
Martin-Schmeisser-Weg 12
44227 Dortmund
Tel.:   (0231) 75442-77
Fax: (0231) 75442-11
E-Mail: o2@nexus.de

O₂ Technology
7 rue du Parc de Clagny
78035 Versailles
Frankreich
Tel.:   +33-1-30847777
Fax: +33-1-30847790
E-Mail: fsamarcq@o2tech.fr
WWW: http://www.o2tech.fr/

Objectivity/DB

MICRAM Object Technology GmbH
Universitätsstr. 142
44799 Bochum
Tel.:   (0234) 9708-300
Fax: (0234) 9708-301
E-Mail: ot_info@micram.de

Objectivity, Inc.
301B East Evelyn Avenue
Mountain View, CA 94041
U.S.A.
Tel.:   +1-415-254-7100
Fax: +1-415-254-7171
E-Mail: info@objy.com
WWW: http://www.objy.com/

ObjectStore

ObjectDesign GmbH
Kreuzberger Ring 64
65205 Wiesbaden
Tel.:   (0611) 97719-0
Fax: (0611) 97719-19
E-Mail: odg@odg.de

ObjectDesign, Inc.
25 Mall Road
Burlington, MA 01803
U.S.A.
Tel.:   +1-617-674-5000
Fax: +1-617-674-5010
E-Mail: info@odi.com
WWW: http://www.odi.com/

OBST+

Xcc Software
Durlacher Allee 53
76131 Karlsruhe
Tel.:   (0721) 96179-14
Fax: (0721) 96179-79
E-Mail: obst@xcc-ka.de
WWW: http://www.xcc-ka.de/OBST/OBST.html

ODBMS

VC Software Construction GmbH
Petritorwall 28
38118 Braunschweig
Tel.:   (0531) 24240-0
Fax: (0531) 24240-24
E-Mail: 100111.2316@compuserve.com

VC Software, Inc.
18333 Egret Bay Blvd
Houston, TX 77058
U.S.A.
Tel.:   +1-713-333-8936
Fax: +1-713-333-3743

ONTOS DB

Gopas Software GmbH
Gollierstr. 70
80339 München
Tel.:   (089) 5029505
Fax: (089) 5022627

ONTOS, Inc.
900 Chelmsford Street
Lowell, MA 01851
U.S.A.
Tel.:   +1-508-323-8000
Fax: +1-508-323-8101
E-Mail: info@ontos.com
WWW: http://www.ontos.com/

POET

POET Software GmbH
Foßredder 12
22359 Hamburg
Tel.:   (040) 60990-0
Fax: (040) 6039851
E-Mail: info@poet.de

POET Software Corp.
999 Baker Way, Suite 100
San Mateo, CA 95054
U.S.A.
Tel.:   +1-415-286-4640
Fax: +1-415-286-4630
E-Mail: info@poet.com
WWW: http://www.poet.com/

UniSQL

UniSQL Europe
Hamilton House
1 Temple Avenue
London EC4Y 0HA
United Kingdom
Tel.:   +44-171-353-4212
Fax: +44-171-353-3325

UniSQL, Inc.
6320 Canoga Avenue, Suite 1500
Woodland Hills, CA 91637
U.S.A.
Tel.:   +1-818-227-5014
Fax: +1-818-227-5112
E-Mail: info@unisql.com
WWW: http://www.unisql.com/

Versant

Versant Object Technology Europe GmbH
Gut Keferloh 1b
85630 Grasbrunn
Tel.:   (089) 4560350
Fax: (089) 45603544
E-Mail: versant_europe@versant.com

Versant Object Technology Corp.
4500 Bohannon Drive, Suite 200
Menlo Park, CA 94025
U.S.A.
Tel.:   +1-415-329-7500
Fax: +1-415-325-2380
E-Mail: info@versant.com
WWW: http://www.versant.com/

D.2　　　## Vergleiche und Evaluierungen

FZI-Studie [AASW94a]

In der am Forschungszentrum für Informatik (FZI) der Universität Karlsruhe angefertigten Studie werden die objektorientierten DBMSe ObjectStore, Objectivity/DB, ONTOS DB und Versant sowie der FZI-eigene Forschungsprototyp OBST untersucht. Schwerpunkt des Buches bildet die Vorstellung des eigenen JUSTITIA-Benchmarks (vgl. auch Abschnitt 7.2) zur Leistungsbeurteilung von ODBMSen. Dieser Benchmark fand seine praktische Erprobung in einer Anwendung aus dem Schiffsbau. Meßergebnisse hinsichtlich der Performance der Systeme sind vorhanden. Darüber hinaus gibt es auch eine vergleichende Diskussion allgemeiner Datenbankkonzepte wie Architekturen, Objektmodelle, Objektmanipulation, Transaktionsmanagement, Datenbankadministration und Werkzeuge. Die Studie ist nur als Buch direkt über das FZI erhältlich und kostet ca. 500 DM. Die Bezugsadresse ist:

Forschungszentrum für Informatik FZI
Universität Karlsruhe
Haid-und-Neu-Straße 10 - 14
76131 Karlsruhe
Tel.: (0721) 9654-701
Fax: (0721) 9654-709

ABB-Studie [EWB+92]

Diese vergleichende Studie untersucht eingehender die Testkandidaten Statice (gibt es nicht mehr), ObjectStore, Objectivity/DB, ONTOS DB, O_2 und Versant. Betrachtet werden verschiedene Kriterien wie verfügbare Plattformen und Sprachschnittstellen, Werkzeuge, Architekturen und Transaktionsmanagement. Spezielle Datenbankkonzepte werden auf ihre Verwendbarkeit in Ingenieursanwendungen hin untersucht. Hierzu zählen Architekturen, assoziative Anfragen, 24-Stundenbetrieb und Datenbankadministration. Entsprechende Performancetests implementieren den OO7-Benchmark. Besonders erwähnenswert sind die vielen Code-Beispiele zur Erläuterung der Funktionalität. Eine Besonderheit der Studie sind Produktivitätsbetrachtungen hinsichtlich des Aufwands zur Umstellung einer C++-Applikation auf das ODBMS. Eingehende Erläuterungen zu diesem Punkt befinden sich auch in [Ern92]. Die Studie ist für ca. $490 zu beziehen bei:

ABB Corporate Research Center
DECLR/L2
P.O. Box 101332
69003 Heidelberg

Barry [Bar93]

Die rein tabellarische Untersuchung von Barry & Associates liefert einen Vergleich der ODBMSe GemStone, Itasca, IDB Object Database, Kala Persistent Data Server, MATISSE, ObjectStore, Objectivity/DB, ODBMS, ONTOS DB, OpenODB, O_2, POET und Versant (also auch Systeme, die nicht als originäre ODBMSe einzustufen sind). Die Betrachtung umfaßt verschiedene Feature-Kataloge wie Transaktionsmanagement, Anfragemöglichkeiten, Objektmodell, Verteilung, Architekturen, Autorisierung und Werkzeuge. Je Katalog werden verschiedene Konzepte differenziert aufgeführt, eine Erläuterung der Konzepte bzw. ihrer Unterschiede findet aber nicht statt. Die Studie basiert auf einem Fragenkatalog, der ODBMS-Herstellern zugeschickt wurde, und von diesen auch ausgefüllt wurde. Das zweibändige Werk mit mehr als 150 Tabellen und 650 Systemfeatures kostet ca. $1200 und ist zu beziehen bei:
Cutter Information Corp.
37 Broadway
Arlington, MA 02174
USA

[AWDL92]

Im Gegensatz zu den vorangegangenen Studien handelt es sich hierbei um einen veröffentlichten Zeitschriftenbeitrag, der frei zugänglich, dafür aber auch nicht mehr ganz auf dem neuesten Stand ist. Der Aufsatz besteht im Prinzip aus einem Anforderungskatalog für kooperierende Ingenieursanwendungen und betrachtet aus diesem Blickwinkel entsprechende Aspekte wie komplexe Modellierungsmöglichkeiten, Transaktionsmanagement, Sperrgranularitäten, Change Notification, Versionsmanagement, kooperatives Arbeiten, Anfragemöglichkeiten, Autorisierung und Datensicherheit wie auch Multimedia-Unterstützung. Eine punktemäßige Bewertung von älteren Versionen der Systeme GemStone (V1.5), ObjectStore (V2.1), ONTOS DB (V2.1), ORION (Prototyp des Microelectronics Computer Technology Corporation), kurze Zeit später als Itasca kommerziell vertrieben) und Versant (V2.0) faßt die Ergebnisse zusammen.

[HLW94]

Dieser veröffentlichte Beitrag befaßt sich ausschließlich mit den assoziativen Anfragemöglichkeiten verschiedener objektorientierter DBMSe. Eine Klassifikation berücksichtigt die Aspekte Einbettung in die Programmiersprache, funktionale Ausdrucksfähigkeit (wie mächtige Anfragen lassen sich formulieren?) und den Sprachstil.

[Sol92]

Diese Untersuchung aus dem Jahre 1992 analysiert die Testkandidaten ObjectStore (V1.0), ONTOS DB (V2.0) und O_2 (V2.2). Eine eingehende Diskussion befaßt sich mit den Evaluierungskriterien Plattformen und Architekturen, Datenmodelle und Persistenzkonzepte, Aggregate (im Sinne von komplexen Objekten und angebotenen Kollektionen), Anfragemöglichkeiten und Transaktionskonzepte. Eine tabellarische Übersicht bewertet die Systeme mit Ja/Nein-Markierungen.

D.3   Benchmarks

Altair Complex-Object Benchmark [DFMV90]

Der Altair Complex-Object Benchmark wurde entwickelt, um verschiedene Architekturansätze wie Objekt-, Seiten- und Datei-Server näher zu untersuchen und die Auswirkungen dieser Architekturen auf die Antwortzeiten von DBMS-Operationen zu vergleichen. Der Benchmark beinhaltet u.a. Operationen, die typische Zugriffsmuster von VLSI-Tools (*Very Large Scale Integration*) nachbilden.

British Telecom Benchmark [BaS91]

Dieser Benchmark basiert auf einem Datenbankschema, das ein hypothetisches Telekommunikationsnetzwerk bestehend aus Multiplexern, Repeatern und PBXs (*Private Branch Exchange*) modelliert. Der British Telecom Benchmark wurde u.a. verwendet, um die Performance eines objektorientierten und eines relationalen Datenbanksystems bei sechs verschiedenen Operationen miteinander zu vergleichen. Es zeigte sich, daß mit dem ODBMS höhere Performance erreicht wurde.

[DAG95]

Clustering ist ein wichtiger Punkt, der von bekannten Benchmarks stark vernachlässigt wurde. Dieser Artikel untersucht systeminhärente, also nicht vom Benutzer steuerbare Clustering-Strategien, die adaptiv ein optimales physisches Speicherlayout aufrecht erhalten, indem der Sekundärspeicher gemäß den Zugriffen reorganisiert wird. Im Gegensatz zu herkömmlichen Benchmarks ist der Ansatz simulativ, erfolgt also nicht in Form einer Evaluierung von ODBMSen! Der Vorteil einer derartigen Simulation liegt in der isolierten Betrachtung eines Aspekts ohne Interferenz anderer DBMS-Komponenten. Als Grundlage der Messungen wurden für einzelne Operationen des HyperModel-Benchmarks die Antwortzeiten ermittelt. Je Messung wurde auch der Overhead bzgl. der Anzahl Seiten und primitiver I/O-Aufrufe analysiert. Die betrachteten Kandidaten sind Cactis (University of Colorado), CK (ist nur ein Algorithmus) und ORION (Microelectronics Computer Technology Corporation MCC).

Engineering Database Benchmark [RKC87]

Der Engineering Database Benchmark war vermutlich der erste systematische Benchmark zur Performancemessung von Datenbankzugriffen wie sie in Entwurfsanwendungen häufig vorkommen. Testkandidaten waren die relationalen DBMSe Ingres, Unify und Rad-Unify.

HyperModel Benchmark [ABM+90]

Der HyperModel-Benchmark basiert auf Datenstrukturen und Zugriffsmustern, wie sie in typischen Hypertext-Anwendungen auftreten. Untersucht wurden die Systeme GemStone und Vbase, ein Vorläufer von ONTOS DB.

JUSTITIA-Benchmark [AASW94a, AASW94b, Sch94]

Im Vergleich zu früheren Arbeiten bietet der JUSTITIA-Benchmark einige interessante Erweiterungen, die für den Produktiveinsatz eines ODBMSs von großer Bedeutung sind. Dazu zählen vor allem die Berücksichtigung von Mehrbenutzer-Szenarien und strukturverändernden Operationen. [AASW94a] enthält Meßergebnisse für Objectivity/DB, ObjectStore, OBST, ONTOS DB und Versant. Das zugrundeliegende Anwendungsszenario stammt dabei aus dem CAD-Bereich.

OO1-Benchmark [CaS92]

Dieser Benchmark ist eine Weiterentwicklung des Engineering Database Benchmarks. Der OO1-Benchmark wurde zunächst auf einem relationalen DBMS, einem ODBMS und einer speziellen B-Baum-Software implementiert und durchgeführt. Ziel war es, die Frage zu beantworten, welche Datenbank-Technologie am besten für den Einsatz in Entwurfsanwendungen geeignet ist. Die Ergebnisse zeigten deutlich das Potential von ODBMSen in diesem Bereich auf. Darüber hinaus werden Meßergebnisse für vier kommerzielle ODBMS-Produkte vorgestellt (allerdings ohne eine eindeutige Zuordnung); die Autoren weisen aber gleichzeitig darauf hin, daß der Benchmark nicht geeignet ist, die Performance von verschiedenen ODBMSen miteinander zu vergleichen.

OO7-Benchmark [CDN93, CDN94, CDKN94]

Der OO7-Benchmark ist ein sehr umfangreicher Benchmark, der große praktische Bedeutung erlangt hat. Dies liegt zum einen an der Komplexität des zugrundeliegenden Datenbankschemas und der Fülle der untersuchten Operationen, zum anderen an der Tatsache, daß Meßergebnisse für mehrere kommerzielle ODBMSe veröffentlicht wurden. In [CDN93] werden u.a. Ergebnisse für Objectivity/DB und ONTOS DB vorgestellt. [CDKN94] enthält zusätzlich Zahlen für Versant. Die Quelltexte sind über einen ftp-Server der University of Wisconsin, Madison abrufbar (ftp://ftp.cs.wisc.edu/OO7/).

OCAD-Benchmark [KKK+95a, KKK+95b]

Der OCAD-Benchmark ist öffentlich als [KKK+95a] zugänglich, aber auch in einer Langversion [KKK+95b] erhältlich. Der am FORWISS München entwickelte Benchmark ist speziell auf den CAD-Bereich zugeschnitten. Der Bericht ist im Prinzip zweigeteilt: Ein erster Teil diskutiert verschiedene Datenbankkonzepte hinsichtlich ihrer Eignung für CAD-Anwendungen. Hierzu zählen die Art der Realisierung von Objektidentifikatoren, die automatische Verwaltung von Extents, Indexe und Clustering, Transaktionsmanagement und Systemarchitekturen.

Der zweite Teil führt konkrete Performancemessungen für im CAD-Bereich häufig vorkommende assoziative Anfragen auf großen Datenmengen (6 bzw. 60 MB Nutzdaten) durch und untersucht die Effizienz von Traversierungen anhand einer komplexen Typhierarchie mit zusammengesetzten Objekten. Als Testkandidaten wurden Objectivity/DB, ObjectStore, ONTOS DB und Versant (jeweils in Version 3.0) in anonymer Form evaluiert.

Opus-Merlin-Benchmark für Software Engineering Environments [EmS93]

Dieser Benchmark resultiert aus dem ESPRIT-Projekt GoodStep, in dem auf der Grundlage des ODBMSs O_2 O_2 ein Software Engineering Environment realisiert wurde. Der Opus-Merlin-Benchmark soll eine Einschätzung der Performance des Datenbanksystems in diesem Umfeld ermöglichen.

Performance Evaluation for Object Stores [RSTZ93]

Der Schwerpunkt dieser Arbeit liegt auf einer Analyse der Antwortzeiten von komplexen, assoziativen Anfragen an sehr große objektorientierte Datenbanken.

SEQUOIA 2000-Benchmark [SFGM93]

Der SEQUOIA-2000-Benchmark basiert auf „echten" Daten und Operationen wie sie in geographischen Informationssystemen

(GIS) vorkommen. Es sind u.a. Resultate für die Systeme GRASS (ein public domain GIS) und POSTGRES (ein DBMS-Prototyp, der an der University of California, Berkeley entwickelt wurde) verfügbar.

Literaturverzeichnis

[A+85]   Anon et al: A Measure of Transaction Processing
              Power. Datamation 31 (8), April 1985.

[AASW94a]   Abramowicz, K., Alt, J., Schreiber, H., Wallrath, M.:
              Evaluierung objektorientierter Datenbanksysteme –
              Datenmodelle, Funktionalität, Performance. FZI
              Forschungszentrum Informatik, Karlsruhe, 1994.

[AASW94b]   Abramowicz, K., Alt, J., Schreiber, H., Wallrath, M.:
              Anwendungszentriertes Benchmarking von OODBS.
              OBJEKTspektrum, April 1994 (pp. 26-30).

[ABD+89]   Atkinson, M., Bancilhon, F., DeWitt, D., Dittrich, K.,
              Maier, D., Zdonik, S.: The Object-Oriented Databa-
              se System Manifesto. In: W. Kim, J.-M. Nicolas, S.
              Nishio (eds.): Proc. 1st Int. Conf. on Deductive and
              Object-Oriented Databases (DOOD' 89), Kyoto
              1989, Elsevier, North-Holland.

[ABM+90]   Anderson, T.L., Berre, A.J., Mallison, M., Porter,
              H.H., Schneider, B.: The HyperModel Benchmark.
              Proceedings of the Second International Conference
              on Extending Database Technology, Lecture Notes
              in Computer Science No. 416, Springer-Verlag, Ber-
              lin, 1990 (pp. 317-331).

[AKW88]   Aho, A.V., Kerninghan, B.W., Weinberger, P.J.: The
              AWK Programming Language. Addison-Wesley,
              1988.

[AWDL92]   Ahmed, S., Wong, A., Sriram, D., Logcher, R.: Ob-
              ject-Oriented Database Management Systems for
              Engineering: A Comparison. Journal of Object-
              Oriented Programming 5(3), June 1992.

[Bar93]   Barry & Associates: DBMS Needs Assessment for
              Objects. 1993.

[BaS91]   Baker, S., Salman, M.A.: Performance Comparison
              Between an Object-Oriented, a Relational and an
              Object Management Database. Proceedings of Ad-
              vanced Information Systems, London, UK, 1991
              (pp. 61-67).

[BDT83]   Bitton, D., DeWitt, D., Turbyfill, C.: Benchmarking Database Systems: A Systematic Approach. In Proc. 9th Int. Conference on Very Large Databases (VLDB'83).

[BeA91]   Berre, A., Anderson, T.: The HyperModel Benchmark for Evaluating Object-Oriented Databases. In R. Gupta, E. Horowitz (eds.): Object-Oriented Databases with Applications to CASE, Networks, and VLSI CAD. Engelwood Cliffs, NJ, Prentice-Hall 1991.

[BeM93]   Bertino, E., Martino, J.: Object-Oriented Database Systems – Principles and Architectures. Addison-Wesley, Wokingham 1993.

[BNPS92]   Bertino, E., Negri, M., Pelagatti, G., Sbattella, L.: Object-Oriented Query Languages: The Notion and the Issues. IEEE Transactions on Knowledge and Data Engineering 4 (3), 1992.

[CaS92]   Cattell, R.G.G., Skeen, J.: Object Operations Benchmark. ACM Transactions on Database Systems, 17 (1), 1992 (pp. 1-31).

[Cat88]   Cattell, R.G.G.: Object-Oriented DBMS Performance Measurement. Proceedings of the Second International Workshop on Object-Oriented Database Systems, Lecture Notes in Computer Science No. 334, Springer-Verlag, Berlin, 1988 (pp. 364-367).

[Cat94]   Cattell, R.G.G.: Object Data Management. Addison-Wesley, 1994.

[Cat95]   Cattell, R.G.G. (ed.): The Object Database Standard: ODMG-93. Release 1.2, Morgan Kaufmann Publishers, 1995.

[CDKN94]   Carey, M.J., DeWitt, D.J., Kant, C., Naughton, J.F.: A Status Report on the OO7 OODBMS Benchmarking Effort. Conference on Object-Oriented Programming Systems, Languages, and Applications (OOPSLA), Portland, OR, USA, October 1994 (pp. 414-426).

[CDN93]   Carey, M.J., DeWitt, D.J., Naughton, J.F.: The OO7 Benchmark. Proceedings of the 1993 ACM SIGMOD Conference on the Management of Data, Washington D.C., USA, May 1993.

[CDN94]   Carey, M.J., DeWitt, D.J., Naughton, J.F.: The OO7 Benchmark. Technical Report, University of Madison-Wisconsin, USA, January 1994.

[ChR94]   Chaudhri, A.B., Revell, N.: Application-Specific Benchmarks for Object Databases: A Multiple-Case Study Approach. Proc. of the 1994 Int. Conference on Object-Oriented Information Systems (OOIS' 94), London 1994 (pp. 500 - 503).

[DaD93]   Date, C., Darween, H.: A Guide to the SQL Standard. Volume 1. 3. Auflage, Addison-Wesley, Reading 1993.

[DAG95]   Darmont, J., Attoui, A., Gourgand, M.: Performance Evaluation for Clustering Algorithms in Object-Oriented Database Systems. Proc. of the Int. Conf. on Data and Expert Systems Applications, DEXA95, London 1995.

[Dat90]   Date, C.: An Introduction to Database Systems. Volume 1. 5. Auflage, Addison-Wesley, Reading 1990.

[DEL92]   Dewal, S., Emmerich, W., Lichtinghagen, K.: A Decision Support Method for the Selection of OMSs. Proceedings of the Second International Conference on Systems Integration, Morristown, New Jersey, 1992 (pp. 32-40).

[Deu91]   Deux, O.: The O_2 System. Communications of the ACM, Vol. 34, No. 10, October 1991 (pp. 34-48).

[DFMV90]   DeWitt, D., Futtersack, P., Maier, D., Velez, F.: A Study of three Alternative Workstation-Server Architectures for Object-Oriented Database Systems. Proceedings of the Sixteenth Very Large Data Bases Conference, Brisbane, Australia, 1990 (pp. 107-121).

[Dit88]   Dittrich, K.R. (ed.): Advances in Object-Oriented Database Systems: Second International Workshop on Object-Oriented Database Systems. Lecture Notes in Computer Science No. 334, Springer-Verlag, Berlin, 1988.

[EmS93] Emmerich, W., Schäfer, W.: Dedicated Object Management Systems Benchmarks for Software Engineering Applications. Proceedings of Software Engineering Environments, Reading, UK, 1993 (pp. 130-142).

[Ern92] Erni, K.: Integrating Object-Oriented Databases into Applications - A Comparison. Int. Conf. on Database and Expert Systems (DEXA' 92), Valencia 1992 (pp. 446-449).

[EWB+92] Erni, K., Wilcke, M., Borchers, H., Schäfer, G., Nübling, M.: OODBMS - A Comparative Evaluation of Statice, Object Store, ONTOS, Versant, Objectivity, O_2. ABB Corporate Research, April 1992.

[Gem95] GemStone: Introduction to GemStone, Version 4.1, GemStone Systems, Inc., Beaverton, OR, USA, October 1995.

[Her91] Herring, J.B.: TCP Benchmark A: An Industry Standard Performance Test. MUG Quarterly 21 (1), Jan. 1991.

[HeS91] Heuer, A., Scholl, M.: Principles of Object-Oriented Query Languages. In: Th. Härder (ed.): GI-Fachtagung „Datenbanksysteme in Büro, Technik und Wissenschaft", Kaiserslautern 1991.

[Heu92] Heuer, A.: Objektorientierte Datenbanken - Konzepte, Modelle, Systeme. Addison-Wesley, Bonn, 1992.

[HLW94] Hohenstein, U., Lauffer, R., Weikert, P.: Object-Oriented Database Systems: How Much SQL Do They Understand? In: 5th Int. Conf. on Database and Expert Systems Applications (DEXA'94), Athen, Sept. 1994.

[Hug91] Hughes, J.: Objektorientierte Datenbanken. Hanser, München 1991.

[JeG91] Jeffcoate, J., Guilfoyle, C.: Databases for Objects: the Market Opportunity. Ovum Limited London, 1991.

[KeM94] Kemper, A., H., Moerkotte, G.: Object-Oriented Database Management : Applications in Engineering and Computer Science. Prentice-Hall, Inc, 1994.

[KhC86]   Khoshafian, S., Copeland, G.: Object Identity. In: Proc. of the 1st Int. Conf. on Object-Oriented Programming Systems, Languages, and Applications (OOPSLA' 86) 1986.

[Kho93]   Khoshafian, S.: Object-oriented Databases. John Wiley and Sons, 1993.

[Kim89]   Kim, W.: A Model of Queries for Object-Oriented Database Systems. In: Proc. of Int. Conference on Very Large Databases (VLDB'89), Amsterdam 1989.

[Kim91]   Kim, W.: Introduction to Object-Oriented Databases. Series Computer Science, The MIT Press (Cambridge, Mass.), 2nd printing 1991.

[KKK+95a] Kempe, J., Kowarschick, W., Kießling, W., Hitzelberger, R., Dutkowski, F.: Benchmarking Object-Oriented Database Systems for CAD. Proc. of the Int. Conf. on Data and Expert Systems Applications, (DEXA'95), London 1995.

[KKK+95b] Kempe, J., Kowarschick, W., Kießling, W., Hitzelberger, R., Dutkowski, F.: The OCAD Benchmark for Object-Oriented Database Systems. Technischer Bericht des Bayerischen Forschungszentrums für Wissensbasierte Systeme (FORWISS) München, Nr. FR-1995-004, 1995.

[Lau93]   Lauchlan, S.: Objects of Desire. IDC / Technology Investment Strategies, 1993.

[Loo95]   Loomis, M.: Object Databases: The Essentials. Adison-Wesley, Reading, 1995.

[$O_2$94] O_2: A Technical Overview of the O_2 System. O_2 Technology, Versailles, France, July 1994.

[ObD92]   Object Design: ObjectStore Technical Overview. Object Design, Inc., Burlington, MA, USA, July 1992.

[ObD93]   Object Design: Understanding the OO7. Research Project, Object Design, Inc., Burlington, MA, USA, April 1993.

[Obj93]   Objectivity: A Guide to Interpreting and Applying the University of Wisconsin OO7 Benchmark. Objectivity, Inc., Mountain View, CA, USA, August 1993.

[Obj94]   Objectivity: Objectivity/DB Technical Overview, Version 3. Objectivity, Inc., Mountain View, CA, USA, December 1994.

[Odb92]   Odberg, E.: What „What" is and isn' t: On Query Languages for Object-Oriented Databases. Or: Closing the Gap - Again. In: Proc. of the 8th Int. Conf. on TOOLS 1992.

[Poe95]   POET Software: POET 3.0 Technical Overview. POET Software GmbH, Hamburg, 1995.

[Rao94]   Rao, B.R.: Object-oriented Databases – Technology, Applications, and Products. McGraw-Hill, Inc, 1994.

[RBP+91]   Rumbaugh, J., Blaha, M., Premerlani, W., Eddy, F., Lorensen, W.: Object-Oriented Modelling and Design. Prentice-Hall International Editions, 1991.

[RKC87]   Rubenstein, W.B., Kubicar, M.S., Cattell, R.G.G.: Benchmarking Simple Database Operations. Proc. of the ACM SIGMOD International Conference on Management of Data, San Francisco, California, 1987 (pp. 387-394).

[RoL91]   Rotzell, K., Loomis, M.: Benchmarking an ODBMS. Journal of Object-Oriented Programming, Vol. 4(1), 1991 (pp. 66-72).

[RSTZ93]   Rabitti, F., Sferrazza, R.S., Tori, M.G., Zezula, P.: Performance Evaluation System for Object Stores. Proceedings of the International Conference on Database and Expert Systems Applications (DEXA'93), Lecture Notes in Computer Science No. 720, Springer-Verlag, Berlin, 1993 (pp. 289-300).

[Sch94]   Schreiber, H.: Justitia – A Generic Benchmark for the OODBMS Selection. International Conference on Data and Knowledge Systems for Manufacturing and Engineering, Shatin, Hong Kong, May 1994.

[SFGM93]   Stonebraker, M., Frew, J., Gardels, K., Meredith, J.: The SEQUOIA 2000 Storage Benchmark. Proceedings of the ACM SIGMOD International Conference on Management of Data, Washington DC, 1993 (pp. 2-11).

[Sol92]   Soloviev, V.: An Overview of Three Commercial Object-Oriented Database Management Systems: ONTOS, ObjectStore, and O_2. ACM SIGMOD 21(1), March 1993.

[Sto90]   Stonebraker, M. (The Committee for Advanced DBMS Function): Third-Generation Database System Manifesto. SIGMOD RECORD, 19(3), September 1990.

[Str91]   Stroustrup, B.:   The C++ Programming Language. Addison-Wesley, 1991.

[Ver92]   Versant: How to Evaluate Object Database Management Systems – A Versant Technical Overview. Versant Object Technology Corporation, Menlo Park, CA, USA, 1992.

[Ver93]   Versant: ODBMS Performance and the OO7 Benchmark. Versant Object Technology Corporation, Menlo Park, CA, USA, 1993.

[WeB94]   Wesley, I., Bradshaw, D.: The Future of the Database Market. Ovum Limited London, 1994.

[WSP96]   Wall, L., Schwartz, R.I., Potter, S.: Programming Perl. 2nd Edition, O'Reilly, 1996.

Z